课程与教学论系列教材

新编数学
教学论

涂荣豹

王光明　编　著

宁连华

华东师范大学出版社

上海

图书在版编目(CIP)数据

新编数学教学论/涂荣豹,王光明,宁连华编著. —上海:
华东师范大学出版社,2006.9
ISBN 978 - 7 - 5617 - 4850 - 3

Ⅰ.新… Ⅱ.①涂…②王…③宁… Ⅲ.数学教学—教学
研究 Ⅳ.01-4

中国版本图书馆 CIP 数据核字(2006)第 089721 号

新编数学教学论

编　　著　涂荣豹　王光明　宁连华
组　　稿　大中专教材事业部
项目编辑　朱建宝
文字编辑　孙　雯
封面设计　卢晓红
版式设计　蒋　克

出版发行　华东师范大学出版社
社　　址　上海市中山北路 3663 号　邮编　200062
网　　址　www.ecnupress.com.cn
电　　话　021-60821666　行政传真　021-62572105
客服电话　021-62865537　门市(邮购)电话 021-62869887
地　　址　上海市中山北路 3663 号华东师范大学校内先锋路口
网　　店　http://hdsdcbs.tmall.com

印 刷 者　杭州长命印刷有限公司
开　　本　787×1092　16 开
印　　张　16.5
字　　数　312 千字
版　　次　2006 年 9 月第一版
印　　次　2021 年 8 月第十三次
印　　数　35101—37200
书　　号　ISBN 978 - 7 - 5617 - 4850 - 3/O · 177
定　　价　32.00 元

出 版 人　王　焰

(如发现本版图书有印订质量问题,请寄回本社客服中心调换或电话021-62865537联系)

前　言

　　伴随着改革开放的步伐，发达国家的教育理念不断冲击着我国数学教育理论界与实践田野，进入 21 世纪，数学课程改革风起云涌，数学课程备受关注，研究成果不断涌现。令人忧虑的是，我们在追赶国际先进水平的时候，却忽略了对我国数学教育的经验与教训进行总结，并做理论提升；我们在进行课程改革的时候，忽视了课程只是教学的资源，数学教育兴衰关键在数学教学质量的高低，数学教师的素质又决定着数学教学质量的高低。放眼世界，立足本土，脚踏实地地培养高素质数学师资，是教师教育院校数学教育者的神圣职责。

　　数学教学是数学教师教育的最基本问题，科学的教育理念需要在教学中贯彻，数学对人的教育价值需要在教学中体现，数学的理性精神和思想方法需要在教学中传承，数学知识赋予人类探索世界奥秘的力量需要在教学中展示。这表明，作为一名数学教师的首要任务，是明确数学教学的根本目的，学习数学教学的基本原理，掌握数学教学的基本技能，形成数学教学的科学认识。这正是"数学教学论"所要达到的目标。

　　数学"教学"具有一般教学过程的性质，又具有"数学"教学特殊过程的性质，这种双重性质的数学教学过程构成了数学教学研究的对象。基于这样的思想认识，数学教学问题的研究就应该以"教与学对应的原理"和"教与数学对应的原理"双重轨道进行。"教与学对应原理"的核心是，教师的教应该建立在学生的学的基础上，数学教学必须从学生学习数学的特点出发，以教育的科学原理和方法为指南。"教与数学对应原理"的核心是，数学教师必须精通数学教学的内容，把握数学对象的本质，掌握数学思想方法的精髓，了解数学教学的价值，并把它们展现或渗透在数学教学中。本书的撰写正是遵循了这样的二重原理。

　　本书以"现代数学教育观"和"现代数学观"开篇，把对数学教学的思想认识作为全书的引领，把"数学课程理论及其发展"、"数学学习理论及其教学启示"和"数学教学理论及其运用"作为数学教学研究的理论基础。在此基础上，深入研究"数学概念的教学"、"数学解题的教学"、"数学思想方法的教学"、"数学课堂教学情境的创设"；对"数学课堂教学的提问"、"数学课堂教学的语言"、"数学课堂教学的结束"、"数学课的备课与说课"等数学教学基本技能进行有效的阐释,并辅以教学案例,提供数学教学的示范。此外,本书还对中学数学建模和数学教育科研进行了介绍,以拓展学生视野,为学生未来的教师专业发展打下基础。本书每章都配备了适量的思考题,以帮助读者理解本章的要义和进行有一定深度的思考。

对本书编写,我们不刻意追求理论的时髦、高深和全面,但求对未来数学教师从事数学教学有切实的指导;对国内外理论成果的综述不求面面俱到,但要有自己的深入思考和独特见解,能够引发学生的积极思考和理性探索,便于在数学教学实践中运用、检验和提高。我们希望此教材能为培养拥有先进教育理念,具有数学教育思考力与数学教学驾御力,能够适应新时期数学教育改革的中学数学教师做出贡献。因而本书既可作高等师范院校数学专业学生的教科书,也可作为中学数学教师专业化培养的参考书。

本书由我整体设计与统稿,并在集体讨论的基础上分工、合作完成。本书的第1、2章全部及第4、5、6、7章的一部分由我撰写,第3、8、12、14、15由王光明博士撰写,第9、10、11、13章及第4、5、6、7章的某些部分由宁连华博士撰写。我的部分博士研究生、硕士研究生参加了编写思考题和校对工作。

华东师范大学出版社倪明先生和朱建宝先生为本书的编写和出版给予了很多的帮助,谨向他们表示感谢。鉴于我们水平有限,不足之处恳请读者不吝赐教。

涂荣豹

2006年6月于南京师范大学

目　　录

第1章 现代数学教育观

实现现代化的数学教育是每一个教育者的理想。什么是数学教育的现代化呢？数学教育现代化是数学教育思想的现代化，是数学教育内容的现代化，是数学教学方法的现代化。

在数学教学内容现代化方面，不是简单地以现代数学取代传统数学。主要是如何运用数学教育现代化的思想和方法，编写出现代化的普通教育的数学教材，即在体系、结构、内容各方面适应于教育现代化的需要。

在数学教育思想的现代化和教学方法的现代化方面，主要是指教师如何用最先进的教育思想认识教材，如何用最先进的教学方法组织教学。有了数学教育的现代化思想观念和数学教学的现代化方法，教师才可能实现中学数学的现代化教学，否则即使有现代化的教材，也不能实现中学数学教育的现代化。

所以，数学教育现代化的本质是数学教育思想观念的现代化。在数学教育观念现代化的问题上，最重要的是处理好继承和发展的关系，防止从一个极端走向另一个极端。为此，现代数学教育观念的形成既要从国外汲取丰富的营养，也要传承我国数学教育自身的宝贵财富，根本的标准在于所吸纳和坚持的教育理念必须是时代的、科学的、正确的。

§1.1　现代数学教育观

树立科学的现代数学教育观，是数学教学沿着正确轨道前进的前提和保证。科学的现代数学教育观涉及多方面的思想认识，包括数学教育的目的观、功能观、学习观、教学观、能力观、技术观等等。

1.1.1　数学教育的目的观

现代社会需要的是富有教养、具有独立性、自信心、创造力、积极主动和讲究效率的人，教育作为发展和完善人的活动，其目的正是培养出适应社会发展需要的人。其中数学在形成人类理性思维和促进个人智力发展过程中具有独特的不可替代的作用,在形成人对世界的认识观和方法论方面起着重要的作用。数学是人类文化的重要组成部分,数学素养是现代公民所必须具备的一种修养。因而,数学教育成为教育不可或缺的重要组成部分。在现代社会中,数学教育是终身发展的重要方面,是人进一步学习的需要,是终身教育不可缺少的基础。这就需要学校向更多的或者全体学生提供数学的基础知识、基本技能、基本思想,使学生学会数学地思维,数学地表达,培养学生实事求是、锲而不舍的精神。

在数学教育中大力推进素质教育至关重要,其要意在于摒弃急功近利、拔苗助长的短视行为,立足于通过长期数学素质培养,为高技术高素质的人才奠定坚实的基础。素质教育的目的在于"百年树人",应试教育的目的仅仅在于获取大学的"敲门砖"。

1.1.2　数学教育的功能观

数学教育的功能观是随着时代的进步而发展的。按传统的看法,教育的任务就是培养和造就人才,这里"人才"的含义实际是指"英才"。按照自古希腊哲学家柏拉图以来的传统思想,人的素质是命定的,上帝造人时所用的材料就各不相同,教育的功能就在于从人群中将那些具有特质的人"筛选"出来。

为了能够起到这种"筛选"作用,所谓"好"的数学教育,就应该以理想中"英才"的素质来设计,具体的就是按数学家的素质要求来设计。其最终目的是选拔出具有这种素质的人,而不是培养和造就具有这种素质的人。这种"筛选"的必然结果,是导致了大部分人的失败。

然而,在以科学发展观建立和谐社会为目标的时代,怎么能让教育把受教育者引向失败? 教育责无旁贷的是把所有受教育者引向成功。所以,数学教育应该成为"泵",而不是"过滤器"或"筛子",更不能使一大批人成为牺牲品,要使得每个人通过数学教育达到成功。

数学教育的功能应该给学生一颗好奇的心,激发他们的求知欲;给学生一双数学的眼睛,丰富他们观察世界的方式;给他们一个睿智的头脑,让他们学会理性地思维;给他们一套研究的模式,让他们获得探索世界奥秘的显微镜和望远镜;给他们一双数学的眼睛,一对数学的翅膀,让他们看得更远,飞得更高。

1.1.3　数学教育的学习观

学习是一种理性的活动,数学是理性精神的代表,因而数学学习更是一种理性的活动。数学学习的最基本特点之一就是独立思考。真正的数学学习是通过独立思考,使得对数学的理解向深层次结构转化。一旦向深层次结构转化的学习发生突破时,对数学原先的理解就扩大了。原有的知识并没有错误的地方,然而它的范围太小了。我们用意识翻译或者重新组织自己的知识时,原有的知识圈圈在某一个点上被突破,并在这个点上生成新的知识,这种生成性知识把原有的知识带入一个新的层次,从而适应新知识的大世界观。数学学习正是一个重组知识、解释经验、发展认识的过程,但是这个过程建立在学习者勤于思考,善于思考,特别是独立思考的基础之上。

真正的数学学习是"思接千载,视通万里"的精神活动,数学学习需要刻苦,但更是一种快乐,是刻苦酿造快乐。学习总会有功利性的收益,如果仅仅从功利出发,学习就会成为违背人的天性的劳役。

有一则"关于卵石的寓言"对学习的意义具有形象而深刻的喻意。一个人正在沙漠里行走,突然一个声音对他说:"捡一些卵石放在你的口袋里,明天你会又高兴又后悔。"这个人弯下腰抓了一把卵石放进口袋。第二天他将手伸进口袋,发现了钻石、绿宝石和红宝石。他感到又高兴又后悔。高兴的是他拿到了一些;后悔的是他没有能多拿一点。

这个故事的寓意正是对功利主义学习态度的警示。如果只想学习"有用"的东西,"沙漠里的鹅卵石"捡之何用? 第二天又哪有"钻石、绿宝石和红宝石"? 所以对于学习应打破眼鼻尖的功利界限而游心于千载,去领略"书中乾坤大,笔下天地宽"的意趣,同时使人生境界也得到升华,那才是学习的真谛。

前苏联教育家苏霍姆林斯基(В. А. Сухомлинский)指出:"应该抱有一种强烈的愿望去学习、去认识世界,以不断丰富自己的精神世界。倘若学生只是以将来是否有用这种观点来看待知识,他就会没有激情、计较个人利益、动机不纯,甚至情操低下。"

怀抱强烈动机而目标高远的学习,必然会导致一种关注自我成长与个人发展的学习。个人的发展实质上包含个人能力和社会关系两个方面——个人能力指鉴赏力、洞察力、学习能力、创造能力、表达能力等;社会关系的丰富意味着个人能不断地拓展自己的生活舞台,在日新月异的社会生活中成功地扮演各种社会角色。

1.1.4 数学教育的教学观

数学教学应该是"以激励学习为特征,以学生活动为中心"的实践模式,而不是"传授知识"的权威模式。把学生当成知识的容器和解题的机器的做法会使大部分学生丧失对数学的兴趣、好奇心、批判能力和自学能力。促进学生学习,是教育者的基本责任和最终目标。

"教"的正确方式应该是,教师作为学生学习的向导和领路人,即创设情境,激发兴趣,引发问题,促进探索,启迪思维,激励创造。不能用简单的训练来代替这些工作,只有这样,学生"学少悟多"的主体性才能真正得到体现。如果从老师那儿转手来的外在东西不多,但是内心却不断地悟出很多东西,这些东西就是自己的,而不是老师教给的,更不是老师交给的。

在学校教学中,牢固确立"教师的教是服务于学生的学的"这一观念十分必要。学习的过程应该是一个创造的过程,一个批判、选择、释疑、存疑的过程,课堂教学应当充满想像,充满探索性和体验性。任何知识,特别是个体的经验,需要有一个个性化的过程。别人的知识和经验没有经过改造、扬弃、整合、升华为自己的精神修养的学习,是没有用处的,至少是没有大用处的,充其量只是小技巧,而不是大智慧。再多的学习,其作用也是十分间接的、潜在的。

1.1.5　数学教育的能力观

数学教育应发展学生广泛的基本数学能力。数学能力分为:学、才、识三个方面。"学"是指数学的各种概念、公式、定理、算法、理论等等;"才"是指运算能力、推理能力、分析与综合能力、洞察力、直觉思维能力、独立分析问题和解决问题的能力等等;"识"则是指分析鉴别知识,再经过融会贯通后形成的个人见解和策略观念。必须"学、才、识"三者兼顾才能构成完整的数学能力。

数学的能力更体现为创造力。然而创造力不是教出来的,而是鼓励出来的,是在充分自由的环境里发芽、生长的。如果在教育的环境中,过于重共性而轻个性、过于重义务而轻权利、过于重服从而轻自主、过于重外在的纪律而轻内在的能动,人的个性受到压抑,就不可能有敢为天下先的精神,就只会做那些别人做过的事,而不会去做别人没有做过的事。没有个性就没有独特性,没有独特性怎么可能有另辟蹊径的创造性? 没有独立性就会时时处处依赖他人,怎么可能有冲破常规所需要的百折不挠的精神和勇气?

华裔物理学家李政道有句名言:"求学问,需学问;只学答,非学问。"发问即使很幼稚,却蕴含着创造。向常规挑战的第一步,就是提问。对每一个人来说,从小养成敢于提问的个性,始终保持一颗好奇心,培养对学习的热爱,是学生创造力培养的要诀。

1.1.6　数学教育的现代技术观

随着现代信息技术深入到现代社会的各个领域,数学教育由主要强调纸笔计算向充分使用现代教育技术转变已经是历史的必然。

从思维的角度看,现代信息技术是人类头脑的延伸,除了计算、作图、统计、推理及证明,还可以模拟实验,拓展想像,促进理解,甚至可以完成人类无法完成的任务。它能够为学习环境注入一种引人入胜的气氛,有利于提高学生的兴趣;

许多原来的知识和技能,能够被新的所代替;学生可以体验数学的探索过程,从而培养数学直觉和洞察力,开拓和发展学生的创造力。

从学生学习数学的角度,现代教育技术所具有的卓越性能,有利于学生成为真正的主体,使学生从静态和动态、局部和整体、图形和数值、具体和抽象、理论和应用的各个侧面去研究和探索数学中的各种问题。它为学生们提供了平台,使他们能充分地发挥自己丰富的想像力和自由创造的思维,在美妙无穷的数学空间中翱翔!

从数学教学的角度看,运用现代教育技术,可以使教师在教学活动中充分扮演组织者、引导者的角色。教师可以利用现代技术的动态形象优势,创设生动活泼、富有启发性的情境,使数学教学在兴趣激发、问题提出、概念形成、意义理解、实质把握、语言表达、图形想像、思想启迪、思路探索、前景判断、方法发现、论证推理、智力参与、生成体验等各个方面收到出人意料的良好效果。

把现代技术用于学校教学不是一种简单的操作,而是在学生了解一些新技术的前提下,重点探究如何把它们用于数学教学,如何根据现代的教育思想研究教学内容,运用现代教育技术创造性地设置教学情境,从而使学生能够有效地理解和建构所学的数学知识。

§1.2　我国数学课堂教学的特点及分析

树立科学的、现代的数学教育观,不能脱离对我国数学教育的现状的认识。要全面而科学地认识我国数学教育是一个十分艰巨的工作,这里我们先辩证地来认识一下我国数学课堂教学的若干特点。

1.2.1　突出知识性的具体目标

1. 大纲、课标及考纲对知识提出不同的目标要求

我国对数学教学起指导作用的纲要,过去称为教学大纲,现改称课程标准(民国时期也称为课程标准);高考内容和要求依据的则是考试纲要。无论教学大纲、课程标准或考试纲要都对数学知识的掌握提出明确要求,并突出具体的目标描述。例如:《教学大纲》中不仅明确总体教学目的,而且分章、节详细罗列具体教学内容和教学要求;《课程标准》中对数学课程目标从横向和纵向两方面陈述,横向的课程目标包括:知识与技能目标、数学思考目标、解决问题目标、情感与态度目标;纵向的课程目标则是根据上述四个目标提出分学段

目标。

2. 教学过程中对目标细化具有可操作性

为了使大纲、课标提出的目标能在教学中落到实处,各级教研部门用带有具体特征的各种行为动词对目标的具体涵义作出详细的描述,从而使目标要求的实现具有可操作性。例如,用行为动词将知识与技能目标划分为了解、理解、掌握、灵活运用四个等级的层次;再对各个层次中每个知识和技能的目标要求,用行为动词做出更加细致的刻画。像"了解"这个层次的目标,就用"叙述、复述、表述、默写、记住、指出、知道、识别、填写、解释、改写"等行为动词来刻画。具体的诸如:复述有关数学知识的定义、定理、法则、性质、公式;指出、认识具体数学符号、图形的直接意义;正确默写有关数学公式、法则;记住重要的常用数学符号;在教材内容文字相同的条件下,模仿式地完成作业习题等等。

通过与每个层次及水平对应的行为动词,以及对应的习题来达到对教学目标的落实。这样做的最大好处就是,教学目标明确、具体、可操作性强,教师一看就懂,易于把握。教学中的这种落实,是能看得到的落实,尤其是在考试中可以取得立竿见影的效果。

3. 每章、每单元和每节课都有细致的目标

我国在落实教学目标上对双基采取强有力的措施。教学目标细化到每章、每节、每课,教师严格按照这些层次的目标进行教学,而且为了完成教学目标,教师需对课堂教学的各个环节设计切实可行的步骤,一步不落、按部就班地进行。这些做法与美国教育家和心理学家布卢姆(B. S. Bloom)提出的目标教学(认知、能力、情感)在形式上有某种联系,因而一拍即合,似乎获得了一定的理论支撑。课堂教学中对各个目标的落实,还体现在教学的例题和练习题中,通过模仿性练习题、干扰模仿性练习题、选择运用性练习题、选择组合性练习题、综合运用性练习题等体现不同目标层次的数学习题的训练,来确保对各个目标要求落到实处。这些细致的目标实质上以知识、技能为主,而教学成效的检测最终仍以考试成绩来评价目标是否达到,虽然也兼顾能力目标,实际是辅而不为。在很大程度上目标的细化还是应试的产物。

1.2.2 长于由旧知引出新知

我国的数学课堂教学中,绝大多数的新知识是由旧知识引入的,这基本符合人的认识规律,也与现代认知主义理论、建构主义思想相一致。课堂教学的开始多以复习提问的形式出现,教师设计一系列的问题,在学生对与新知识相关的已知内容的温故之中,让新知识的内容、意义逐渐露出端倪,自然而然地流淌出来。下例是比较典型的由旧知引出新知的案例。

对数概念作为新知的教学,由已知的有关幂指数的知识引入:

$$2^x = 4 \Rightarrow x = 2$$

$$2^x = \frac{1}{2} \Rightarrow x = -1$$

$$2^x = \sqrt{2} \Rightarrow x = \frac{1}{2}$$

$$2^x = 3 \Rightarrow x = ? \rightarrow 需要引入新的运算——求对数。$$

这个求对数的新运算,用数学符号表示为 $x = \log_2 3$。

一般地,$a^x = N\,(N > 0,\ a > 0\ 且\ a \neq 1) \Rightarrow x = \log_a N$。

由旧知引出新知可能导致两种教学形态。一种形态是,使学生由旧知中产生困惑或新的情境——形成和激发认识新知、发现新知、获取新知的欲望和行动——经历知识发生、发展的过程,这无疑是应该追求的理想的教学形态。另一种形态是,淡化从旧知识到新知识的发生发展过程,甚至会直接把新知识告诉学生,只要所谓会用就行了。这很容易造成学生被动接受,成为事实上的被灌输知识的容器,这当然是应该竭力避免的教学形态。

1.2.3　注重新知识内部的深入理解

在新知识的意义建立起来以后,往往还要对其进行深入的意义辨析,以期达到对新知识的深层次理解。其采用的方法,或是对新概念、新命题中关键性语句进行咬文嚼字的分析,特别对关键词的理解更是突出强调;或是利用变式教学(辨析题、变式题)深入认识新知识的本质属性,概括出新知识的要义或注意点,梳理新旧知识间的联系,在辨析中加强理解。下例是一个典型例子,在对数定义建立以后,往往要进一步挖掘新的认识。

第一,认识对数与指数之间的联系,可用图 1.2.1 表示。

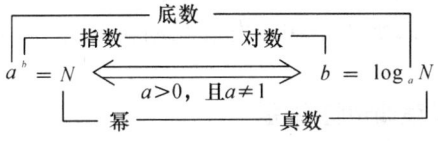

图 1.2.1

第二,认识对数是指数的逆运算。

$a^b = N \rightarrow$ 已知 a、b,求 $N \rightarrow$ "乘方"运算。

$a^b = N \rightarrow$ 已知 b、N,求 $a \rightarrow$ "开方"运算。

$a^b = N \rightarrow$ 已知 a、N,求 $b \rightarrow$ "对数"运算。

第三,认识对数定义中关于底数 a 和真数 N 取值范围的合理性。

例如,若 $a = 1$,$N = 1$,则 $\log_1 1$ 不确定(不能保证 $\log_a N$ 有意义——存在且惟一)。

这种深入理解可能导致对立的两个方面:积极方面是可以促进学生新旧知识的继续同化,加强对新旧知识内在的非人为和实质性的联系,形成良好知识结构和网络;消极方面是仅仅局限于知识的内部,停留在字面意义的理解,脱离实际,削弱了知识对提高人的认识水平的作用,很容易演化为仅仅为掌握知识而教学,削弱对人的认识力的培养。

1.2.4 重视解题并关注方法、技巧

学习数学公认的途径是解题,我国的数学教学十分重视解题。解题必须以概念和定理为依据,因而解题是对概念、定理的再学习。强调解题有利于对解题基本方法的熟练掌握,这有利于夯实基础。我国的数学教学还非常重视解题思路的探求,注重一题多解、一法多用,这些对学生思维的培养和发展有一定的积极意义。

但是我国的解题教学也存在一些缺陷。例如,所解的题,绝大部分是源于数学内部的常规问题、形式化问题,缺少对方法中所蕴涵的人类认识问题的基本思想规律的渗透和感悟。这种解题容易变成僵化刻板的套路,应试效果好,但无益于创造能力的培养。

1.2.5 重视巩固、训练和记忆

1. 及时巩固、强化练习是我国数学教学的重要特点

中国的数学教学每课有练习,每节有习题,每章有复习题;课内有练习,课后有作业,单元有小考,学期有大考。这种对基本功训练的重视,从巩固练习的角度看有一定道理,有其必要和正确的一面,但度很难把握,很容易走向反面。数学教学的现实已经可以证明对"双基"的强化很容易过度,并且在我国现今的中学数学教学中已经过度,如果不注意发展和创新,就会发生基础过剩,影响到中华民族的创新精神。

2. 我国数学教学强调记忆有法

我国的数学教学强调记忆有法。常用的记忆方法有:意义记忆、口诀记忆、图表记忆、对比记忆、联想记忆等。这些记忆的方法很多属于意义记忆的范畴,对学生牢固地掌握知识是有力的措施和有效的方法。但是难度的把握,过分强调记忆,即使强调意义记忆,也很容易异化为机械记忆、方法模仿、僵化操作,并会加重学生的学习负担。

中国数学教学的特点远远不止以上几个,还有很多特点有待进一步发掘、提炼和分析研究,这有利于在教育改革中弘扬优良和改进不足。

§1.3　对我国中学数学教学的反思

从对我国数学教学特点的考察可以看出：我国的数学教学有诸多自身的优势，如注重新知识内部的深入理解，注重基本知识和基本技能的夯实等。但是，我国的数学教学也存在许多明显的问题和不足，归纳起来主要体现在以下几方面。

一是重结果，轻过程。学生在教科书上看到的往往是拆掉了脚手架的雄伟壮观的数学大厦。一些教师上课时也沿袭着概念、定理、例题、练习这一传统教学过程，这是一种将火热的思考淹没在形式化海洋里的冰冷而美丽的数学（这即是通常所说的 dry-beauty）。教师上课急功近利地将各种结论按照书本的呈现形式灌输下去，不告诉学生概念的来龙去脉、不带领学生经历数学定理的证明过程、不剖析数学解题的思维过程，只是一味地热衷于"题型＋方法"。学生被动地接受这些结果，死记硬背、机械模仿，不知道它们的发生过程，不知道它们的思维过程，因而对于知识没有相应的情境支撑和固着点。记住的只是形式的、演绎的陈述式结果，之后就是日复一日地利用这些结果的大量考试训练。数学在学生心目中成了枯燥、繁难、解题的代名词，学生从而会形成片面错误的数学观。

二是重显性知识，轻思想方法。日本数学教育家米山国藏先生曾经说过："不管学生们从事什么业务工作，惟有深深地铭刻于头脑中的数学的精神，数学的思维方法，研究方法，推理方法和着眼点等却随时随地发生作用，使他们受益终生。"[1]可是现实的教学中，不少教师在讲台上滔滔不绝地讲授书本知识，津津有味地解数学题目，却很少去解释隐藏在知识背后的思想方法，甚至担心强调思想方法会影响数学教学的进度。而学生在学习数学知识之后，除了知道用它们来解数学题和应付考试外，很少在头脑中留下一般的可供迁移的方法论层面的数学思想。

三是重知识点传授，轻知识网络构建。荷兰数学教育家弗赖登塔尔（Hans Freudenthal）认为："任何孤立的事物都可以成功地教会。可是这种局部的成就不能说明什么问题。真正重要的是要了解这个题材如何与数学教育的整个主体适应，它能否成为整体中的一个组成部分。"[2]布鲁纳（Jerome Seymour Bruner）也提出了数学教学的结构原则，即要选择适当的知识结构，并选择适合于学生认知结构的方式，才能促进学习。而现实中，许多教师只顾埋头将系统知识肢解为

---

① ［日］米山国藏著，毛正中、吴素华译：《数学的精神、思想和方法》，四川教育出版社，1986
② ［荷］弗赖登塔尔著，陈昌平、唐瑞芬译：《作为教育任务的数学》，上海教育出版社，1999

一个个知识点,一味追求知识点的讲深讲透,然后用大量的练习来巩固它,却忽视从中跳出来,通过立足知识点的知识链将所学知识串起来,使它们构成一个动态的知识网络和进一步学习的结构框架,从而导致学生在检索知识时困难重重,更不要说让学生去领悟"数学是一个有紧密内部联系的整体,网络内部和网络之间的联系将数学组织得非常有条理",进而去树立正确的数学观和数学学习观了。

四是重解题训练,轻能力发展。我们的解题往往是弗赖登塔尔称之为"跳伞者方法"的教学,方法像降落伞一样突然从天上掉下来。正如匈牙利数学家波利亚(George Polya)所说的:"是的,这个解答好像还行,它看起来是正确的,但怎样才能想出这样的解答呢?"许多教师无论是在课上进行解题的示范还是在课后回答学生的问题,呈现的都是一种光鲜而严谨甚至是绝妙的解答,至于他是怎么想到的,碰到了哪些障碍,绕了哪些弯路,则一概省略。这样学生也许能模仿这类题的解法,但不能将它们迁移到新的情境中去,关键就在于教师的示范是一种教学法的颠倒,他将自己的思考过程倒过来叙述,呈现出严谨的逻辑推理顺序,学生当然只能亦步亦趋,而得不到什么能力上的发展了。

五是重解答,轻反思。一个人对自身经历的活动的反思是提高认识水平,促进思维发展的重要途径,它对推动人们深入地认识事物的本质至关重要。教师上课满足于把知识讲到,把题目做完,却很少引导学生去反思自己的思考过程(如用到了哪些数学知识、碰到了哪些钉子、用到了哪些方法等)以及数学活动的结果(如结果能否迁移、能否想到与之有联系的问题、有无更好的解法或表述等),长期地满足于一招一式的学习必然会对学生的发展不利。

六是重教学思路设计,轻学生思维诊断。有些教师一味自顾自地沿着自己预先设置的教学思路走,当有学生的回答不是他原先设想的情况时,他不是去思索学生的回答是否有理或有创意,而是一味地将学生诱导(甚至是将学生强行拉入)到自己事先铺设的思维轨道上来,对于学生的错误要么严厉批评,要么置之不理,却不去诊断学生的错误,思考其中合理的成分或规律性错误的成因,错失了许多教育的良机。进一步说,这是一种教师本位主义的主体体现,因为教师思想上没有考虑到作为学习的主体是学生,备课的时候仅仅是为自己度身设计了使出自己十八般武艺的场景,却没有根据不同学生的认知心理和复杂多变的教学实际去"备人"。

思 考 题

1. 如何认识现代数学教育观的意义?

2. 现代数学教育观包括哪些方面? 它们是如何表现数学教育观的现代

性的？

　　3. 举例说明我国的数学课堂教学特点，你认为除了书中谈到的，还有什么其他的特点？

　　4. 结合现代数学教育的观点，谈谈中国数学教学中存在的问题，并提出适当的建议。

　　5. 如何利用古今中外的教育思想，形成时代的、科学的、正确的数学教育观？

第2章 现代数学观

数学教育,顾名思义是关于数学的教育,它与数学不可分离。研究数学教育就不可避免地要研究数学的特征,进而研究数学教育的特征,再深入到数学教育的各个领域内展开对各类问题的研究。

数学教育中的数学观,就是指从数学教育的基本任务出发来认识和理解数学的特点。这里既要注意凡是科学都具备的共同特点,如:观察、实验、想像、直觉、猜测、反驳、验证等。又要注意数学与其他科学共同点之间存在差异的方面,比如:凡是科学都有抽象性、严谨性、应用性特点,而数学在这些方面又有其特殊性。

§2.1 数学的抽象性特征

数学具有高度的抽象性,这是众所周知的。但这并不是说只有数学科学才是高度抽象的,而是指数学在抽象性方面,具有区别于其他科学的独有特点。那么,数学在抽象性方面有什么特点呢?

2.1.1 数学对象的抽象性

数学与其他科学相比较,最主要也是最基本的特点,就是它所研究的对象是抽象的形式化的思想材料[①]。物理学、化学、生物学等数学以外的科学,它们研究的对象是客观世界的具体物化形式或具体运动形态。比如物理学中的量子,是物理量转变的最小单位,存在于客观世界的现实中,用一定的仪器设备可以观测得到。数学中的对象,诸如:数、式、方程、函数;点、线、面、体;群、环、域;欧氏空间、线性空间、拓扑空间……虽然可能找到它们形成的客观背景,但现实世界中毕竟没有这些对象物化形式的实际存在,它们是人类思想抽象的产物。

---

① 张奠宙等:《数学教育学》,江西教育出版社,1991

针对数学的这种特点,爱因斯坦曾经精辟地指出:"当数学定理涉及现实时,它们是不确切的;当它们是确切的时候,它们就不涉及现实。"数学的对象不仅是抽象的思想材料,而且还是形式化的思想材料。所谓形式化就是这些抽象的思想材料是用数学的特殊符号语言组织起来,当人们面对一系列数学材料时,看到的仅仅是材料的形式,其所包含的真正内容却是抽象的思想隐藏在形式之中。例如"$\sin x$",直观上它仅仅是一个符号、一种形式,它在初中教材中的一个真实含义是"直角三角形的一个锐角 x 所对直角边与斜边的比值",然而单从符号的形式表面是看不到它的真实含义的,它的真实含义体现为思想材料,"$\sin x$"只不过是它的表现形式而已。

2.1.2 数学理论的抽象性

人在思维中把事物的某一方面特性与其他特性区分开来加以单独考虑,进而舍弃其他的特性,保留下来的特性就是抽象出来的事物的本质。许多不同科学领域的不同问题,表面看起来是完全不相同的,可它们由数学语言表述出来的时候,可以用同一个数学模型来刻画,因为这个数学模型反映了它们的共同性质,即它们的本质。

例如,"$\dfrac{\mathrm{d}y}{\mathrm{d}x} = ky$"是最简单的一阶微分方程。这个微分方程可以用来描述放射性同位素的衰变过程(化学);可以用来描述某种细菌的繁殖过程(生物);可以用来描述某个条件下的热传导过程(物理);也可以用来描述某个地区人口的变化过程(社会学)等等。同一个数学概念能够用来解释物质世界和人类社会的各种问题,原因在于这一简单的数学概念和理论反映了多种问题的共同本质属性。

正是数学反映了各种不同领域的许多深刻的联系,从而使数学起到统一和综合各种科学知识的作用。数学这种通过揭示本质属性实现的统一和综合,使人类获得深刻的洞察力,促进人类对客观世界的理解。

2.1.3 数学方法的抽象性

数学思想活动除了对数学对象进行创造以外,还创造解决数学问题的数学方法。所谓"数学方法"就是数学处理自身问题的办法。

1. 数学的主要研究方式是思辨

由于数学的对象是抽象的形式化的思想材料,这就决定了数学研究必然是以思辨的方式进行的,也就是数学活动是人类抽象的思想活动。数学的思想活动实际是一种思想实验[①],与其他实验性科学相比,数学思想实验不是在普通实

---

① 张奠宙等:《数学教育学》,江西教育出版社,1991

验室里进行,而是以人的大脑为实验室,数学实验在人的大脑里进行。人利用各种思维方式,在大脑这个思想实验室里,对抽象的形式化的思想材料进行加工,创造出数学成果的过程。数学的思想实验表现为内部思维动作的操作过程,其他科学则表现为外部行为动作的操作过程。

尽管计算机为今天的数学研究提供了史无前例的技术力量,但是数学科学的研究工作在很大程度上仍然依靠个人的灵感和创造力,也就是依赖于个人的思维活动。

2. 数学中的弱抽象方法

在数学的思想活动中,有一类方法是在同类的事物中抽取关于数量、空间形式或结构关系方面的共同属性,舍弃其他的特征,从而形成新的数学概念。这种舍弃一部分属性保留共同属性的抽象过程称之为"弱抽象"。

例如自然数"3"的概念就是弱抽象产物。在 3 只鸡、3 个苹果、3 个球等这类事物中,"个数 3"是它们的共同本质属性,于是"3"被抽象出来,而鸡、苹果、球都是非本质属性而被舍弃。又如"基数"概念,也是在偶数、整数、有理数、实数这些数的集合中,按一一对应原则,抽象出无穷数集的基数的概念。

数学中的很多重要概念都是由弱抽象的方法得到的,弱抽象方法是数学思想活动的主要方法之一。弱抽象的特点是,用弱抽象得到的数学对象,一般是概念外延的扩大,而内涵的减少。弱抽象的本质在于舍弃。通过弱抽象方法得到的属性,本来就存在于原来的一类事物之中,抽象的过程只是把它分离出来,而且被抽象出来的属性决定了这类事物与其他类事物的本质差异,因而是本质属性。一般地说,只有内容结构较为丰富的对象,才能成为弱抽象的原型。

3. 数学中的强抽象方法

数学思想活动中,有一类方法是把新的特征或属性添加到已有的数学结构中,从而形成新的数学概念,而不是从同类事物的众多属性中将共同的本质属性抽取出来。这种通过在原有数学结构中增添新的性质来获得新数学概念的抽象过程,称之为"强抽象"。

例如,由一般三角形概念,引入"两条边相等"或"一个角是直角"的特性,就分别得到比较特殊的三角形概念:等腰三角形和直角三角形;在函数概念中,引入"连续性"就形成了"连续函数"的概念,进而有"可微函数"的概念;点、线、面这些几何元素同各种变换相结合,即在点、线、面这些几何元素中分别引进不同的变换关系,就产生了合同、相似、仿射、射影、同胚等几何概念。

这些例子表明,强抽象方法通过引入新的特征强化原型来完成抽象,是一种概念强化式的抽象,这样获得的新概念或理论,实际上是原型的特例。强抽象的特点是,强抽象方法获得的数学对象,一般在概念的外延上缩小了,但内涵或结构更加丰富和具体了。强抽象方法的本质在于"添加",强抽象是将不同数学概念或结构有机地结合起来。

强抽象和弱抽象是方向相反的两种思维方法。从思维活动的方向看,弱抽象是"特殊到一般"的过程,强抽象则是"一般到特殊"的过程。由于强抽象是"一般到特殊"的过程,因而实际是演绎推理的过程,这个过程比较直接,但不易理解。用这种方法建构新的数学概念,对思维水平要求要高一些。弱抽象是"特殊到一般"的过程,因而实际是归纳推理过程,这个过程比较直观,是通过直接经验来建构新的数学概念。更贴近学生的思维水平,更容易理解。

2.1.4　数学抽象的理想化特点

数学中的很多概念是理想化抽象的产物。像平面几何中点、直线、平面以及解析几何的笛卡儿坐标系,是最典型的理想化抽象。点——只有位置而没有大小;直线——没有宽窄,且可以无限延长;平面——没有厚度又没有边界;笛卡儿坐标——宇宙本来没有坐标,坐标系是人理想中的,原点、坐标轴完全是人为的,因而各人可以自由地设立自己的坐标系。无理数、虚数、无穷小量和极限等概念也都是理想化抽象的产物,它们的严格定义是数学家们后来才给出的。数学中的多数公理也都是理想化的抽象。"实无穷和无穷集的大小比较"是典型的一例。德国数学家康托(Contor Georg)建立集合论时,规定:两个集合的元素之间如果能建立一一对应,则这两个集具有相同的基数。康托的规定产生了一个问题:即自然数的许多子集都与自然数集有相同的基数。它岂不是与"部分小于全体"的比较公理矛盾了吗? 由于康托对传统比较公理进行了修改,作出了理想的无穷集比较的构想,抽象出新的比较公理,排除和避免了把传统比较公理用于无穷集所产生的矛盾。

数学的理想化抽象之所以适用于对现实世界的研究,并成为认识现实世界的有力手段,是因为这种对现实对象和过程的理想化,具有扎根于现实世界的合理性和潜在的可实现性。自然数公理化概念即是建立在这种潜在的可实现基础之上。几何图形的无限分割,也是一种潜在的可实现思想的体现。

2.1.5　数学抽象的形式化特点

数学抽象性的与众不同之处是数学的抽象具有形式化特点。这种形式化主要表现在两个方面。

1. 数学语言的形式化

数学思想活动的结果必须要以某种形式记录和表达出来,在这方面,数学采用的是形式化语言,也就是说数学语言是"形式化"的。数学语言的形式化,首先表现为符号化。数学符号是数学抽象物的表现形式,是数学存在的具体化身,是对现实世界数量关系空间形式和结构关系反映的结果。数学符号按一定规则组织起来，就成为数学思想材料的物质载体——数学语言。

数学的形式化就是用一套有数学含义的符号体系，来表述数学对象的结构和规律，从而把对数学具体对象的研究，转化为对符号形式的研究。例如：勾股定理——直角三角形两直角边的平方和等于斜边的平方，可以形式化为：

在 $\triangle ABC$ 中 $AB \perp AC$，那么 $AB^2 + AC^2 = BC^2$；方程 $\begin{cases} x+y=a, \\ y+z=b, \\ z+x=c \end{cases}$ 也是形式化

的表示，它的真正含义是"是否存在同时满足这三个等式的一组数值 (x, y, z)"。在韦达以前，方程不是用这个符号的形式表述的，那时方程的表示要复杂得多。

描述函数极限的 $\varepsilon - \delta$ 语言：若对任意给定的数 $\varepsilon > 0$，存在 $\delta > 0$，使得 $0 < |x-c| < \delta$ 时，恒有 $|f(x) - A| < \varepsilon$，则称 $f(x)$ 在 C 点的极限为 A。进一步形式化就是：$[\forall \varepsilon > 0, \exists \delta > 0, \ni 0 < |x-c| < \delta, |f(x) - A| < \varepsilon] \rightarrow \lim_{x \to c} f(x) = A$。

这些数学符号代表了特定的数学含义，但是仅仅看它们的表面并不能看出内在的意义，因而是一种形式，或者说它只是所代表实质的形式的外壳，只有懂得它们的意义的人，才能把这个形式与其意义联系起来，才能剥去形式的外壳看见它们的实质。

2. 数学概念、命题的形式化

可以发现，数学语言中有一个共同的句法形式——"如果……那么……"或者"若……则……"。也就是数学的论断都是建立在假设的基础之上，如果假设不成立，那么论断也就不成立了。

众所周知，中学阶段所学的几何都是建立在欧氏几何的五大公理体系之上，然后按照逻辑推理可以得出一系列的定理、性质，然而当否定了其中的"平行公理"之后，公理体系被重新建构，又形成了非欧几何的公理体系，在这一基础上，仍然可以进行逻辑推理得到相应的定理性质。

可见，数学是在以假设为前提的基础上进行自身的科学理论建设的。在数学的公理体系中，公理本身就是假设，然后按照逻辑演绎的方法经过"真值传递"形成数学的科学真理。由假设推出结论，就是一种形式化推理。因此数学的概念、命题都是一些形式。

数学的形式化不等于数学的符号化，数学的符号化是数学形式化的一部分。它们的差别在于：符号化着眼于各种数学抽象物本身及其关系的形式上的表述。形式化着眼于各种数学抽象物之间本质联系的形式上的表述，目的是把纯粹的数量关系或结构关系以简洁明了的形式加以表示，以便揭示各种抽象物的数学

本质和规律。

对数学形式化有一个正确的认识,对数学教育而言十分重要,它向教师和学生强调了数学教与学的活动中,不仅要掌握数学对象的形式,更要理解数学形式所包含的数学对象的本质属性,透过形式抓住本质。

§2.2　数学的确定性特征

数学中通常进行的数学证明,就是运用逻辑关系来判断一个数学命题是否正确的过程,实际是用逻辑检验数学真理的过程。由于古希腊数学家们的工作,特别是亚里士多德和欧几里得的工作,使得数学与形式逻辑结合起来,由一门经验性科学真正成为一门演绎科学,从此数学与逻辑总是密不可分,成为整个科学领域内最严谨的科学。

2.2.1　数学的确定性由数学对象的抽象性决定

由数学的抽象性特点可以知道,数学的抽象舍弃了事物所有个别的性质和具体的内容,而这些被舍弃的东西使客观事物表现出千差万别,它们是不稳定的、不确定的、易变的东西。数学抽象保留了事物的共同的本质,只有这些本质的东西才是稳定的、确定的、不变的,事实上数学正是研究在一定数学运动变换下的不变性质。

例如,代数方程的解是代数运算下代数式的值的一种不变性质。函数的奇偶性、单调性、周期性,函数图象对称性等是映射变换的不变性质。二次曲线在坐标变换下的不变量正是解析几何研究的重要内容之一。各种几何都是研究相应几何变换下的不变量。代数运算的封闭性、结合性、可交换性、可逆性……都是代数运算的不变性质。正是数学对象的这些不变性,使数学具有确定性。

2.2.2　数学的确定性由数学方法的抽象性决定

数学方法的基本点就是概念的明晰性。无论是数学家研究数学,还是学习者学习数学,其首要任务就是明白其面临问题所涉及的概念,概念不明确一切数学活动都不能进行下去。例如对无穷认识的突破,并没有使用高深复杂的推演和计算,而是仅仅建立了集合的概念和集合元素"一样多"的概念,依赖于一一对应这样简单而明确的关系,从而分清有限与无穷的本质差异,无穷与无穷之间的本质差异。

数学方法的抽象性使得数学结论具有普适性、稳定性。在实验科学中,一个实验可能因为各种不确定因素而影响实验的结果,而且不可能有完全的重复,这就导致了不确定。数学方法则不然,任何一个数学计算、数学证明的过程都可以重复,并得出同样的结论。正是这样的原因,数学结论的正确性对每一个人都是一样的。也正是这样的原因,使得数学表现出一种可靠性、可信性,从而对数学的结论确信无疑。

2.2.3　数学的确定性由逻辑方法本身的精确性决定

在逻辑方法中,推理规则是第一位的,而推理规则是人们在长期的历史实践中抽象出来的,其真理性也是由长期的历史实践所证明的。

在逻辑方法中,一切使用的概念在推理中必须服从规则,就是必须由一定的前提出发才能得出某个必然的结果,整个推理过程都必须按照一定的逻辑规则进行,任何数学结论只能根据初始命题出发,或根据由初始命题推得的命题出发推导出来,从而使得用这种方法推得的数学结论令人心悦诚服,无可争辩。

由于逻辑方法具有确定的推理规则,一切概念服从规则,这使得逻辑方法本身具有了确定性,进而使得经由逻辑方法检验而获得真理性的数学有了确定性的保证。

2.2.4　数学的确定性由公理化的结构决定

一般来说,所有的数学证明都归结为逻辑论证。但是如果定理 A 由定理 B 导出,而定理 B 由定理 C 导出,定理 C 又是由更前面的定理推出,那么这种无限向前递推何时才有尽头? 为了避免无限向前递推的情况,就采用这样的方法:将某些概念以及它们之间的关系当作原始的,不加定义的,而所有以后的概念和性质都以精确的定义和逻辑论证的方法,从原始概念导出。这种建立科学学科的过程就是公理化。

数学的公理化本质上反映了数学的内部组织形式,数学公理化发展经历了实质公理系统的第一阶段,形式公理系统的第二阶段,才完成了数学内部组织精确化、完善化的过程。

经过严格逻辑整理的数学理论体系在一定范围内确实无懈可击,但形式化和公理化也是有局限性,并不能解决数学中的一切问题。

逻辑推理的这种传递真值的作用,可以保证按照某一公理系统建立起来的某一数学理论体系,具有逻辑相容性,即在逻辑上是无矛盾的。这的确表明数学在逻辑上是高度严谨的。但那些逻辑上没有矛盾的命题是否就一定正确呢? 这显然要追溯到作为逻辑推导的命题最初出发点的那些公理是否正确。

决定数学理论体系最原始的真值保证,即决定那些不加证明的数学公理的真值性的保证,只能是数学家们亲身工作的实践。数学家在自己的实践中,使自己的认识不断地同客观的规律接近,不断地认识数学对象的深刻本质,从中确定数学真值。数学公理的真值性由数学家在处理、变革乃至创造数学对象的活动中,对数学规律的把握来保证。在这个意义上数学并不是绝对严谨的。

§2.3　数学活动的探索性特征

关于数学高度抽象性、确定性和广泛应用性方面的特点,是数学具有区别于其他科学的独特的特点,除了一般认为的数学的这三大特点以外,数学在与其他学科共有的科学探索性方面也具有区别于其他学科的独特的特点,这也是数学与其他科学共同具有的特点。

2.3.1　数学活动具有探索性

数学的探索性特征就是指,在数学活动中要运用一般科学的探索方法:观察、实验、想像、直觉、猜测、验证、反驳。科学探索方法是科学发现发明的方法,因此数学活动的探索性特征体现了数学创造性活动的特点,意义更大、更重要。

数学活动有三类:数学研究活动,这是数学发现发明的过程;数学认识活动,即数学学习活动,这是一个再创造的过程;数学实践活动,即用数学解决问题的创造性过程。这些活动都要经历发现问题,提出假设,验证猜想的阶段,这个阶段就是数学探索性活动阶段。数学探索性表明了探索活动阶段的不确定性。如果说这一阶段有什么规律的话,那也是建立在经验基础上的,没有确定的形式和结构。正是这种不确定性,体现了数学活动的创造性。

1. 数学研究中的探索性

数学发现发明是典型的探索性活动。阿基米德的"启发式论证";牛顿发明微积分;康托发现无穷集合的"基数",即实数连续统等等。这些数学发现发明的过程都曾经历"实验、观察、猜测"的探索活动过程,是大量探索性活动的结果,是大量运用实验、观察、猜测、想像、直觉、验证、反驳这些探索性方法的结果。

2. 数学学习中的探索性

数学的探索活动并不限于数学的研究领域,也广泛存在于数学的学习活动中。幼儿园孩子学数字用手指,小学生学数学用"学具盒",都是数学学习中的探索性活动,他们通过实验、观察、探索数学知识;中学生学习三角形的三边关系时,用各种长短不一的小棒做拼组三角形的实验;学习三角形的内角和时,教师让他们做出形状各异的各种三角形,再把每个三角形三个角剪下来,拼起来,量一量,最后让他们提出三角形内角和的猜想:三角形的内角和等于 $180°$。在证明这个猜想时,让学生结合刚才的实验,寻找证明的思路,实际上是如何添置辅助线将三角形的三个角移动到一起。于是学生经过多次实验,提出各自不同的办法,辅助线如何添也是合理猜想的结果。

高中生学习对数的运算法则,如果采用数学实验的方法,也是一个探索性的活动过程。对数运算的性质一般是通过对数与指数的关系引入的,这是一个从数学到数学的演绎过程,没有展示出"对数运算性质是怎样发现的"这个要义。通过演绎固然可以发现对数运算性质,但不能体现数学发现的真实过程和科学发明的精神。

利用数学实验的方法让学生自己探索对数的运算性质,是一种真正的数学探索过程。发给每个同学一个数学实验表格,让学生根据实验要求完成整个实验过程,然后全体同学发表自己的实验结果,交流心得,相互启发,相互补充,在活泼热烈的气氛中每个人都经历了一次数学发现发明的过程。具体的教学实例如下(本材料来源于南京师范大学附属中学特级教师陶维林的一堂课):

数 学 实 验

姓名＿＿＿＿＿＿＿＿   班级＿＿＿＿＿＿＿＿   学号＿＿＿＿＿＿＿＿

1. 实验要求:

(1) 坐在奇数排的同学把身子转过去坐,与偶数排的同学每4人组成一个小组;

(2) 每一个小组选出一个组长,等研究结束后,请他代表小组做情况汇报;

(3) 自定第一、第二行中 M、N 的数值,用计算器计算出各列中所指出的数值。

M				
N				
$\lg M$				
$\lg N$				
$\lg M + \lg N$				
$\lg M - \lg N$				
$\lg M \lg N$				
$\dfrac{\lg M}{\lg N}$				
$\lg(MN)$				
$\lg \dfrac{M}{N}$				
$\lg(M+N)$				

2. 观察计算结果,提出同一列中计算结果间关系的猜想:

_____

_____

3. 证明猜想:

_____

_____

4. 实验心得:

_____

_____

创设这样一个数学实验的情境,使得学生可以在这个情境下,最大限度地发挥自己的主观能动性,发挥自己的创造性,像真正的数学家那样去尝试数学的发现发明,从而获得发明创造的体验,感受发明创造的乐趣。教学中教师把对数运算性质的发现过程作为重点,就把课本上缺失的探索过程弥补出来,也就是常说的"还原数学创造的本来面目"。这是一个十分典型的数学探索活动,这种情境的创设正是教师创造力之所在。

3. 数学解题中的探索性

数学解题也是一种探索性活动。所谓数学的探索性活动,就是对数学问题,人们根据自己的经验和知识,运用实验、观察、想像、直觉、猜测、验证和反驳的方法,寻求一种可能性结论的活动。

波利亚认为,数学解题中进行论证推理,仅仅是一个方面。实际的情形是:在得到一个数学问题的结论之前,你得先探索这个结论的内容;在做出完整而详细的证明之前,你得先探索证明或解题的思路,要经过一次次的错误尝试,经受一次次失败的考验。

在数学中,除了论证逻辑外,所有的知识都是探索性活动的结果,都是由一些猜想构成的,是数学创造的产物,其创造过程与任何其他创造过程是一样的,必然要经历观察、实验、猜想的探索阶段。解题的大部分工作属于探索性活动、探索性推理,要在实验中不断地特殊化或一般化,在观察中不断地进行分析综合,通过归纳类比提出猜想,通过验证和反驳对猜想作出预测和修正。不过这样的探索即使是做了大量的工作,也只是可能性的探索。这种"可能性"有两层含义:一是这种探索可能会得到某种结果,可能是问题的结论、解题的思路或者一个好的念头;二是所得的结果可能是正确的,也可能是不正确的。这表明,探索性推理的活动,是不确定的,探索性推理并非严格的和最终的,仅仅是临时的和似乎是真的,但它是得到一个最终严格结论的先决条件,必由之路。

4. 数学探索性活动的基本特点

数学探索性活动有如下基本特点:其一,不是运用逻辑推理的论证方法,而是运用合情推理的探索方法；其二，可以获得发现发明的内容；其三，可以寻找解决问题的思路；其四，可以预测可能性结论的正确程度，对其作出合理的修正；其五，其结果只具有"可能性"，必须通过严格的论证才是可靠的、最终的结论。

数学探索性活动的意义在于，它是数学发现发明的方法，是每个人将来进行创造性工作必须应用的方法。但是在学校的常规课程中，很少提供学生学习探索性活动的机会，在数学学习和教学中，自始至终进行"因为—所以"的逻辑论证的严格训练，其实探索性推理与逻辑推理对数学同等重要，而且从教育的角度讲，探索性推理更重要，它为学生提供了尝试发明的机会，为学生未来创造性地工作做好了准备。

2.3.2　数学探索性活动中的若干要素

数学探索从观察、实验开始，数学探索性活动的关键是提出猜想。但猜想并不可靠，因而数学探索活动不可缺少的环节是验证。

数学探索性活动需要丰富的想像力。数学活动中想像包括几何想像、类几何想像、数觉想像、心理图象几个层次，数学活动中的想像，主要都是非直观的，有时甚至就是意念。数学探索性活动还包含一定的直觉因素。数学直觉一般是指："对于数学对象事物的结构及其关系的某种直接领悟或者洞察。"数学直觉不包括普通逻辑推理过程，具有非逻辑性、自发性的特点，包含合情推理形式的直接领悟，属于非形式逻辑的思想活动范畴。

数学直觉的作用至少有两个：辨识性作用和关联性作用。数学活动中，数学直觉可以给人以科学的机敏，就是"直觉的辨识性"或"直觉的定向性"。在数学研究中，或在数学解题中，人们常常要面对几种可能的思路。这时常常是直觉在极短的时间迅速识别，作出抉择。数学活动中，数学直觉可以起到关联性作用，在原来认为不相同或不相关的几个事物之间，直接觉察到它们的联系或者同一性，从而为猜测提供了依据。在数学解题过程中，不少解决问题的方法和途径是通过直觉的关联性作用而发现的。

§2.4　数学的广泛应用性特征

数学是人类认识和实践活动的一种工具。数学是人类进行思维训练的最佳学科。经过许多世纪的传承，上述观点在人们的心目中已经根深蒂固。但是，由于作为价值主体的人的思维境界的建构状态和文化建构水平的大大提高，同时作为价值客体的数学和作为价值主体的社会近几十年来发生了翻天覆地的变化,数学本身的价值和主体对数学的认识,已经不是上述两句话所能完全概括的了。

2.4.1　数学提供了特有的思维训练

数学提供了特有的思维训练。国际数学教育委员会的一份文件指出:"许多世纪以来,数学被看作是训练推理能力的最佳学科。"为什么在中小学有这么多数学课呢? 无论过去还是现在,对这个问题最普遍的回答是:"它教你思考"。

美国国家研究委员会在《人人关心美国数学教育的未来》的一份文件中也指出:"数学提供了有特色的思考方式……应用这些数学的思考方式的经验构成了数学能力——在当今这个技术时代中日益重要的一种智力。"

数学所提供的特有的思维训练有:数学化——建立数学模型;抽象化——为人类学习抽象思维提供了一条最为有效的途径;最优化——通过"如果……那么……"数学式的提问,来寻求最有效、最经济的最优解;符号化——用一种紧凑简约的形式把自然语言推广到抽象概念的符号表示;随机化——从各种不完全和不一致的原始资料进行估计和猜测;逻辑分析——寻求前提中所蕴含着的东西以及寻求能解释所观测到的现象的基本原理。数学对人类的思维训练所具有的价值,是数学应用性的最大体现。

2.4.2　数学提供了科学的表达语言

早在 400 多年前,伽利略就曾指出,世界的奥秘是本巨大的书,而这部书是用数学语言写成的。数学语言是普通语言的精确化,所以爱因斯坦对数学语言更是推崇备至,他说:"理论物理学家在描述各种关系时,要求尽可能达到最高标准的严格精确性,这种标准只有用数学语言才能做到。"

数学语言是各种科学的通用语言。不仅物理学、化学、生物学等自然科学要运用数学语言,而且社会科学和人文学科也加入了运用数学语言的行列。各门科学对数学语言的运用,并不是指把数学作为研究的工具,而是把数学语言作为表述自身科学理论的语言。

数学语言是世界各国家各民族的通用语言。数学语言比任何语言都更具有世界性,世界各国都使用各自的语言,同一个国家内的不同民族甚至也用不同的语言,但是数学语言对于无论何种民族都是公共的,看到数学符号,大家都知道是什么意思,而无需再翻译。数学是国家与国家之间、民族与民族之间交流思想(只限于科学技术)的共同语言。

2.4.3　数学提供了抽象思维的模式

从解决各种问题的角度看,数学为人类提供了抽象思维的工具。具体地说,就是为解决实际的和科学理论的非数学问题提供了抽象思维的模式。这类抽象思维的模式包括：为非数学问题转化为数学问题提供了具体的数学模型；为构造数学模型提供了数学模型的抽象方法。数学的思维方法提供了一种有效的思考方式。

2.4.4　数学提供了科学理论的示范作用

数学理论的示范作用主要表现为各门科学都把逻辑化、系统化甚至公理化作为本学科发展的目标，例如牛顿、麦克斯韦、狄拉克、爱因斯坦等伟大的物理学家都用逻辑化、公理化方法建构了自己的理论，此外在生物学、经济学、心理学等学科都在利用数学所提供的示范建立自己的新理论。[①] 数学所提供的理论的示范作用，导致了"科学数学化"的趋势。

2.4.5　数学提供了不可思议的应用

数学应用的广泛，从应用于其他科学理论的角度，仅仅是一个方面，更大的是数学在各种实践领域的应用达到不可思议的地步。随着计算机的发展，数学渗入各行各业，并且物化到各种先进设备之中，所有高技术的高精度、高速度、高自动、高安全、高质量、高效率，无一不是通过计算机用数学模型和数学方法进行控制而实现的。

由于用一种复杂的偏微分方程可以描述流体流动的涡团，因此解决了具有这种涡团的流体的基本特征，从而在对风的精确跟踪、通过心脏血液流动的监测、在汽化器中燃料的有效混合、飞行器的飞行以及射电望远镜通过星系喷射的运动，观察遥远的星系的方式等问题的研究中产生了极大影响。

小波分析是一种数值分析的最新理论，在图像处理、声学、编码和石油勘探方面产生了新的进展，与傅立叶分析配合，可用来分析快速变化的短暂信号、声音和声学信号、脑中电流、脉冲水下声音以及监测发电厂，并进行编码的构造和信号与图像的压缩。

数论是传统的纯数学领域，曾被著名英国数学家哈代(G. H. Hardy)夸口为数学中最纯粹最没用的部分，现在在计算机科学和编码中都要常规地用到，而且对于自动控制系统、从遥远卫星上传递数字信息、财务记录的保护、有效的计算算法等应用来说，学习数论都成了先决条件。

相互的粒子系统是概率论的一个理论领域，处理一些以随机方式随时间发展的粒子的构成，这个系统现在被用到"种群的竞争、物主与寄生物竞争和捕食与被捕食系统"的研究，最近还用来进行黄石公园的森林火灾的研究。

---

① [美]美国国家研究委员会，叶其孝等译：《振兴美国的数学》，世界图书出版公司，1993

　　生物统计学的高级数学技术随着计算机一起被用于流行病学的一些复杂问题的研究。一项重要的工作就是建立艾滋病（AIDS）传播的数学模型。对产生艾滋病的人类免疫缺陷病毒（HIV）的传递进行数据分析，证明 HIV 的传播与大多数流行病的媒介物不同，需要建立计算机数学模型，这个问题过于复杂，现正在寻找简化这个问题的数学方法。

　　现代大型民航飞机的设计、控制和效率的提高都依赖于在样机制造之前，用先进的数学模型在计算机上模拟完成。日本在 20 世纪 60 年代起步并投入巨资研制出来的模拟电子系统，在 1991 年被美国研制出来的数字电子系统所替代。"混沌动力学"这个用拓扑学、微分几何、数论、测度论和遍历理论建立起来的理论被用来解决各种不确定问题。线性规划的新的内点方法，对电信网络和大规模后勤供应问题产生实际影响。成机线性规划可用来更好地模拟涉及未来行为和资源可用性的不定分析问题。

　　之所以要如此不厌其烦地介绍数学的大量最新应用，一方面是为了突出强调数学的应用价值，另一方面是为了让我们具体了解数学究竟产生了哪些新的应用，从而说明并不是教室里才有数学，大量数学存在于教室以外的各个实践领域之中。

§2.5　数学的文化价值观

　　数学作为人类文化极其重要的组成因素，对人类文明发展有着举足轻重的作用，特别是现代文化的发展更表明了数学文化的地位和作用。数学除了具有一般文化的价值外，亦具有独特的文化价值。

2.5.1　认识价值

　　从哲学上看，任何事物都是量和质的统一体，要获得对事物本质的清晰认识，就必须对事物的量进行分析，而数学正是一门研究"量"的科学，因而必然成为人们认识世界的有力工具。

1. 数学：科学的语言

　　首先，数学作为科学的语言向科学贡献了许多概念。数学概念成为科学概念的基础，许多数学概念成为一般科学中的基本概念和基本用语。如集合、空间、极限、算子、随机性、线性、非线性等等。

　　其次，数学语言具有单义性、确定性的特点，因此，运用数学语言表述科学概念与原理清楚、准确，不会产生歧义，能够克服自然语言的多义性，从而保证科学概念的科学性、精确性。总之，数学语言已成为一种通用的理想化的语言。

2. 数学:普遍适用的思想方法

数学作为形成现代文化的重要力量,提供给人类的不仅仅是现成的知识、工具,更重要的是,它提供给人类以崭新的思想和无穷的方法。在数学的众多思想方法之中,带有根本性的思想方法恐怕就是公理化思想、数学模型方法等。

时至今日,数学的许多重要的思想方法,早已超越数学自身的领域,而成为人类具有普遍适用性的思想方法。首先,数学的思想方法起着科学示范的作用。其次,数学思想方法为其他科学提供了普遍思想框架。

2.5.2 智力价值

数学是人类智力的创造物,因而成为训练人的智力、提高人的智力水平的最为有效的途径。实事求是地说,就培养人的智力的功效来讲,就培养人的思维的深度、广度以及系统性而言,再没有其他一门学科能与数学相比了。

人的智力的核心是思维能力。数学可以为思维能力的提高和发展提供全方位的训练。在数学学习中,无论被称之为"数学老三大能力"的运算能力、逻辑思维能力和空间想像能力,还是被称之为"数学新三大能力"的数学应用能力、数学探索能力和数学阅读能力,思维能力都是各种能力的核心能力。数学中的几何是思维训练最具力量的学科,它对训练人们的智力、提高智力水平具有独特的价值。历史上许多科学巨匠,如笛卡儿、牛顿、爱因斯坦等都曾得益于他们少年时代的几何学习。

另外,数学的智力价值还表现在智力探险的意义上。仅仅把数学看成是一门实用的工具学科的观点是片面的。在数学中,有不少领域及其研究成果至少在可以预见的未来似乎并不可能产生某种重要的实用价值,然而,依然有许多数学家活跃在这些领域,每当他们取得一项重要研究成果,都意味着人类在智力攀登中达到了一个新的高度。

2.5.3 精神价值

数学是人类最重要的创造性活动之一,作为一种创造性活动,数学世界能够不断地提高人类的精神境界,推动人类的精神文明和进步。

1. 理性精神

理性精神是人们对外部客观世界与自身的一种理智的、根本的看法或基本态度,它对人类自身存在和文化发展具有特别重要的意义。

数学对象并非现实世界中的真实存在,而是抽象思维的产物,它存在于一个独立的、不依赖于人的意志为转移的客观世界——理念世界——之中。一方面它是人脑抽象思维的创造物,另一方面它又是不依赖于人的意识而独立存在着的。数学对象的这种二重性质也就构成了数学文化的二重性,而这正是数学理性的重要内涵——主客体的严格区分,但是,在数学研究中,又是采取纯客观的立场——把数学对象看成是不依赖于人而独立存在的,采取纯逻辑演绎的方法。

数学研究对象和研究方法所蕴含的理性精神,对于人类文化发展和认识世界、改造世界具有特殊的重要意义。从人类文化各个阶段的发展看,无不印证着数学中充满理性精神,是其他任何一门科学无法比拟和所能替代的。

2. 求实精神

求实精神表现为尊重事实、尊重科学、尊重规律、实事求是、讲究逻辑、不迷信、不盲从。这是追求真理的精神体现。数学的逻辑性、确定性,为数学的求实精神提供了可靠的保证。逻辑性表现在数学形式中的因果关系和顺序关系,确定性反映数学的一切概念都是十分精确、简炼的语言表达。数学认识世界的规律性反映在命题中的结论的必然性、可验证性;数学对真理的检验反映在方法既具有一般科学研究方法的合理性,又具有逻辑上的可靠性。数学求真、求实的精神孕育其中。

3. 创造精神

数学是一种创造性活动和创造性活动的精神产物。首先,数学概念的建立具有前所未有的创意。许多数学概念的产生和获得都凝聚着人类的创造性劳动,如无理数、虚数、四元数、极限、导数、积分等概念,就是今天看来最简单的"0"的产生,也无不证实这一点。其次,数学的创造也表现在公式、定理的发明、发现中。如圆锥曲线描述了行星的运动轨迹、麦克斯韦波动方程预见和揭示了电磁波的存在、薛定谔方程成功解释了微观粒子的波粒二重性;再如对彗星的预测、哈雷彗星的重现以及海王星的发现等等,都是数学创造的成功体现。再次,数学的创造还表现在数学理论体系和语言系统的创建上,如欧氏几何的公理体系和代数、微积分的符号系统都是这种数学理论体系和语言系统创建的一大见证。

创造,是数学进步的灵魂,是数学兴旺发达的内在的不竭动力。

2.5.4 美学价值

英国数理哲学家罗素(Russell)说:"数学,如果真正地看它,不但拥有真理,而且具有至高的美。"数学美是一种理性美,是一种冷而严肃的美。概括起来具有简洁美、和谐美、奇异美。

1. 简洁之美

在数学美的各个属性中,首推的就是简洁美。数学的简洁之美首先体现为数学符号的简洁。数学符号从自然数到分数、从整数到小数、从正数到负数、从有理数到无理数、从实数到虚数,无不体现了数学的简洁。试想没有这些简单的符号,人类会遇到何等的麻烦。更不用说方程的符号、函数的符号、微积分的符号、微分方程、积分方程的符号,这些符号所反映的极其抽象的关系,给人类带来了无尽的方便。

2. 和谐之美

和谐之美是数学美的一大特点。数学的这种和谐美表现在它的对立统一之中，从可公度到不可公度、从算术根到虚数根、从有限到无限、从不连续到连续、从不可微到可微、从确定到随机，无不是在从不矛盾到矛盾，又从矛盾到不矛盾的转换之中。这种对立统一关系的发展，使数学的和谐美蕴涵其中。开普勒正是坚信宇宙的根本是"数学的和谐"，而发现了著名的行星运动第三定律。

3. 奇异之美

数学的奇妙与变异也是数学美的源泉。从欧氏几何到非欧几何、从勾股定理到费马大定理、从代数方程的公式解到变换无穷的群论、从凸多边形的欧拉示性数到奇特的莫比乌斯魔带、从调和级数的发散到无法证实或无法证伪的哥德巴赫猜想，无不令人叹为观止。更令人惊叹不已的是，数学的这种奇异竟然能把数学送向一个又一个高峰。

人们还熟知数学具有对称美、形式美等等，正如数学家与哲学家普洛克拉斯（Proclus）所说："哪里有数，哪里就有美"。

数学美是数学自身固有的，因而也是评价数学理论、数学成果的重要标准。美国《今日数学》的主编认为："在数学客观评价中，审美的标准既重于逻辑的，也重于实用的标准……"。而英国科学家索利凡就任英国数学会伦敦分会会长发表演说时断言：数学修养的价值，就是艺术修养的价值。

以上的阐述，主要从数学学科自身的特点，用认识论的方法，站在数学教育的角度，简略地探讨了数学的文化价值。充分认识数学的文化价值，从文化的视角去审视数学，在实施素质教育的今天，不仅具有重要的理论意义，更具有重要的现实指导意义。

思 考 题

1. 举例说明数学中的弱抽象方法与强抽象方法之间的本质差异。

2. 结合数学抽象的形式化特点，阐述数学的符号化与形式化之间的区别与联系。

3. 数学为什么具有严谨性？

4. 结合三类数学活动，举例说明你对数学活动的探索性特征的认识。

5. 数学可以提供哪些思维训练？试举例说明。

6. 数学的认识价值主要体现在哪些方面？为什么？

7. 学习数学可以培养人的哪些精神？为什么？

8. 数学为什么具有美学价值？它的美学意义表现在哪些方面？

第3章 数学课程理论及其发展

20世纪以来,社会本身及其经济结构的变革,如同新兴技术和知识体系的发展一样,对教育产生了深刻的影响。现在人们都强调用结构的新观点重新认识19世纪的数学,于是各种新的分科犹如雨后春笋般地应运而生。

这些进展导致了大学课程内容的全面修订,其影响也波及中学。另外,在某一教育水平上的变革,也会在教育体制与服务对象之间产生一些问题。本章旨在阐述课程发展对数学教育的影响,并将在此基础上总结和探讨数学课程的发展。

§3.1 什么是数学课程

数学课程是数学教育学的重要组成部分,是研究数学课程的发展规律、数学课程的编排理论及人类发展的一门学科。同时,数学课程又是课程这一大系统里的一个子系统。要搞清楚数学课程的涵义,建立相应的课程理论,就必须遵循一般课程论的基本原理。

3.1.1 什么是课程

"课程"一词按中文的解释,"课"指课业,"程"指进程,课程是"课业及其进程"。它包含了两个方面的含义:教学的科目或内容以及这些科目或内容的教学时间与程序。英文中课程一词"curriculum"源于拉丁文的"currere",意指"跑道"(race-course),转义为"学习之道",与"课业与进程"的意思具有相近之处①。

对于"课程"这个词,教育学家曾经做出了很多努力,想给这个术语下一个透彻的定义,但始终没有取得一致的意见。不过现在有一点已被普遍接受,就是该词不再仅仅是"课程大纲"(syllabus)的意思。毫无疑问,将课程发展仅仅看成编

---

① 周春荔、张景斌:《数学学科教育学》,首都师范大学出版社,2001

写新的课程大纲和课本的狭隘观点,几乎肯定是要失败和失望的①。

从现有的研究来看,多种目标和多种价值观,导致了多种不同的课程概念,同时,学科本身的发展也导致了课程门类剧增的可能性。加之课程与教学两概念之间复杂的关系,使得人们在力图抓住课程概念最本质的内涵的过程中,将课程概念的外延也大大扩展了。那么到底应如何理解课程这一概念?数学课程是什么?发展趋势如何?笔者认为研究课程发展的历史,了解不同的课程理论学派,将有助于解答以上的问题。

3.1.2　课程发展的历史及背景

20 世纪 70 年代以前,工业大革命在欧洲取得胜利,崇尚科学,唯科学主义在人们的思想意识中占主导地位。相应地对课程研究占主导地位的是以"泰勒原理"为代表的课程研究,它倾向于把课程看作是"学校材料",认为课程研究就是探索价值中立的课程开发的理性化程序,这种研究倾向于运用自然科学的研究模式来探究课程的规律与程序,属于"工艺学模式"。在它看来,课程规律与程序具有普遍性,是价值中立的。相应的对课程概念的理解是课程即学校所设科目、学校所学内容等。

自 20 世纪 70 年代以来,以人为本的概念逐步被强化,课程研究不再局限于对课程开发技术的论争,而是将课程置于广泛的社会政治、经济背景下来理解,联系个人深层的精神世界和生活体验来寻找课程的意义。这一观点的典型代表是美国著名的课程论专家施瓦布(J. J. Schwab)。在他看来,课程是由教师、学生、教材、环境四个要素构成的,这四个要素间持续的相互作用便构成实践性课程的基本内涵。教师和学生是课程的主体和创造者,其中学生是实践性课程的中心,教材是课程的有机组成部分。但是,教材只有在成为相互作用过程中的积极因素时,只有在满足特定学习情境的问题需要兴趣时,才具有课程的意义。在这个结构中,教师和学生之间的交互作用是最生动而复杂的,是课程意义的源泉。课程是具体存在的个体的活生生的经验或存在体验,课程更主要的是个体的自我知识而不是外在于个体的文化知识。

20 世纪 80 年代以后的理论倾向于把课程(curriculum)回归到该词的拉丁文词根,作为动词的"currere"上。不再强调静态的文本,即预先设定的、由学生记诵的教学内容,而是强调学生获得知识的过程及经验。认为课程就是建构自我,建构主体性生活经验的过程,课程是师生共同参与的意义创造的过程,这是一种"概念重建主义课程范式",即以解放兴趣作为其基本价值取向,这意味着教师与学生能够自主地从事课程创造,能够在不断的自我反思和彼此交往的过程

---

① ［英］豪森等,周克希、赵斌译:《数学课程发展》,上海教育出版社,1992

中达到自由与解放①。

3.1.3　什么是数学课程

对于"数学课程"的理解,必然由于对"课程"概念理解的不同而有所区别。当我们把课程看作一种静态的客体,一种预设的、有目的的安排,看成是旨在使学生获得教育性经验的计划时,相应的数学课程就应定义为:在学校教育环境中,旨在使学生获得促进其全面发展的、具有教育性的数学经验计划①。这种定义方式本质上属于"经验说",即认为课程是一种经验,这种经验有着明显的个性色彩,因此它并非一种全编订的课程,只表述课程的存在性。

如果我们把课程看作是一种静态的,为实现学校教育目标而选择的教育内容的总和②,那么数学课程就应定义为:为实现数学学科教育目标而选择的数学教育内容的总和。这种定义方式本质上属于"内容说",它是可建构、可执行的,即对学习者进行教育的可实施的课程,表述了课程的构造性。

同样地,当我们把课程看作是一种动态的由师生共同参与的意义创造的过程时,相应的数学课程可定义为由师生共同参与的建构主体性数学经验的过程,是学生获得数学体验的历程。这种定义的方式强调了课程的动态性,是一种"过程说",意味着进程、运动、变化和不断的调节。

总之,由于课程概念的不统一性,决定了我们对数学课程的界定也是有差别的,各有侧重的。当我们抽象地研究数学课程时,"经验说"比较适用;而当人们按要求编订大纲,选编数学教学内容时,"内容说"比较有用;当人们强调学习者的主体性、强调数学学习的活动性时,"过程说"则能较好地迎合这种观点。

§3.2　数学课程论的研究内容

简单地说,数学课程论的主要内容是讨论体现数学教育目的的教学内容的问题、内容的结构及体系的建立以及课程实施与评价等问题,即在学校教育中应该传授哪些数学内容,为什么选取这些内容,怎样展示这些内容等③。接下来,我们参考周春荔先生的分析,将数学课程论研究的主要内容进行罗列。

数学课程目标:依据国家教育方针,分析国家教育总目标,确定数学课程目标。数学课程内容:依据数学课程目标,分析影响数学教育的因素,包括社会的、

---

① 张华:《课程与教学论》,上海教育出版社,2001
② 曾峥、王光明:《数学课程与评价基本理论及其发展》,中国工人出版社,2001
③ 周春荔、张景斌:《数学学科教育学》,首都师范大学出版社,2001

数学自身的、教育心理的,特别是了解受教育者的身心发展和社会现实对数学的需求,选择和确定数学课程内容。数学课程体系:何时使学生学习什么样的数学内容有利于学生的发展和学生对数学知识的系统掌握,还需要研究学生的心理发展规律和数学知识的逻辑结构体系,并把二者有机地结合起来,建立科学的数学课程体系。数学课程内容的组织与呈现:同样的数学内容,组织与呈现形式不同,对学生的学习会产生不同的影响。因此,要研究如何组织教材,将教材以什么形式呈现给不同年龄不同区域的受教育者。数学课程的实施:分析课程实施过程中的积极因素与消极因素,研究因素的可控性,增加积极因素的作用,克服消极因素的影响。数学课程的评价:针对课程目标,根据现行数学课程,研究课程评价的方式方法,编制测量工具,对课程进行科学的评价,以不断提高课程质量,为未来数学课程的设计与发展提供依据。

§3.3 数学课程的发展

新中国成立以来,我国数学课程的建设与发展经历了照搬前苏联模式,学习欧美发达国家的课程,摸索适合我国国情的课程体系等几个阶段。数学课程的改革与发展要适合国情与文化传统,但国情与文化传统不应该成为数学课程改革的枷锁。社会的进步、科学发展观的树立、数学观与教育观的更新,促使人们认识到数学课程既要重视数学基础知识与基本技能的传承,更要重视以数学文化作为载体从而促进学生的发展。

3.3.1 影响数学课程发展的因素

数学课程建设是数学教育改革的关键,它体现着一个国家特定时期的数学教育目标和教育思想,对一个国家未来数学教育的发展具有前瞻作用。同时数学课程的发展也受着多种因素的影响[①],这些因素既制约着又推动着数学课程的改革与发展。其中基本因素可概括为三个方面:社会的,数学的,教育心理的。

1. 社会因素

在影响数学课程改革与发展的诸多因素中,社会因素是首当其冲的。首先,社会生产力水平决定了社会生产对数学的需要,这是数学课程改革与发展的强大动力。例如,工业革命以前,社会生产基本上是以自给自足的小农经济为主,生产力发展水平的低下决定了对数学的需要是十分有限的,与之相应的数学课程内容极其简单;今天,数学课程中一些过于手工化操作的"术"的地位在不断降

---

① 周春荔、张景斌:《数学学科教育学》,首都师范大学出版社,2001

低,分析问题、解决问题的数学思想方法及近现代数学知识越来越受到青睐,概率与统计、极限与微积分、逻辑代数等正在不同程度地出现在不同层次的中学数学教学内容之中。其次,社会政治、文化也影响着学校的数学课程。教育为政治服务,同时也正日益成为改变现存社会价值的手段。数学课程本身就是人类文化的重要组成部分,东亚考试文化圈中的数学教育即为这种影响的一个典型例子。

2. 数学因素

随着数学科学的发展,新的数学理论将不断充实到中学数学课程中,推动数学课程的发展。也就是说,数学科学自身的发展直接影响着学校数学课程的内容与结构,是影响数学课程的众多因素中最革命、最活跃、最直接的因素。20世纪数学的发展变化以及学校数学课程随之发生的变化可以有力地说明这一点。

一个世纪以前,德国数学家康托创立了集合论,经过发展,20世纪集合论成为数学最基本的语言,集合论的基础知识作为我国中学数学课程内容已有20多年的历史,对于初等函数、方程、初等几何等的学习起了非常重要的作用。再有,计算机与数学的不断融合,引起了数学研究方法的变化,也引起了人们对数学认识的变化。如今用归纳、实验的手段发展数学和学习数学得到了大力提倡。学校教育中,数学实验课程应运而生。

3. 教育心理因素

教育心理方面的发展也有力地推动着数学课程的发展。主要表现在新的教育理论或开拓性的工作也会成为课程发展的动力。例如,20世纪60年代布鲁纳提出了"结构主义"的课程理论,从理论上为"新数"运动的产生奠定了基础。可以说任何时期的课程改革都无不带有时代最新教育理论的印记。

数学课程的改革与发展还受到课程设计人员的数学专业水平、教育理论水平、思想水平的制约;受到数学教师的专业知识水平和数学教学水平的制约;受到数学教育对象的已有知识水平、思维发展水平和认知兴趣的制约。

除以上主要因素外,影响数学课程发展及改革的因素还有学生的认识发展水平、数学教师的素质、历史与传统文化的因素等。

3.3.2　数学课程改革与发展的趋势

我国数学教育建设中形成了较为完善的应试教育体系,数学课程更多体现的是工具价值,数学课程的改革首先应该是价值取向的变革。数学课程改革与发展要对数学教育的价值、现代教育技术对数学课程的冲击与影响以及数学课程理论的元研究等方面予以充分重视。

1. 突出学生的主体性地位

由于数学课程更加看重学生的学习主体性地位以及数学学习的过程性和活

动性,它必然要求改变那种注重传授的单一的教学方式,需要更多地采用那些能使师生互动以及学生之间能交流合作、自主探索的方式。从各国的课程看,除问题解决的课程方式仍受到重视外,其他更多样化的活动方式进入数学课程将是必然趋势,如综合活动、数学实验、数学欣赏以及探究性课题等等。

2. 与现代教育技术相结合

现代教育技术更加全面更加深刻地影响着数学课程。在第九届国际数学教育大会(ICME-9)上,大会报告及各种活动中都对此进行了讨论,会议期间还举办了专门的展览,各种课件、软件和多媒体技术的展示令人目不暇接。此外,著名计算机公司进行的不间断的演示和现场培训,让我们在为我国所取得的教育技术的优秀成果感到鼓舞的同时,也为我们在数学教育技术的应用及普及方面与国际上所存在的较大差距感到忧虑。因此,21世纪的数学课程如何与现代教育技术进行整合,如何发挥多媒体技术的优势,将是我国数学课程改革的一大趋势。

3. 课程组织上的融合

与不同的课程理论流派相对应,在课程组织上曾呈现不同流派,有所谓学科取向的课程组织观,有历史和社会取向的课程组织观等。实际上,课程组织的核心问题是序的问题,也就是课程是以学科自身的逻辑为主来安排,还是以学科发展的历史顺序来安排,还是按照学生的经验及兴趣的发展来安排。以前,我们的大部分教材是以学科自身的逻辑为主来安排的。现在,经较长时间的讨论和摸索,新教材更加关注学科发展的历史顺序和学生的自身发展。

以上各方面在课程实施过程中的协调统一也是课程发展的重要趋势之一。

思 考 题

1. 请简要叙述课程发展的历史及背景。
2. 你是如何理解数学课程的?
3. 数学课程论的研究内容有哪些?
4. 影响数学课程发展的因素有哪些?
5. 数学课程改革与发展的趋势是什么?

第4章 数学学习理论及其教学启示

按照"教与学对应的原理",数学教学应该建立在学生对数学学习的基础之上,因此对数学教学的认识必然要以对数学学习的认识为基础。数学学习是数学教学过程中的中心问题,也是数学教学认识论的核心概念。

人类关于学习的认识历经了由行为主义到认知主义的过程。当今认知心理学理论强调学习中相互关联的三个方面:第一,学习是一个知识建构的过程而不仅仅是知识的记录或吸收;第二,学习依赖于知识,学生必须运用已有知识来建构新知识;第三,学习与产生学习的情境具有高度的一致性。

日趋成熟的认知科学不仅为洞察知识和学习提供了更有力的理念及方法论框架,也将为处理数学教学问题,造就人的各种能力,提供更为可靠的技术支撑。

§4.1 什么是数学学习

4.1.1 "学习"概念的演变

"学习"一词既是人们日常生活中的概念,也是心理学中的核心概念。前者是一种经验性理解,而后者则是一种科学的界定。在教育心理学中,有很多类似于"学习"这样与生活中通用的名词,但它们所代表的意义不尽相同,甚至完全不同,这也是往往产生误会的原因。关于学习的涵义,不同的心理学派有不同的解释,这其中既有不同学派理论观点的差异,也有由于认识逐步深入而不断发展的因素。

1. 行为主义观的学习

行为主义意义下的学习,是指由练习或经验引起的行为相对持久的变化的过程。按此,动物也有学习,如牛学犁田、马学拉车、狗学放牧、猴学骑车等等。当然,人类的农耕、织布、打猎、锻造、骑射等等也都是学习。

这里,行为的变化是第一个基本点,它的要意在于要使学习成为可以观测和测量的概念。儿童学习数学,如果成绩没有显著变化的,就是没有学习;成绩有显著变化的才产生学习。可见对听课、作业、练习、训练、读书等活动,只有导致了学习者的行为变化,才能认为是学习。行为主义学习的第二个基本点是,这种行为上的变化是能够相对持久保持的,而由本能、疲劳、适应、成熟、创伤、药物等引起的行为变化不能认为是学习。第三个基本点是,学习的发生是由经验所引起的,这种变化主要是学习者与环境之间复杂的相互作用而产生的,是后天习得的,不是先天的或生长成熟的结果。

2. 认知主义观的学习

美国教育心理学家加涅(R. M. Gagne)认为:"学习是人的倾向或能力的变化,这种变化能够保持但不能单纯归因于生长过程。"这也就是把人内部的认知结构的改变确认为学习。

认知主义者发现,同样接受训练,外部行为的变化相同,但在思想深处产生的变化大相径庭,而且还不易从外部看出来。因此认知主义者对学习的认定实际是认为学习主要是行为潜能的变化、内部心理结构的变化,即思维的变化,并且这类变化也是持久的。同时认为这种变化并不一定马上发生,某些变化要经过很长的时间才会表现出来。认知主义者对学习的这种理解要比行为主义的定义更具有进步性。但加涅认为,内部的变化不能观察,必须通过外部行为表现的变化来判断学习是否发生。

3. 学习的一般含义

行为主义和认知主义关于学习的不同定义表明,学习是一个典型的困难问题,从而是一个科学研究的课题。人类学习的实质,是人的能力、思想、情感的变化。但人在这些方面的变化看不见摸不着,在目前科学发展的水平上,还不能直接研究,因而心理学家尚只能从人的外部表现来推测内部的变化。既然是推测,就可能合理,也可能错误。行为主义强调对学习研究的客观观察和测量,有其合理一面;认知主义强调学习的本质是内在能力和倾向的变化,也有其合理一面。现代的研究表明,两者都有其合理的结果,两种观点对学习的研究都有贡献,不能认为某一个全对或全错。

"学习"一词的使用,本身就有多义性。它可以指内在的心理,如理解、思想、能力、倾向等,也可以指外在表现,如考试的成绩、品德修养、语言表达等。不仅如此,"行为"一词也存在不同的理解。行为主义的"行为",是指外显反映;更多的人则根据自己的理解而赋予行为不同的含义。因此,行为不仅是指外显的,也可以指思维、问题解决,还可以指态度、情感,甚至可以指气质、信念、意图。所以各个心理学家在用"行为"一词时,往往有不同的内涵。

实际上,在人类的活动中,学习是一个广义的概念。教育心理学要研究的是教育情境中的学习,与日常生活中的学习不完全相同。因此相对而言,在教育心理学中,学习是一个狭义的概念。在这个意义上,教育情境下的学习可以解释为:按照教育的目的和要求,由经验产生的、比较持久的行为、能力或倾向的变化。

4.1.2 数学学习

数学学习,可以认为是学生通过获得数学知识经验而引起的持久行为、能力和倾向变化的过程。数学学习具有一般学习的所有特点,尤其是:以系统掌握数学知识的内容、方法、思想为主,是人类发现基础上的再发现;在教师指导下进行,按照一定的教材和规定的时间进行,为后继学习和社会实践奠定基础。

数学学习除具有一般学习的特点外,由于数学科学具有与其他科学明显不同的突出特点,因而学生在获得数学经验时也表现出明显的特殊性。

1. 数学学习需要提高抽象思维的水平

抽象与概括都是一种思维方法。抽象——将一些对象的某一共同属性同其他属性区分开来并分离出来;概括——把从部分对象抽象出来的某一属性推广到同类对象中去。抽象与概括是相互依存不可分离的伴侣,没有抽象就无法概括,没有概括就无需抽象(没有概括,抽象就失去了意义)。数学较其他学科更为抽象和概括,特别其对象是抽象的思想材料,而且使用了高度概括的形式化语言;不仅对象的抽象具有层次性,而且研究的方法也具有抽象性。

数学的这些特点,十分容易使学生造成表面形式的理解,即只记住了形式符号,而不知道符号背后的实质,不能理解它代表的本质属性,或只能模仿而不能灵活运用。这些都说明必须通过由具体到抽象的概括,才能既掌握数学结论的形式,又掌握形式背后的实质。

在数学解题中也需要很高的抽象概括能力。学生要通过解决容易的常规问题,达到解决较为复杂的陌生问题;要从背景较为复杂,数学模型较为隐蔽的实际应用问题中,舍弃问题的非本质方面抽象出本质方面,建立数学模型;要从解决的大量数学问题中,抽取和概括出各类问题的解决方法,从各种解题方法中总结出规律性的东西。很多学生解题能力不强,实际上正是没有很好掌握抽象概括思维方法的结果。

2. 数学学习需要发展逻辑推理能力

归纳、演绎、推理是人类的一种主要思维形式,是由一个或几个判断推出另一个判断的思维形式。数学是一门建立在公理体系上的,一切结论都需要严格证明的科学。数学证明所采用的最基本、最主要的形式是逻辑推理。学生在整个数学学习过程中,反复地学习运用逻辑推理来证明或解答各种数学问题,并要求达到熟练掌握的程度,这对于学生发展逻辑推理能力无疑是极有利的。

3. 数学学习需要必要的解题练习

数学学习是离不开解题练习的,并且练习要达到一定的数量,才能学好数学。首先,数学的抽象性特征决定了只有通过较多的解题练习,才能深刻理解数学的概念和原理,才能把握数学的基本思想方法,才能真正掌握数学知识。其次,数学的思想实验性特征,使得数学问题的解决没有什么固定的统一的模式可循,但问题与问题之间又或多或少存在着某种联系,只有通过大量的解题练习,才能为解题增加可供联想的储备,此谓"从解题中学会解题"。再者,数学学习的目的是提高学生的素质,是提高学生掌握一般思维方法和数学特殊思维方法的水平,而素质的提高和思维方法掌握水平的提高是一个相当长期的过程,并且只能在长期的大量的解题实践中才能提高。

4.1.3 数学学习的基本方法

从学习心理学的角度看,数学学习的基本方法主要有模仿学习、操作学习、创造性学习。它们之间存在着密切联系,在学习过程中往往被同时使用。

1. 数学模仿学习

模仿学习就是按照一定的模式去进行学习,它直接依赖于教师的示范。在数学学习的过程中,数学符号的读写、学具的使用、运算步骤的顺序、解题过程的表达、数学方法的运用、学习习惯的养成等都含有模仿的成分。

模仿是数学学习最基本的方法。模仿可以是有意的,也可以是无意的。模仿有两个层次:简单模仿和复杂模仿。简单模仿是一种机械性模仿,往往不是有意义学习。拿学生按老师上课例题中的方法去解决同类问题来说,如果不知道方法的来龙去脉、原理和实质而机械地套用,那么就属于简单模仿。复杂模仿一般需要很强的逻辑思维能力,复杂模仿经常伴有"尝试—错误"的过程,因为学生很少能一次就学会用某个模式去解决数学问题。例如,在学习了用十字相乘法分解因式后,接着练习分解因式: $2x^2 - 11x + 12$。这种类型的习题就属于比较复杂的模仿,往往要尝试若干次后才能成功。复杂模仿是看出方法与问题两方面实质性的联系以后,根据这些联系对方法加以灵活运用,虽然有模仿的成分,但含有对实质的理解,是在理解实质的基础上模仿。

2. 数学操作学习

数学操作学习指可以对数学学习效果产生强化作用的学习行为。操作学习的主要形式就是练习。一般地,学生在获取知识的过程中所形成的数学概念、原理和方法,在起始阶段往往不够全面、不够深刻,这就需要通过练习来强化和加深。经常性的练习,不仅能起到巩固知识、保持记忆、减少遗忘的作用,而且对提高技能,培养能力,掌握思维方法也是必不可少的。

例如,教师在新授知识点之后,往往要进行一系列的概念辨析等操作训练,同时再加上几道直接运用概念进行解题的简单训练,其目的也正是如此。

3. 数学创造性学习

创造性学习有两个特点:一是知识技能向新的问题情境迁移;二是在熟悉的问题情境中发现新问题。数学学习中的再创造,在于能够利用已掌握的数学知识和技能去寻找解决新问题的方法,更重要的在于能够提出和发现新问题。因此,如果模仿学习和操作学习是解决知与不知,会与不会的问题的话,那么,再创造性学习是解决怎样想,为什么这样想的问题。

创造性学习主要在解决问题过程中进行,其基本模式是:问题情境→转换→寻求解法→求得解答。创造性学习始于问题情境,学生从问题情境中接受信息,激发学生为实现问题目标而努力,吸引学生将注意力集中于问题的解决之中。转换是创造性学习关键的一步。即把问题转换成自己的语言和表述,在转换中弄清问题的实质,与已有的概念、原理、方法和问题联系起来,最终把问题转换成易于解决的或者较为熟悉的问题。寻求解法的过程实际是对一系列的内部心智活动进行选择和组织。每一个心智活动都是根据条件或结论而形成的"产生式",这些心智活动一个接着一个产生,经过选择从一个环节转化到另一个环节,最终形成解决问题的心智活动的集合。也就是由已知条件可推出哪些结论,要达到解题目标需要哪些条件,从而形成大量的产生式,选择适当的产生式构成一条解题的思想通道。所以在寻求解决方法时,不是简单地运用已有信息,更重要的是对信息进行加工,超越给定的信息之外,重新组合成新的信息。经过这样对问题的信息进行的加工,探索出解决问题的途径,学生进行了创造性学习,再经过积累、总结,学生就获得了创造性数学活动的经验,这种创造性学习获得的经验更容易用于其他的数学问题中去。

4. 实例分析

下面,我们通过一个例题再对上述三种数学学习方法进行深入讨论。

已知方程 $(x^2-2x+m)(x^2-2x+n)=0$ 的四个根组成首项为 $\frac{1}{4}$ 的等差数列,则 $|m-n|=($　　$)$。

(A) 1　　　　　　(B) $\frac{3}{4}$　　　　　　(C) $\frac{1}{2}$　　　　　　(D) $\frac{3}{8}$

题中已有的信息是一个四次方程,方程的四个根组成等差数列,首项是 $\frac{1}{4}$,这是显性的信息。还可以知道这个四次方程可以写成两个二次方程,每个二次方程的两根之和均等于 2,两根之积分别是 m 和 n,这是隐性的信息。如果简单地运用这些信息很难获得解决问题的方法,还必须对信息进行必要的加工:四根之和是 4,即数列之和 $S_4=4$,首项 $x_1=\frac{1}{4}$,由 $S_4=4x_1+6d$,易得公差

$d = \dfrac{1}{2}$。经过对信息的加工,问题可以顺利的解决了:

四个根依次是 $x_1 = \dfrac{1}{4}$,$x_2 = \dfrac{3}{4}$,$x_3 = \dfrac{5}{4}$,$x_4 = \dfrac{7}{4}$,由 $x_1 + x_4 = x_2 +$ $x_3 = 2$,可设 $m = x_1 \cdot x_4 = \dfrac{1}{4} \times \dfrac{7}{4} = \dfrac{7}{16}$,$n = x_2 \cdot x_3 = \dfrac{3}{4} \times \dfrac{5}{4} = \dfrac{15}{16}$,因此 $|m - n| = \dfrac{1}{2}$。故选 C。

其实问题和解题本身涉及的知识极其简单,但把简单知识运用于问题信息的加工是创造性的。

此题的解决也可以按部就班地将 $\dfrac{1}{4}$ 代入一个二次方程,先求出 m,并求出的另一根 $\dfrac{7}{4}$,再将求得的这个根 $\dfrac{7}{4}$ 假设为数列的第1、3项进行三次尝试,得以判定其为等差数列的第4项,继而求出数列的第2、3项,再求出 n,算出 $|m - n| = \dfrac{1}{2}$。虽然问题也被解决了,但这属于模仿学习或操作学习,而不是创造性的学习。

这题还可以从另一个角度对信息进行加工。把二次方程转化为二次函数,那么两个二次函数图象相似,有相同的对称轴,只差纵截距不同。二次函数图象与 x 轴的交点关于对称轴是对称的,所以知两个根 $\dfrac{1}{4}$ 和 $\dfrac{7}{4}$ 是数列的第1、4两项,从而可得公差 $d = \dfrac{1}{2}$,则另一方程的两个根是数列的第2、3两项,分别是 $\dfrac{3}{4}$ 和 $\dfrac{5}{4}$。从而 $m = \dfrac{7}{16}$,$n = \dfrac{15}{16}$,$|m - n| = \dfrac{1}{2}$。故选 C。这种解法中对信息的加工完全是创造性的,比如,$f(x) = x^2 - 2x + m$ 与 $f(x) = x^2 - 2x + n$ 只是常数项不同,从而它们的图象只是纵截距不同,且有相同的对称轴以及它们的根是对称的,这些性质特点表面上很普通,人人都能知道,但是把它们联系起来,并用于解决问题,体现了知识掌握的贯通性、灵活性和创造性。其中诸如两个二次函数图象只是纵截距不同,有相同的对称轴,它们的根两两对称等等,这些都不是现成的知识,而是以往学习中知识的提炼和概括,是创造性学习生成的知识。这样的学习就可以认为是数学的再创造学习。

4.1.4 数学学习的类型

按照学习的性质看,数学学习有两个最基本类型:数学的有意义接受学习和数学的有意义发现学习。

1. 数学的有意义接受学习

数学的有意义接受学习指的是,学习的全部内容是以定论的形式呈现给学习者,即把问题的条件、结论以及推导过程都叙述清楚,不需要学生独立发现,但要求他们积极主动地与自己认知结构中已有的相关知识建立非人为和实质性联系,使新旧知识融为一体。

2. 数学的有意义发现学习

数学的有意义发现学习指的是,不把学习的主要内容提供给学生,只是提供问题或背景材料,由学生自己独立地发现主要内容。包括:揭示问题的隐蔽关系,发现结论和推导方法,将所提供的信息经过加工和重新组合,然后与认知结构中的适当知识联系起来。

3. 数学学习的两个维度

数学学习的两个维度,一个维度是数学的有意义学习和数学的机械学习,另一个维度是数学的接受学习和数学的发现学习。这就是说:接受学习可以是有意义的,也可以是机械的,发现学习也是如此。

一般地,大量的知识是通过有意义接受学习而获得的,各种问题的解决则是通过发现学习而实现的。

发现学习的优点在于,它特别有助于获得解决问题的技巧,有利于检查用接受学习获得的知识是否有意义,适用于概念形成而不是同化水平的学前儿童或低年级学生,也适合于高年级学生学习新学科或新教材的早期阶段。发现学习也有其局限性,发现学习就内容而言不都是有意义的,有时可能是机械的,尤其是当解决问题不用涉及原理、原则,只需记住问题的类型和操作符号的指示程序来完成任务时,就纯属机械的发现学习。由于发现法太费时间,因而它并不是传授知识内容的首要方法,只可在非常必要的情况下使用①。

广为流传的一种观点是,接受学习一定是机械的,发现学习必定是有意义的,这种观点其实并无根据。按照有意义学习的实质,无论是接受还是发现,根本在于是否能在新旧知识之间建立非人为和实质性的联系。讲授和接受学习之所以被认为是机械或无意义的,其原因是往往把讲授变成了灌输,而不是揭示和启迪知识间非人为和实质性的联系。有意义的接受学习是整个数学学习的主流方式,而发现法和探究学习则是补充性的和纠正性的策略。实际上,不仅好的讲授可以创造出有意义的接受学习,而且不好的发现学习也可能导致无意义的机械学习。

无论是有意义学习和机械学习,发现学习和接受学习,根本上都涉及到一个形式和实质的问题,形式上的创新实质上可以是无效的,而形式上的保守也可以

---

① 杨启亮:《困惑与抉择》,山东教育出版社,1995

是有效的。在这一点上澄清了教学改革中的追新族们肤浅和盲目的观念,给那些热衷于赶时髦、追潮流的改革者们以很好的启示,不要以形式代替实质。

4.1.5　数学认知结构

在心理学里,认知有两种含义:广义的认知,就是认识,就是人脑反映客观事物和事物间的联系,并揭露其规律的心理活动。狭义的认知,就是人脑反映知识以及知识间的联系,并揭示其规律的心理活动。认知结构是人们在对客观事物的感知和理解的基础上在头脑里形成的一种心理结构。它是由个人过去的知识和经验组成,是个体认知活动的产物,是通过学习和认识活动逐步构造起来的。

1. 数学认知结构

数学认知结构是存在于学生头脑里的数学知识结构与认识结构有机结合而成的心理结构。需要指出的是,关于数学认知结构含义的这个界定与通常的解释有所不同。

学生头脑里的数学知识结构是课程教材里的数学知识结构和老师的数学知识结构在学生头脑里的反映。由于每个学生对数学知识的感知、理解、选择和组织等方面的差异,使得同样的数学知识结构在不同的人的头脑里,会形成不同的数学知识结构。因此,数学知识结构受个体认知特点的制约,具有浓厚的认知主体性和强烈的个人色彩。

学生头脑里的认识结构是伴随着头脑里数学知识结构的形成而同时发展起来的思维动作结构,思维动作就是运用思维方法的思想活动方式。

"认知",顾名思义,不认不知,有认才有知,认识是知识的高度概括。知识的增长无不要通过认识,认识的提高又必须依赖于知识,知识是认识的载体,知识又必须通过认识而获得。

所以学生头脑里的认识结构必须伴随着头脑里知识结构的形成而发展,不可能脱离知识而形成。另一方面,头脑里知识结构的形成,以及知识结构品质的优劣,又依赖于认识结构里各种思维动作的水平和各种思维动作协调的水平,如果没有达到相应的认识水平,就不能建立良好的知识结构,乃至认识结构。

学生头脑里的数学认知结构中,既有一般思维动作,又有数学的特殊思维动作。一般思维动作主要是:分析与综合、比较与类比、抽象与具体化、概括与专门化、分类与系统化等。数学的特殊思维动作主要是:数学操作性思维动作、方法技巧性思维动作、思想观念性思维动作和策略定向性思维动作。数学操作性思维动作有归入概念、推出性质、作出判断、重新理解、模式识别。方法技巧性思维动作有消元、降次、换元、配方、待定系数、反证、完全归纳等等。思想观念性思维动作有方程思想、数形结合思想、映射与函数思想、极限思想、随机思想等。策略定向性思维动作有等价转化、化归、类比、归纳猜想等等。

2. 数学认知结构的特点

数学认知结构既有一般认知结构的普遍特征,又具有与数学相关的自身特征。可概括如下:

数学认知结构具有学生的个性特点且数学认知结构按照数学知识的包摄水平、概括水平,以及抽象度的高低形成阶梯层次;学生的数学认知结构是数学新知识的加工厂,既提供加工的原料,又提供加工的方法;数学认知结构随着认识的不断深入而更加细化和融会贯通。

§4.2　数学学习是有意义学习

学生学习的数学知识是用数学的语言文字符号表示的,数学的语言文字和符号不仅代表客观的事物和现象,而且反映了前人抽象和概括出来的概念和原理。

学生学习数学时,一方面要掌握一整套的数学语言符号体系,另一方面要掌握数学语言符号所代表的事实、概念和原理,其中后者更为重要,它们是数学符号真正的认知内容。通过数学的语言符号使学生在头脑中获得相应认知内容的学习,就是数学的有意义学习。

4.2.1　数学有意义学习的实质

数学有意义学习的实质是,数学的语言或符号所代表的新知识与学习者认知结构中已有的适当知识建立非人为的实质性的联系[①]。

1. 认知结构中已有的适当知识

所谓适当知识,是指学生认知结构中已有的、与新知识存在某种联系的那些知识。它们可以是数学知识,也可以是其他方面的知识、经验或者某种观念。

在初中一年级,当学生把有理数作为新知识学习时,正有理数的有关知识,距离的概念,关于气温计、收入支出等生活常识及相反意义、对应关系等有关观念,都是与学习有理数有一定关系的适当知识。到高中一年级学习立体几何时,平面几何的有关知识,柱、锥、台、球在现实中有关事物的形象,直线与平面在空间可以无限延伸的观念等,都是与学习立体几何相关的适当知识。

在学习"函数单调性"时,新知识与函数图象的变化趋势有联系,如函数曲线的上升、下降;与变量变化的方向(沿 x 轴方向)有联系;与变量的变化范围有联系,如变量在某一数集内;与函数的概念有联系,如对应法则,定义域,值域;与已

---

① 邵瑞珍:《教育心理学》,上海教育出版社,1985

有的数学符号语言有联系，如"$x\nearrow$, $f(x)\nearrow$"；"$x\nearrow$, $f(x)\searrow$"；"当 $x_1 < x_2$ 时，$f(x_1) < f(x_2)$"等；与已有的逻辑经验有联系，如"任取 x_1, $x_2 \in A$，不妨设 $x_1 < x_2$"；与已有的比较大小的方法有联系，如"作差法"，"作商法"；与已学习的数学证明的思想方法有联系，如过去几何证明主要是把握依据的定义、公理和定理，而代数证明更多的是把握对象的定义和性质等等。

可见，学生头脑中的认知结构中已有的某些知识，如果与新知识不存在什么联系，那么这些知识对新知识来说，尽管是已有的知识，但却不是适当的知识。因此，所谓的"适当"就是与新知识有关。与新知识有关的适当知识，又称为新知识有意义学习的生长点或固着点。

2. 建立非人为和实质性的联系

学生所学的新知识与认知结构已有的适当知识，本身就存在某种固有的联系，这种联系就是非人为和实质性的，它们只是目前存在于不同的载体中，学生如果能把两者原有的非人为和实质性的联系认识出来、建立起来，也就建立起了非人为和实质性的联系。

例如，高一学生在学习指数方程这个新知识时，指数方程的有关概念与解法，与指数、对数的概念、性质有联系，与代数方程的解法有联系，与"$2^x = 16$，求 x"这样的问题有联系，与函数、指数函数、对数函数及其图象有联系，与同底数幂相等的充分必要条件有联系，与两个对数相等的充分必要条件有联系。这些联系都是数学体系内部，知识与知识之间逻辑上的继承和发展的关系，是知识间的内在联系，并不是人为强加上去的。这种联系就是非人为的和实质性的联系。

如果学生在学习数学时，能把新旧知识之间在数学体系中的内在联系建立起来，就是在新旧知识之间建立起了非人为和实质性的联系。反之，如果学生把新知识与自己认知结构中不适当、不相关的知识强行联系起来，那不是非人为和实质性的联系，而是人为和非实质的联系。

3. 实例分析

通过下面给出的不同例子，对适当知识与非人为和实质性联系进行深入理解。

例如，经常发生这样的错误：$\lg(x+y) = \lg x + \lg y$，$\sin(x+y) = \sin x + \sin y$，$f(x+y) = f(x) + f(y)$。这些错误就是把它们与"多项式乘法对加法的分配律"的知识强行联系起来了。这样建立的人为的联系，所产生的学习就不是有意义学习，而是机械学习。

又如，$f(x) = x^2$ 与 $g(v) = v^2$ 是同一函数的不同表示，$z = a + bi$ 与 $z = (a, b)$，以及 $z = r(\cos\theta + i\sin\theta)$ 都是复数这个数学对象的不同表示。它们分别是某个数学的同一认知内容的不同数学表达形式。要建立非人为和实质性联系，就是对某一数学认知内容，学生的认知结构中已经有了一种数学语言符号的表达形式,现在的新知识则是同一认知内容的另一数学语言符号的表达形式,那么学生如果能够把这些不同语言符号的表达形式联系起来,把它们所代表的同一认知内容认识出来,就是建立起了非人为和实质性的联系。

再如,"已知 a、b、c 为非负实数,求证: $\sqrt{a^2+b^2}+\sqrt{b^2+c^2}+\sqrt{b^2+a^2}\geqslant$ $\sqrt{2}(a+b+c)$"。

如果看出 $\sqrt{a^2+b^2}$ 就是复数 $z=a+bi$ 的模这一实质,就可以把 $\sqrt{a^2+b^2}$ 与 $|z|$ 联系起来,这就建立起实质性联系。设 $z_1=a+bi$, $z_2=b+ci$, $z_3=c+ai$, 左边 $=\sqrt{a^2+b^2}+\sqrt{b^2+c^2}+\sqrt{b^2+a^2}=|z_1|+|z_2|+|z_3|\geqslant$ $|z_1+z_2+z_3|=|(a+b+c)+(a+b+c)i|=\sqrt{(a+b+c)^2+(a+b+c)^2}=$ $\sqrt{2}(a+b+c)$。这正是由于把握了同一数学对象的不同表达形式,一种解决问题的方法就应运而生。这说明,尽管数学语言符号的外表形式不同,但学生能够透过表面形式认识出两者实质相同,就是建立了实质性联系,这样产生的学习是有意义学习。

4.2.2　数学有意义学习的条件

数学有意义学习的条件分为客观条件与主观条件两方面。目前合理的数学学习材料满足具有逻辑意义这一客观条件是不言而喻的。下面我们对主观条件适当展开分析。

1. 学生必须具备数学有意义学习的心向

要实现数学的有意义学习,首先要有在新旧知识间建立非人为和实质性联系的倾向和愿望。数学新旧知识的这种非人为和实质性联系,不是新知识在认知结构里登记一下就能自动建立的,必须要由学习者通过主动积极的思想活动努力去建构这种联系,有意义学习才能发生,这是其他任何因素都不能代替的。

2. 新知识对学习者必须具有潜在意义

所谓新知识对学习者具有潜在意义,就是要求新知识在学习者的认知结构中有适当的知识可与之建立非人为和实质性的联系,实际上就是新知识在学习者的认知结构中有生长点或固着点。

3. 学习者必须具备有意义学习的思维潜能

由于数学对象是抽象的形式化的思想材料,决定了数学知识的学习主要通过大量的思想实验,依靠思辨的方式进行,这就必须掌握和运用一定的思维方法来使新旧知识相互作用,才能建立起非人为和实质性的联系。因此,如果学习者没有掌握一定的思维方法,并且对这些思维方法的运用达到一定的水平,那么要建立非人为和实质性联系是十分困难的,甚至是不可能的。

有实验表明,有些学生数学学习成绩差的根本原因,就是没有掌握一定的思维方法,或者思维方法的运用没有达到与新知识学习相称的水平。这种与新知识学习相称的思维方法,称为有意义学习的思维潜能或生长素。

在中学对函数概念的学习,初中和高中要用到两种不同的函数定义,其原因就是与学生的"思维潜能"有关。初中学生学习函数概念,是用函数变量定义,学生一般都有与之有关的旧知识,又有与之相称的思维方法,这时函数概念的有意义学习容易实现。如果改为直接学习函数的映射定义,学生一般也有与之相关的旧知识,但一般不具备学习的思维潜能,即未掌握与之相称的思维方法。于是初中学生要实现对函数映射定义的有意义学习,是很不容易的。

就具体三角函数定义而言,初中与高中的本质差别在于:初中三角函数反映了三角形中一个角(锐角)与三角形某两边比值的对应关系,是一个数与另一个数的对应;高中三角函数反映了一个角(任意角)与一个数对的对应关系,虽然也要由比值过渡,但毕竟是一个数与两个数的对应。显然就后者的学习,在思维水平上要比前者高得多,也就是学生的学习需要比前者具有更强的"思维潜能"。

4. 数学有意义学习的结果

数学有意义学习的结果,就是学习者在心理上获得了数学语言符号代表的新知识的实际意义,同时原来的认知结构也得到了改造和重建。所谓在心理上获得新知识的实际意义,就是在新旧知识之间建立起非人为和实质性的联系,这时在学习者的认知结构里形成了新的认知内容,于是旧的认知结构同时得到改造,建立为新的认知结构。

4.2.3 数学有意义学习的基本形式

按照数学的具体内容有不同的形式和特点,数学有意义学习可以划分为不同的学习形式。与各种不同形式和特点的内容相对应的学习形式有:数学的表征学习,数学的概念学习,数学的同化学习和数学的顺应学习。

1. 数学的表征学习

数学的表征学习是将数学的名词、符号所代表的具体对象,在认知结构里建立起等值关系。这种具体对象称为数学名词、符号的指代物。例如,学习"三角形"这一数学名词,学生只要与自己认知结构中的三角尺、房顶、红领巾等指代物联系起来,就是进行"三角形"这一名词的表征学习。这时,在数学的表征学习这个层次上,学生对"三角形"这个数学名词已经获得了意义。

数学表征学习的特点是,对数学名词符号所获得的表征意义只代表特殊的和单个的事物。数学的表征学习大部分是认知水平上的学习,而不像其他学科的代表学习基本上是感知水平上的,这是数学学习与其他学科学习的一个很大区别。原因在于大部分数学名词符号的指代物本身就是抽象的,不是凭感知可把握的,而像物理、化学、生物等学科的名词符号的指代物大多都是以物质形式出现,凭感知即可把握了。所以数学的表征学习比起一般学科的代表学习来是较高级的学习。这也是数学比其他学科难学的原因之一。

例如,函数及其符号 $y = f(x)$,它的指代物是正比例函数时,$y = ax$;反比函数时,$y = \dfrac{k}{x}$;一次函数时,$y = ax + b$;二次函数时,$y = x^2$ 等等这些具体的函数,不过这些所谓的具体其本身就是抽象的材料。对数学的名词符号一般从表征学习开始,但仅仅只达到表征学习的水平是不行的,因为指代物毕竟不是相应数学名词符号的本质属性,只停留在表征学习水平,容易导致非本质性泛化的错误。

对"三角形的高",其指代物一般总是用图 4.2.1 作为指代物。这容易造成错误的认识:与水平线垂直的才是高,而换一种位置,就不知道是三角形的高。又如,把 $y = x^2$ 与 $u = v^2$ 看成函数不同的指代物,就把它们看成了不同的函数;把函数总写成具有统一表达式的形式,就容易造成函数一定是有统一表达式的误解,而认为其他表达形式的函数不是函数。

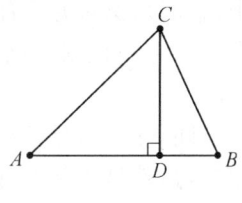

图 4.2.1

那么是不是就不要数学的表征学习这种学习形式呢? 答案是否定的。数学是抽象性很强的学科,早期进行表征学习,可以增强数学名词符号的直观性,获得有关它们的直观背景和丰富经验,有关的指代物可以成为掌握相关数学对象抽象意义的必要阶梯,为数学名词符号的抽象意义提供直观模型。

2. 数学的概念学习

数学名词符号不仅代表了数学概念的对象(指代物),同时也代表了数学概念的抽象意义和抽象关系。这就是说,数学的名词符号不仅代表了单个的数学对象,更代表了一类数学对象,这类数学对象的全体形成了一个数学概念,相应的名词符号就是这个数学概念的表示形式。

数学的概念学习是要获得数学名词的概念意义,即掌握它们所代表的一类事物的共同的本质属性。例如,"三角形"这个名词的概念意义,就脱离了各种具体的有三角形形状的实物,仅仅理解为三条线段,首尾相连的封闭图形,而与材料、颜色、大小等这些特征无关。这种对"三角形"这一数学名词的理解,可以说是在概念学习的水平上已经获得了意义。

数学的概念学习的特点是,数学名词符号所获得的概念意义代表了一类事物的共同本质属性,在概念学习水平上,数学的名词符号代表了一类事物,在代表学习水平上,数学的名词符号只代表单个或特殊的事物。例如,对函数 $y =$

$f(x)$ 的认识和理解时，在概念学习水平上的意义，是指一个数集到另一个数集按法则规定的随处定义、单值定义的映射，函数的这种概念意义代表了函数的全体，而不仅仅是单个的、具体的某些函数。

可见，同样的数学名词符号，存在着两种不同水平的有意义学习：表征学习水平上的有意义学习和概念学习水平上的有意义学习。但是在数学学习中仅仅达到表征学习水平上的有意义的学习是不够的，必须达到概念学习水平上的有意义学习才是真正获得了数学对象的意义，才是真正的数学有意义学习。

3. 数学的同化学习

数学内容之间的关系有类属关系、总括关系、并列关系。这三种关系主要由数学内容的包摄水平和概括水平的高低来决定。包摄水平和概括水平高的处于总括地位，低的处于类属地位，水平相当的处于并列地位。在学习新知识的过程中，新旧知识间关系有的是类属关系，有的是总括关系，有的是并列关系。建立在内容之间的关系基础上的数学学习形式，主要有两种：同化学习和顺应学习。[①]

同化的概念是指把给定的东西整合到一个早先就存在的结构之中。所谓同化学习，就是当新的数学内容输入以后，主体并不是消极地接受它们，而是利用已有的数学认知结构对新知识内容进行改造，使新内容纳入到原有的数学认知结构中。

例如，学习用配方法解一元二次方程时，学生利用原有认知结构中的适当知识：完全平方公式、方程同解原理和直接开平方法解一元二次方程，对配方法的有关知识和方法进行加工改造，领会了配方法，也就是建立起非人为和实质性联系，于是就被纳入到原有的数学认知结构中来。由于增加一种一元二次方程的解法并与原有的相关知识建立联系，因而就扩大并改造了原有的认知结构。在同化的过程中，主要是辨识新旧知识的联系，并由原有的旧知识作为生长点或固着点，把新知识归属于原认知结构，同时使原认知结构得到分化和扩充。

就认知结构中已有知识而言，对与其是类属关系的新知识的学习主要是同化，对与其是总括关系和并列关系的新知识的学习有一部分是同化。

例如，由平行线概念→平行线性质定理（类属关系）的学习；由三角形全等概念→三角形全等性质定理（类属关系）的学习，都是同化过程，这一过程使平行线、三角形等概念更加分化，即分得更细。

再如，由直线的点斜式、截距式、两点式……→直线一般形式（总括关系）的学习，由抛物线、椭圆、双曲线→二次曲线统一定义（总括关系）的学习，由直线的

---

① ［瑞士］皮亚杰，王宪钿译：《发生认识论原理》，商务印书馆，1981

截距式→斜截式→两点式→点斜式(并列关系)的学习。这些学习过程在很大程度上都是同化学习的过程,因为在这些学习中,与新知识相联系的旧知识很丰富,新知识主要通过这些旧知识来理解,就能够获得意义。

一般来说,从学习新知识到练习中对新知识的保持是再认性同化;在其他知识中又遇见那个新知识时而对新知识的学习是再生性同化;在各种新问题中不断地遇到那个新知识以后对新知识的学习是概括性同化。

4. 数学的顺应学习

如果数学新知识在原有的数学认知结构中没有密切联系的适当知识,这时如果要把新知识纳入到认知结构中,像同化学习那样通过与相关旧知识建立联系来获得新知识的意义就比较困难。这时必须要对原有数学认知结构进行改组,使之与新知识内容相适应,从而把它纳入进去,这个过程叫作顺应。如果说同化学习主要是新知识适应已有知识的过程,那么顺应学习主要是已有知识适应新知识的过程。

例如,初一学生学习代数,就是顺应学习的过程。初一学生此前只学过算术,就不能单靠同化方式在原有的算术认知结构的基础上学习代数,而是首先要改造算术认知结构。字母参加运算以后,字母既代表一个具体的数又代表一个任意数、一个抽象的数,显然抽象程度大大提高,要使代数纳入到算术认知结构之中是不可能的。这就必须通过字母代表数的各种内容的反复学习,逐渐顺应代数学习。

又如,由整数→分数→有理数→实数→复数(后者对前者是总括关系)的学习过程;由平行线、相交线→异面直线(并列关系)的学习过程;由整式→分式→根式(并列关系)的学习过程;由整数指数幂运算→有理数指数幂运算(后者与前者是总括关系)的学习过程,这些新知识的学习过程基本都是顺应学习,当然其中含有少量同化学习,但主要是顺应的过程。

这就使得教学中需要根据新旧知识间的关系来认识新知识学习的过程,决定适当的新知识学习的方式。

§4.3　学生的认知发展理论

瑞士著名心理学家皮亚杰(Jean Piaget)认为学生的认知结构上的差异与年龄有关,处于不同阶段的学生,其认识、理解事物的方式和水平是不同的,教育、教学的策略、方法和手段必须因不同年龄阶段的学生而异,同学生的认知发展水平一致起来。

皮亚杰对学生的认知发展水平按年龄划分出:感觉运动阶段、前运演阶段、具体运演阶段和形式运演阶段这四个不同的认知发展阶段①。本节主要结合数学学习的特点,对学生认知发展的不同阶段中数学思维发展作出分析,尽管源于皮亚杰的思想,但也作出了全新的解释。

4.3.1　感觉运动阶段

感觉运动阶段(0～2 岁)是指全部言语或者全部表象性概念以前的感知活动时期。在儿童与生俱来的原始结构里没有主体和客体之分,儿童从最初的一系列以自己身体为参照系的活动中,随着活动必需的顺序、重叠、远近、分解、联合的协调,经过一个漫长的过程,逐渐分化出朦胧的自我和非我的图式(指动态的可变结构的雏形或胚胎,是行动的结构和组织,具有概括性的特点,可从一种情境迁移到另外一个情境,其整体可以不断变化和发展),也分化出模糊的主体和客体图式。这些实物性活动中的顺序、分解、联合等关系成为将来发展逻辑结构的最初形式,而顺序、重叠、远近等关系则成为将来发展空间结构的最初形式。

在这一阶段,儿童虽然逐渐分化出朦胧而模糊的图式,但是由于还没有产生表象、语言和思维,因而其图式只是外部的运动和对运动的直觉。

4.3.2　前运演阶段

感觉运动阶段的图式还不是概念化的,因为没有形成语言,即还没有在意识中形成把握它们的符号系统,因而它们不能在思维中被运用,这种图式的作用仅仅限于动作上的和实物上的应用。

随着语言、象征性的游戏、意象等的出现,在越来越多地显现出直接的主客体关系的活动中,开始增添了一种内化了的并且概念化的成分,例如表象成分。这时儿童认识开始了从动作向概念化思维的转化,发展进入"前运演阶段"(2～7岁)。"运演"是内化了的动作,即内部动作,特别是指思维活动或思维动作的操作。在前运演发展阶段产生了相对于感觉运动阶段而言是新的本质特点。

1. 实物化概念

在前运演阶段,儿童开始概念化,但是只能用实物(指代物)来把握概念。例如,对"3"这个数的认识总与指代物相联系,而不能脱离指代物,总是要以 3 个苹果、3 只鸟之类的实物作为中介物,不能认识到"3"是所有由 3 个元素构成的集合的共同本质特征。

这表明这个阶段的儿童只能进行代表学习水平上的学习,不能进行概念学习水平上的学习,儿童此时的概念停留在不能离开活动的具体概念上,还没有出现抽象概念。

---

① ［瑞士］皮亚杰,王宪钿译:《发生认识论原理》,商务印书馆,1981

2. 表象依赖性

这个阶段的概念化特点是以表象的形式把活动内化,即思维中符号功能出现,儿童开始以符号描述外部世界,语言能力逐步发展。这标志前运演阶段的儿童的活动开始在思维的水平上进行。由于概念是实物化的,这就决定了初始阶段思维的一个重要特征——表象依赖。

表象依赖是指只能依据具体的东西来表示静态的活动或事物。换句话说,各种发生在特定时间的实物活动,在思维上可以用一些具体的表象表征出来,从而把过去、现在和将来的活动或事件,以及空间距离远近不同的活动或事件,在头脑里以一种近乎同时性的笼统表象显现出来。在这个意义上,前运演阶段的概念化活动可以认为是表象性思维。例如对"3+2=?"的问题,必须要同诸如:树上原有 3 只鸟,又飞来 2 只鸟之类事件联系在一起。这时儿童头脑里并非用抽象的数表征加法,而是用头脑里作为问题和事件之间的中介物的表象来表征加法。

3. 注意广度片面单一

在这个阶段的儿童,一般不能区分想像与现实,一般和特殊。对于活动的有意识觉察只是部分的,不能看到事物的两个方面或多个方面。例如,主体能够粗略的描绘出自己所完成的活动,但细节却被忽略了。又如在空间想像力上,不能相信地球是个球。在同一时刻,他们同时注意到的事物或对象的个数不超过两个。

4. 原始性态的推理

在思维活动的初始阶段,开始出现了一种原始的推理,即遵循次序关系的推理,或者依照位置关系的推理,也就是以按序出现的事件来表征活动,但是真正的逻辑上的因果关系认识还没有建立。这表明了向着思维的逻辑结构和空间结构发展的方向。随着表象思维的向前进展,原始的推理发展为初步的推理。开始建立对应关系,对形状进行分类,开始提出为什么的问题,进而由萌芽状态的因果性解释向因果关系的系统发展。

5. 运演的前水平

运演是思维活动过程或思维动作的操作,前运演思维处于逻辑结构和空间结构的萌芽状态,可视为前水平。

前运演阶段的这种前水平,主要表现为不能进行可逆性运演和传递性运演这样的思维活动,同时因为缺乏可逆性和传递性而在思维上不能引起守恒的运演。前运演思维的不可逆性,即是指思维只能朝着单一的方向。比如,能够计算 $3+2=5$,而不能由此去算 $5-3=?$,但能计算 $3+?=8$。这就是思维不可逆的原因。

传递性运演带有思维的间接性和跳跃性,不是一种直接的逻辑关系。像

"$A > B$ 且 $B > C \Rightarrow A > C$"这类推理传递性,前运演阶段的儿童还不能认识和理解。这种运演的前水平也使得在前运演阶段,演绎推理和归纳推理也都不能进行。从感觉运动性行为过渡到概念化活动,是一个缓慢而费力的长期过程。

4.3.3 具体运演阶段

从前运演向具体运演(7～12 岁)的发展,是从表象性思维的概念化活动过渡到概念性思维的过程,是由外部的行为活动逐步转化为内部的心理运演,即是在心理上进行内部的组合、对应、分类等内部的思维活动,而不是仅仅依赖于通过外部的行为活动。

1. 运演的可逆

进入具体运演阶段,儿童开始能够用两种以上的关系而不是以一种关系排除另一种关系的方式来处理序列化活动,或者能够以尝试错误的灵活方式而不是只能朝着单一的方向进行系列化。比如能够同时运用"$<$"和"$>$"两种关系进行序列化,而不是仅能用其中一种关系进行序列化。

这标志着思维上的一个重要发展,就是既能够进行正运演也可以进行逆运演,于是就能够进行逆运算和理解可逆关系。

2. 运演系统的守恒

具体运演的基本特点是人的思维形成了可闭合系统或结构,从而具备了形成正转换和逆转换的运演组合。正运演和逆运演的同时运用,使得运演逐步具有完整性系统,这种完整性也导致了运演系统本身的闭合性,使得儿童有可能从一个系统而且自身闭合的整体来进行思维。系统的闭合性意味着系统内部关系出现了守恒的特征,即思维可以沿着相反的方向进行和转换,以及运演关系的保持。

3. 运演的传递

守恒的运演结构的一个重要特点是运演的传递性,即具体运演阶段可以进行传递性运演。例如,如果 $A = B$ 和 $B = C$,那么就能因为有某种特性从 $A \rightarrow B \rightarrow C$ 保持着守恒或不变,而知道 $A = C$。

这种守恒导致传递性的同时还产生了一系列的新的运演,诸如能够进行不完全归纳,能进行不甚严密的初步演绎推理,开始能够处理假设。

4. 注意广度的扩大

具体运演阶段的一个重要发展是注意广度的增加,即能够同时把握事物的不同侧面或者活动的多个方面,在同一时刻获取的信息量增加。由于注意广度的增加,开始能够依据颜色或形状对事物进行分类。

5. 运演的直观支撑

思维的概念化从实物性表象概念过渡到内部心理表象概念,不是仅能用实物说明概念,而是能用属性的例子说明概念,即概念化可以脱离实物,开始能够在概念学习的水平上理解概念。但是这种概念在很大的程度上离不开事物的直观支撑,本质上还不能脱离直观图形的把握。处于这个发展阶段的学生能在不脱离具体的前提下进行思维活动。

具体运演的直观支撑与前运演的实物性活动有所不同,具体运演赋予了直观活动以运演的结构,即可以用可逆和传递的方式组合起来,而前运演的实物性活动则不具有可逆性和传递性。

4.3.4　形式运演阶段

具体运演阶段的直观支撑的本质是,思维的形式与内容还不能完全分离。在形式运演阶段(12~17 岁),思维逐步脱离具体对象,朝着抽象的水平上进行思维活动的方向发展。因此形式运演的本质是有可能通过假设进行推理,并把形式的连接和内容的真实性区分开来。

1.　由具体思维向抽象思维发展

在这个发展阶段的学生,由具体思维向抽象思维发展,由以实际经验为支撑的概念,向直接掌握抽象概念本质属性来获取概念的方向转化,能给抽象概念下定义。如果说在具体运演阶段主要是能够学习一级概念的话,那么在形式运演阶段则可以学习二级乃至二级以上的数学概念。例如,学习实数的概念、对数的概念、函数的概念、向量的概念、极限的概念等。

2.　由学习概念向学习命题发展

在形式运演阶段,学生能够进行命题的学习。这种命题学习的重要意义在于,命题所提出的不是具体的客体而是形式化的假设。这时能够把形式的联系与内容的真实区分开来,也就是有能力处理假设而不是单纯地处理客观存在。

学习命题实际是在命题间进行运演,是对运演的运演,也就是二级运演。这些运演包括:应用蕴涵的运演、应用命题逻辑的运演、对加工制造出来的关系的运演以及协调两个参照系系统的运演。

这是智力发展的实质性飞跃,但是真正实现这样的飞跃绝非易事,调查表明即使在成年人中,也有相当多的人并没有达到形式运演的水平。

3.　逻辑思维向形式化推理发展

正是对运演进行运演的能力,使得认识超越了现实。于是在形式发展阶段的学生,能运用抽象逻辑思维,进行形式化推理。不但能进行几何证明,而且也能进行代数的形式化推理。几何证明由于几何图形的帮助,实际提供了抽象意义的直观支撑,不仅有对符号的运演,还有对图形的运演,因而并非彻底形式化的。代数证明则是思维完全在抽象的符号之间周旋,仅仅对抽象的符号进行运演,彻底超越了现实和具体。

高中学生能够利用形式定义证明函数的奇偶性问题和单调性问题,正是逻辑思维向形式化推理发展的表现之所在。利用 $f(-x) = f(x)$ 和 $f(-x) = -f(x)$ 证明函数的奇偶性;能够证明"对任意的 x_1, $x_2 \in (a, b)$ 且 $x_1 > x_2$,若 $f(x_1) > f(x_2)$,则 $f(x)$ 是 (a, b) 上的单调增函数";"对任意的 x_1, $x_2 \in (a, b)$ 且 $x_1 > x_2$,若 $f(x_1) < f(x_2)$,则 $f(x)$ 是 (a, b) 上的单调减函数"。

4. 思维量和思维度向复杂发展

在抽象的水平上,思维量和思维度向复杂发展。具体表现为,由单变量思维向复合变量思维的方向发展,由单维度的思维向多维度思维转化。

例如可以理解类似于下列各种概念的变化发展:

$$\text{幂运算的逆运算} \rightarrow \begin{cases} \text{对数运算,} \\ \text{开方运算;} \end{cases} \qquad \text{幂指关系形成反函数} \rightarrow \begin{cases} \text{指数函数,} \\ \text{对数函数;} \end{cases}$$

$$\text{方程、不等式的改变} \rightarrow \begin{cases} \text{变元增加,} \\ \text{幂次升高。} \end{cases}$$

还能够逐步适应诸如:显函数→隐函数、二维几何→三维几何、有限→无限这样的思维宽度和思维深度的拓广和加深。

5. 朝着自我反省的思维活动发展

在人的各个阶段的认识发展中,总是有各种图式不断地发展为新的图式。这实际上是原有的图式的平衡被新的活动对象所打破时,主体就要使原有的图式向着新的平衡状态发展,即达到新的平衡。

这种由原有图式的改造而形成新的图式的过程,被皮亚杰称之为"反身抽象",其本质是一种自我反省的思维活动,只不过在不同的阶段上有不同的水平。随着运演水平的不断提高,这种反身抽象经过感觉运动水平→前运演水平→具体运演水平的发展过程,在形式运演阶段在内部心理上逐步形成反身抽象的运演,即对自我思维活动反省,或者说是一种元认知活动。

皮亚杰的儿童认知发展阶段理论,为对不同阶段的儿童应该教什么和怎样教,提供了可靠的心理学依据,成为西方乃至全世界在教育上把握儿童认知发展的路标。据此而促进儿童从认知发展的一个阶段过渡到下一个阶段的信念,成为教学的基本准则和行动目标。

儿童认知发展的阶段论表明,认知发展存在人人相同的阶段,但不同的人进入各个阶段的时间并非完全相同。遗传、生活、家庭、社会等方面的差异,都会影响儿童的每一个认知阶段的出现,或加速,或推迟,甚至阻碍。发展的速度不同,达到某一个认知阶段的年龄也会不同。有研究表明,美国人口中仅仅有 $40\%\sim$ 60% 的人达到最后的形式运演阶段。因此儿童认知发展阶段理论绝不能片面理解,更不能机械运用。

§4.4　数学建构主义学习理论

建构主义思想最早是瑞士心理学家皮亚杰提出来的。皮亚杰认为,人类对逻辑、数学、物理的认识,都是不断建构的产物。从最初的格局建构成结构,结构对认识起中介作用,结构不断地建构;从比较简单的结构到更为复杂的结构,其建构过程依赖于主体的不断活动。高级结构的建构是在解决问题的过程中,依靠主体的活动来实现和完成的。

鉴于数学的对象主要是抽象的形式化的思想材料,数学的活动也主要是思辨的思想活动,因此数学新知识的学习就是典型的建构主义学习的过程。

4.4.1　建构主义学习观

1. 数学建构主义学习的实质

数学建构主义学习的实质是:主体通过对抽象的形式化思想材料的思维构造,在心理上建构这些思想材料的意义[1]。

所谓思维构造,即是指主体在多方位地把新知识多方面的各种因素建立联系的过程中,获得新知识的意义。首先要与所设置的情境中的各种因素建立联系;其次要与所进行的活动中的因素及其变化建立联系;又要与相关的各种已有经验建立联系;还要与认知结构中的有关知识建立联系。这种建立多方面联系的思维活动,构造起新知识与各方面因素间关系的网络构架,从而最终获得新知识的意义。在这个过程中,有外部的操作活动,也有内部的心理活动,还有内部和外部的交互活动。

建构学习是以学习者为参照中心的自身思维构造的过程,是主动活动的过程,是积极创建的过程,最终所建构的意义固着于亲身经历的活动背景,溯源于自己熟悉的生活经验,扎根于自己已有的认知结构。

2. 建构是新知识的意义同时建立和构造的过程

建构同时是建立和构造关于新知识认知结构的过程。建立一般是指从无到有的兴建;构造则是指对已有的材料、结构、框架加以调整、整合或者重组。主体对新知识的学习,同时包括建立和构造两个方面,既要建立对新知识的理解,将新知识与已有的适当知识建立联系,又要将新知识与原有的认知结构相互结合,通过纳入、重组和改造,构成新的认知结构。一方面新知识由于成为结构中的一部分,就与结构中的其他部分形成有机联系,从而使新知识的意义在心理上获得

---

① 涂荣豹:《数学建构主义学习的实质及其主要特征》,数学教育学报,1999

了建构；另一方面原有的认知结构由于新知识的进入，而更加分化和综合贯通，从而获得了新的意义。可见建构新过程，既建构了新知识的意义，又使原认知结构得到了重建。

3. 植根于内部的认知网络和强行嵌入的外部结构

数学的建构主义学习可以比喻为主体在心理上建造一个认识对象的建筑物。其建筑材料，除了有关新知识的少量信息来自于外部，多数信息主要来自于心理内部——已有的知识、经验、方法和观念；建造的过程除最初阶段少量外部活动以外，主要是内部的心理活动，是一系列思维动作的内部操作。这个内部心理建筑物的建构当然不是轻而易举的，从寻找"建筑材料"，辨认材料之间的实质性联系，到将心理上毫无关联的材料建立起非人为的联系等等，都是内部心理上的思维创造过程。以这样的方式对新知识所建构的意义，植根于主体原有的认知结构之中，植根于主体原有认知网络之中。这是外界力量所不能达到的，当然也是教师所不能传授的，教师的传授实际是向学生的头脑里嵌入一个外部结构，这与通过内部创造建立起的心理结构是完全不同的。外部结构嵌入的过程，是被动活动的过程、模仿复制的过程，最终所获得的意义缺少生动的背景、缺少经验的支撑、缺少广泛知识的联系、也就缺少迁移的活力。

个体思维对认识对象的客观属性感知以后，对其进行思维构造，构造的结果就是新知识的心理意义，也就是对新知识意义的建构。新知识的意义不仅是建构活动的结果，而且还是下一次新知识建构活动中思维创造的原料和工具。如果是外部嵌入的结构，因其仅仅是一个相对的孤立体，缺乏与原有认知结构的有机联系，而对其难以寻找、难以辨认，更难以将其与新知识去建立非人为和实质性的联系，造成无法建构新知识的心理意义。当主体被迫去记住它的意义时，则仅仅又是一个相对孤立体的嵌入，机械学习就这样产生并恶性地循环下去。

4.4.2　数学建构主义学习的主要特征

数学建构主义学习，是主体对客体进行思维构造的过程，是主体在以客体作为对象的自主活动中，由于自身的智力参与而产生出个人体验的过程。客体的意义正是在这样的过程中建立起来的，离开了自主活动、智力参与和个人体验，就很难真正在心理上获得客体的意义。因此，自主活动、智力参与和个人体验，就是数学建构主义学习的主要特征。

1. 个人体验

在数学建构学习的活动中，获得个人体验是至关重要的。个人体验有语言成分，也有非语言成分。当完成某个数学新知识的建构时，其语言表征仅仅是可以表达出来的外部形式，除此之外还有不能以外部形式表现出来的非语言表征，但非语言表征与语言表征紧密联系，并给予语言表征有力的支撑。这就是说，数学认识的建构是语言和非语言双重编码的,我们一般只是比较重视语言编码而忽视非语言编码。事实上在数学的建构活动中,常常先进行非语言编码,然后才进行语言编码。

建构主义认为,在信息加工、贮存和提取的过程中,语言和非语言表征同样重要。在对客体的主动活动中,主体在获得语言表征的同时,还获得情节表征和动作表征。语言表征是活动中经验的抽象和概括,情节表征是活动中的视觉映象或其他映象,动作表征则是行动中获得的直接体验。这些语言的、非语言的编码或表征,使主体获得了客体丰富、复杂、多元的特征,这也就是主体所获得的"个人体验",并由此在心理上达到对客体完整的意义建构。如果仅仅只有语言编码而没有非语言编码,那么认识是不完全的。因此如果数学学习的内容仅仅通过语言的形式传递给学生时,会由于缺少非语言表征而造成其个人体验的残缺不全。

2. 智力参与

数学新知识的学习活动,是主体在自己的头脑里建立和发展数学认知结构的过程,是数学活动及其经验内化的过程。这种内化的过程,或者是以同化的形式把客体纳入到已有的认知结构之中,使原有的认知结构产生量的变化;或者以顺应的形式改变已有的认知结构,以便与自己不相适应的客体一致,从而使原有的认知结构发生质的变化。由此不难看出,完成这样的过程,完全是主体的自主行为,而且只有通过主体积极主动的智力参与才能实现,别人是根本无法替代的。所谓智力参与,就是主体将自己的注意力、观察力、记忆力、想像力、思维力和语言能力都参与进去。由于数学建构学习活动的本质是思维构造,就表明这是一个创造的过程,尽管是再发现再创造的性质,但是对学习者本人还是处于第一次发现发明的地位,因而主体一定要有高水平的智力参与,这个创造的过程才能得以实现。

即使对通常所说的"学生对教师所讲授的新知识必须有一个理解或消化的过程",按建构主义的观点,这里的理解或消化,也是将教师所讲的纳入到自己适当的认知结构中去,这种纳入的过程必须依据自己已有的知识和经验,对教师所讲的东西作出自己的解释,用自己的语言对其重新编码,也就是必须对新知识与自己原有认知结构的适应性作出自己的评价和调整,并在两者之间建立联系,从而使教师所讲的新知识在心理上获得确定的意义。这时学生所学到的已不再是教师所教的,而是已经经过了主体的思维构造。可见这种理解或消化实际上具有很强的创造性质,如果没有主体高水平的智力参与也是不可能实现的。

3. 自主活动

数学建构主义的学习以学生的自主活动为基础,以智力参与为前提,又以个人体验为终结。学生的自主活动,第一是活动;第二是学生的自主性和积极性。

之所以强调活动,就是为了强调要在做数学中学数学。活动是个人体验的源泉,是语言表征、情节表征、动作表征的源泉,所以对建构主义学习来说,活动是第一位的。对处于认知发展阶段的学生而言,这种活动最初主要表现为外部活动,由于主体自身的智力参与,使外部的活动过程内化为主体内部的心理活动过程,并从中产生出主体的个人体验。同时活动必须是学习者主动和积极进行的,学生是信息加工的主体,是意义的主动建构者,而不是被动活动者,以及意义的被灌输者,虽然活动在教师创设的情境之下进行,但是却要由主体自己控制。建构学习的目的是为了在心理上获得客体的意义,这不是简单地在头脑里登记一下就完事的,而是必须对客体主动进行感知,并在对输入的信息加工时进行积极的心理活动,没有学生的主动性和积极性是不能完成的。活动自主性的重要标志是主体的智力参与,主体的智力参与程度越高,活动的自主性就越强。在自主活动下,由于自身的智力参与而产生的个人体验,就是新知识心理意义的基石,最终升华为新知识的心理意义。

4.4.3　数学建构主义学习的两个基本过程

建构主义学习的基本模式就是同化和顺应。简单地说,同化是原有认知结构对新知识的认同,顺应是原有认知结构对新知识的适应。可以说有意义接受学习和有意义发现学习是建构主义学习的两个基本过程[①]。

有意义发现学习,是思维构造的探索阶段先于言语表达和概念定义。探索阶段主要是对具体对象进行活动,对情境加以变化,从而产生具体的感性认识,并通过思维构造进而产生抽象认识,这时也开始了概括。概括必须要通过语言表达,这也就开始向语言表达过渡,一旦概念定义完成,则是语言表达的终结,概念是抽象概括的结果。

有意义接受学习是言语表达和概念定义先于思维构造的探索阶段。这时学生要将教师所讲授的纳入到自己适当的认知结构中去,这种纳入的过程必须依据自己已有的知识和经验。对教师的讲授作出自己的解释,用自己的语言对其重新编码,也就是必须对新知识与自己原有认知结构的适应性作出自己的评价和调整,并在两者之间建立联系,从而使教师所讲授的新知识在心理上获得确定的意义。这时学生所学到的已不再是教师所教的,而是已经经过了主体的思维构造,获得了超越教师所提供的信息。

数学学习是有意义的建构学习,但不同的具体数学对象,在建构意义时有不同的倾向。比如,数学概念的学习主要靠有意义的接受学习;数学的原理、法则、方法的学习应该是有意义发现与有意义接受相结合的学习;数学的解题学习则

---

① 涂荣豹:《建构主义观辨析和再认识》,中学数学教学参考,2002

主要是有意义的发现学习。接受学习不等于没有意义的建构,发现学习也不能确保实现有意义的建构,这是早已被美国心理学家奥苏伯尔(Ausubel)验证过的。关键在于是否完成了建构主义学习实质所要求的思维构造、是否实现了建构学习的特征。

4.4.4　反思建构主义学习观

建构主义思潮影响巨大,大大推动了教育观念的更新和发展,但是由于过分夸大了它的适用范围,也产生了许多负面影响,近年来建构主义在西方已经出现降温趋势。

建构主义理论最初仅仅是哲学的或者心理学的一个新观点,只是在对其赋予教育学意义以后,建构主义思想才令人耳目一新,产生广泛的影响力,但其理论上和实践上都还存在值得思考的问题。

从学习理论发展看,虽然建构主义是一种新思想,但其很多主要观点其实是集教育认知心理学多家之说的概括,例如强调学生学习的主体性,强调学生的学习总是建立在已有学习的基础上,强调学习的活动性合作性,其实并不是建构主义的新发明[1]。因此在运用先导教育思想进行数学教学的时候,根本之处不是赶时髦,而是要结合具体情况选择科学正确的理论来指导数学的教与学,特别是处理好继承和发展的关系。

建构主义在哲学上过分强调科学知识的相对真理性,这对于还不能真正理解相对真理性的中学生来说,容易造成数学和其他科学并非理性的必然结果的误解,进而造成学生对数学及其他科学真理的怀疑和学习的随意性[2]。

建构主义理论在教育上有其积极意义,但是其功能也不是无限的,特别是它追求个人意义观点,多少蒙上了唯心主义色彩,容易导致从一个极端走向另一个极端。

建构主义理论总体上是一种教育理念,一种教与学的指导思想,并不存在具体的操作程序。任何一种教学模式或教学过程,只能是在某些方面或一定程度上体现了建构主义的思想理念。因此严格地讲绝无什么建构主义教学法之说,把某个教学方式或教学过程贴上建构主义标签都是不恰当的。

因此,当今的一个重要任务是既要充分认识建构主义在教育上的进步意义,又要对其在认识论和方法论上有悖科学理性的问题保持清醒的认识,同时还要正确认识我国与西方国家在社会现状和传统文化上的差异。在此基础上使建构

---

[1] [德]E. Terhart 著,张桂春译:《建构主义与教学——在普通教学论中会发现一种新思想吗》,外国教育资料,2000

[2] 张红霞:《建构主义对科学教育理论的贡献与局限》,教育研究,2003

主义思想与中国文化融合,才能使建构主义推动我国教育改革的发展。

§4.5 探究性学习理论及其
在数学教学上的应用

在对数学学习的相关理论有了一个基本的认识之后,有必要针对当前数学教育的背景,就数学学习所应提倡的主导学习方式作些探讨。

数学学习强调学生的独立思考和智力参与,学习的主动性尤为重要。广受关注的数学探究性学习、发现学习、问题解决学习、研究性学习等等,虽然提法有所不同,但根本上都是旨在强调学生学习的主动性,强调学习过程中的探究特点。基于这一共同特点,本书不打算对这些学习方式的细微差别进行考辨,而是以探究性学习的理论特点和教学指导策略进行针对性分析。

4.5.1 数学探究学习的实质

关于探究学习,施瓦布的观点最具有代表性,他认为"探究学习是指儿童通过自主地参与获得知识的过程,掌握研究自然所必需的探究能力;同时,形成认识自然的基础——科学概念;进而培养探索未知世界的积极态度"。这一定义同时强调了知识、技能和态度三个方面的探究学习目的。认识探究学习,关键要把握其"从无到有"的探究特点。因此,探究学习需要学生的独立思考和主动参与,具有以下几个方面的基本特征:自主性、过程性、实践性、开放性。

数学探究学习自然具有一般探究学习的基本特性,但更重要的是数学学科学习的特殊性。由于数学是以理性思维见长的学科,解题训练是数学学习的突出特征,这就决定了数学探究学习不同于实验性学科的探究学习偏重于动手操作,也不同于一般理解的科学探究偏重于调查取证,而是一种以独立思考、深入钻研数学问题为主的思维探究活动。

概括地说,数学探究学习是指学生自己或合作共同体针对要学习的概念、原理、法则或要解决的数学问题主动地思考、探索的学习活动,强调的是一种主动参与的学习方式。对于展开的途径、问题的程度和类别则不作过多限定。就是说,数学探究学习可以在不同的层次上进行,既可以对一般性的学习内容或问题展开探究,也可以针对数学学科的某个主题由学生形成自己的问题或活动意向,或者由教师提出问题,并创设探索所需的情境和途径。之后,学生针对问题特点通过直观思维、逻辑推理、精确计算等数学活动,形成自己的假设,并通过反思、观察和必要的数学实验活动检验假设,直至解决问题,在探究活动的基础上建构起对数学知识的理解和有关的方法、技能。其中,不仅包括数学概念、命题的形成、归纳过程,而且包括解决数学问题的探索、监控、推广过程。探究过程中,尽管分析、推理、演算等数学活动处于主导地位,但常常也需要学生进行一定的实验性操作演示活动,这不仅仅是为了激发学生的数学学习兴趣,训练操作技能,也不只是为了发现一些数学事实,而是为学生建构数学知识、丰富数学素养提供基本的经验基础。

事实上,以思维为特征的数学探究学习具有一般性,无论是教师的引导启发学习,还是学生的独立思考、解决问题的行为,都正符合探究学习的一些关键特征。可以说,真正深入、高质量的数学学习必然含有探究的成分。当然,也不能因此对数学探究学习作泛化理解,认为数学学习天然就是探究的,那就走向了另一个极端。

就当前而论,首要的问题是要改变那种把数学探究学习窄化为走出课堂、调查实践的"专题性研究"的观点,而应在较为广泛的意义上,立足于学生的日常学习,将探究学习作为数学学习的基本方式加以提倡,这样才能真正发挥数学探究学习的效力,改变数学学习中过分倚重模仿、识记和重复演练的现状。认识到这些,也就一定程度上把握了数学探究学习的基本含义,开展数学探究学习也就有了努力的方向。

需要指出的是,探究学习与接受学习作为两种主要的学习方式,并不是完全对立的,更不能简单地以孰优孰劣来评判。在学生的具体学习活动中,两者常常是相辅相成、结伴而行的。从接受学习到"从无到有的探究学习",其间还存在着接受中有探究、探究中有接受的混合学习。强调探究学习,并不是因为接受学习不好,而是因为以前过多地重视接受学习,致使探究学习被完全忽略或退居边缘,其弊端已越来越明显。强调探究学习的重要性在于促进学生学习方式和观念的转变,在探究学习和接受学习之间寻求一种平衡,从而使以培养学生的创新精神和实践能力为核心的教育理念落到实处。

4.5.2　数学探究学习的课堂教学指导策略

数学探究学习的课堂指导策略实质上是探究教学方法的问题。由于数学探究学习的对象主要是观念性客体,其教学的一般思路是通过理论探索和演绎研究(或归纳、类比研究)两大基本教学层次,来诱导学生认识数学对象的本质和规律。这就决定了数学探究教学法实际上要围绕数学问题(理论探索和演绎研究的对象)而展开。因此,设计基于问题情境的数学探究环境,是一切数学探究教学方法的基础。

1. 数学探究学习课堂指导的一般模式

数学课堂教学中探究学习的指导,立足于把握过程要素,展开一些具体的活动。可称之为"问题引导，过程探究"模式。其具体形式可以不拘一格，但主要模块须保证以下环节，具体如图4.5.1。

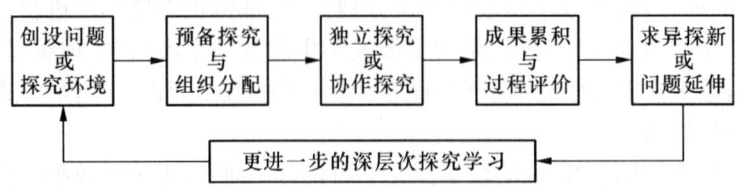

图4.5.1

第一，探究活动的展开要有一定的问题情境作基础。教师应根据学习内容的特点，提供相关的背景材料，或创设一定的问题情境、提供合适的探究场所。根据实际情况由教师给出要探究的问题，或让学生自己提出、发现问题，产生探究问题的心向。该阶段应明确的基本目标指向是：想做什么、可做什么、该做什么。

第二，预备探究与组织分配。对问题有了初步的认识之后，通过进一步的观察、猜想、实验、联想、类比、归纳等探索讨论活动，提炼数学模型、确立探究的基本任务，或者对探究步骤预估后分解成更具体、更清晰、更具有可操作性的问题。同时，确定探究活动的实际展开方式，如问题需由个人独立完成，或者需要小组合作，某个地方需要给予提示或指导等等。

第三，独立探究或协作探究。确定探究程式之后，即进入实质性探究活动阶段。要特别注意鼓励学生进行"各自为战"的独立探究，并提醒学生在分析推理过程中自觉监控自己的活动。适当的时候采取"分组分群"的合作探究，或者"你一言、我一语"地群起而攻之。教师既是参与者又是指导者，参与探究则应像学生一样"无知"，指导探究则应含蓄而有艺术性。特别应注意，对"迷路"的学生应给"指南针"，由学生自己定方向；对"走错"的学生，应尽可能多地肯定学生思维的合理成分。

第四，求异探新或问题延伸。不应把探究出问题的结果作为一次探究活动的结束，而应把问题的探究和发现解决的过程延续到课外和后续内容的学习。通常的做法是将问题引申、推广，引导学生用变维（改变问题的维度）、变序（改变问题的条件、结论）等方式提出新问题，将探究活动自然地延续下去。为激发学生兴趣，可以考虑用"问题征解"、"问题竞答"等活泼的形式进行。但要注意，求异探新、问题延伸的目的是培养学生主动参与探究数学问题的意识和习惯，对各层次学生应区别对待，而是否能探究出最终结果并不重要。

2. 精"抛锚"，创设"微科研"环境

"问题引导，过程探究"模式的关键在于创设问题探究环境。这种问题探究环境不是简单地呈现一个或多个已被教师加工、抽象好的数学问题或数学难题（这是现实数学教学中的常见现象），而是要提供与问题有关的背景材料，设计必要的活动场景，形成良好的"问题探究场"，也就是要为学生的探究活动精心抛下可以依托的、具有一定吸引力的"锚"。这种"锚"可以是一段数学资料、一系列需要提炼的模糊问题、一个开放性问题情境、一组活动素材等等，学生可以围绕"锚"展开一系列数学探究活动。

实际上，一般的数学教学内容，只要细心挖掘、精心设计，同样可以抛下各种各样的"锚"，不拘一格地创设适合学生探究的"微科研"环境。

例如：初中学习了尺规作图，为了深化这部分知识，提高学生探究数学问题的能力，利用学生所熟悉的跳棋盘作背景，提出问题：能否用尺规画一个跳棋的棋盘？围绕跳棋盘这种"锚"，学生需要选择画的方法、安排画的次序。在这一探究过程中，需要把几何作图中的等分圆周、等分线段、平行线画法等手段融于其中，还需要在棋盘样式的设计上有所创意，这样既巩固了所学知识，又锻炼了实际应用知识的能力和动手能力。这样的探究活动拓宽了学生的思路，提高了做数学题的质量。善于设计这样的"锚"，可使普通的数学课堂成为良好的探究场所。而且，只要细心挖掘，也是不难实现的。

3. 巧"搭桥"，铺平探究性通道

课堂内的探究活动不像课外的自由探究有着充分的时间保证，为了减少探究的盲目性和空泛性，提高探究的质量和效率，教师应当针对具体探究任务的特点，为学生探究活动的顺利进行巧妙搭建"桥梁"。这是体现教师指导意识和水平的主要环节。

巧"搭桥"的关键在于"巧"字。课堂上教师为学生的活动搭建"桥梁"，铺平探究活动的通道，是极其自然、平常的教学指导行为，但能称得上是恰到好处的巧妙搭建却并不多见。主要是容易走向两个极端：一是指导得过多、过细，将本该学生自己思考、探索的问题包办代替，这就是常说的"指导太满"现象；二是指导得过少、过粗，缺少一些必要的引导和说明，学生尚不能明确问题指向，根本无从谈起有效地探究，这就是探究指导中的"暗示太少"现象。因此，怎样有效地把握"巧"的内涵，在学生最需要的时候给予恰当的指导与帮助，是探究教学的重点与难点。

实事求是地讲，巧"搭桥"并无一般可以参照的模式，否则，"巧"字也就无从谈起了。通常，指导的手段和程序较容易领会，但时机难以把握。这就好比做一道菜，很容易学会用哪些材料，经过哪些工序，但不一定能做到上乘，因为真正难以把握的是"火候"。由此看来，探究活动指导时机的把握差不多已经上升到教学艺术性的境界，不是靠预先的设计与安排，而是靠对现场情境的观察与感觉。

思 考 题

1. 简述数学学习的特点。

2. 简述数学学习的四种类型，并说明它们各自有什么优缺点？

3. 什么是数学认知结构？它有哪些特点？

4. 简述数学有意义学习的条件以及有意义学习的基本形式。

5. 数学建构主义学习的实质是什么？根据什么基本特征判断数学学习属于建构主义学习？

6. 数学建构主义学习两个基本过程是什么？以中学数学的某个概念学习为例说明这两个过程。

7. 皮亚杰对学生的认知发展水平按年龄划分出四个不同的发展阶段，简述在具体运演阶段和形式运演阶段，学生数学思维的发展特点。

8. 数学探究学习的实质是什么？教师应如何指导数学课堂探究学习？

第5章 数学教学理论及其运用

数学教学理论是数学教学实践经验的概括与总结,是人们对数学教学现象及其规律的一种系统化的理性认识,是数学学科教学的感性经验上升为理性认识后的一种表现形态。数学教学理论主要研究数学教学情境中教师引导、维持或促进学生学习的行为,从而提供一般性的规定或处方,以指导数学课堂的实践活动。要构建科学的数学教学理论并合理地运用,就需要回答什么是数学教学,数学教学要遵循哪些原则,如何有效地开展数学教学,如何评价数学教学的效果等基本问题。

§5.1 数学教学及其过程

数学教学必须立足于"教与数学对应"的基本原理,突出数学活动的自身特征。可以说数学教学是数学活动的教学,数学教学过程是数学活动的教学过程。

5.1.1 数学教学

1. 数学教学是数学活动的教学

从一般的意义上讲,数学教学是学生在教师的引导下进行的积极的数学活动,由此获得数学知识经验、思维能力和情感态度等各方面的持续发展。因此,数学教学具有数学活动的特征,同时也具有学生相应水平上的思维活动的特征。

数学活动在大多数情况下是抽象的形式化的思想活动,因而将数学教学界定为数学活动的教学,是对数学教学本质的准确把握。这可以从两个方面来理解:其一,数学知识的形成是从生活实践活动中逐步积累的结果,具有以活动为基础的经验知识历次精微的过程性特征;其二,无论是数学家探索、发现数学的过程,还是数学学习者的再发现过程,总是处于一定的活动状态中,并总是在活动中得以发展的。比如,函数概念的形成,就是人们在生活实践活动中对相倚变化关系的量逐渐感悟、领会的结果,并通过数学形式的精微活动而逐渐得以发展的。

数学教学中的数学活动既有外部的具体行为操作,又有内部的抽象思维动作,是学生由外及里的活动,并且以内部的积极思维活动为主要形式。尽管数学被誉为思维的体操,锻炼思维也并非是数学学习的必然结果,如果数学教学限于知识的记忆和方法的模仿,那么数学的学习并不能达到锻炼思维的目的。但是数学教学过程以数学活动的形式出现,就更容易调动学生学习的积极性,更容易激活学生的思维,更容易促进思维动作的协调运用,这种数学活动的教学显然有利于学生思维的发展和思维水平的提高。

2. 教学中数学活动是逐步深入的分层次活动

教学中的数学活动是分层次进行的,这种层次性依次体现在下述几个方面。第一,借助于观察、试验、归纳、类比、概括等活动积累事实材料(数学化的过程);第二,由积累的材料抽象出原始概念和公理体系,并在这些概念和体系的基础上演绎地建立理论(数学的再发现过程);第三,应用理论(实践活动或更高级的抽象活动)。

数学活动的三个层次具有内在联系性。前一层次是后一层次的基础,后一层次是前一层次的发展,呈现出螺旋递进的特征。数学活动的层次性也是个体数学活动经验水平的一种标志,即数学活动的各个层次都有其相应的数学活动经验水平。上述三个层次就明显地呈现出由感性到理性、由低级到高级的数学活动经验水平。

表面上看,数学活动的上述三个层次很是普通,似乎并没有使人们对数学活动增进多少理解。其实,将数学活动分成这样几个层次具有明显的优越性,将抽象的数学活动具体化,突出了数学活动的过程性,使得数学教学中的数学活动具有明显的可操作性。

如果从数学学习的建构主义理论出发,分层次认识数学活动则有助于设计数学建构学习。这是因为,由简单到复杂的分层次数学活动恰恰是数学建构活动的基本方式。对新的数学知识的理解是借助已有的数学经验和知识,超越所提供的新数学知识而建构的。也就是说,较高层次数学知识的建构是以较低层次数学知识为基础的。

数学认知结构具有开放性,要在学习过程中不断地改造、重组、转换,实现这一进程的基础就是分层次数学活动。

3. 数学活动发生的逻辑必要条件

在确立了数学教学本质上是数学活动的教学之后,必须明确,怎样才能使数学活动在数学教学过程中有效地展开,即数学活动的发生必须具备什么样的逻辑必要条件。

第一，引起学生学习的心向。数学活动的内容和环境必须能够激起学生的兴趣和求知欲，使学生产生主动去质疑、去发现、去探究、去归纳的强烈愿望，即自觉地参与数学活动的心向，这样才能使数学活动的发生自然而有意义。因此，是否引起了学生学习的心向是判断数学活动是否发生的一个重要标志。

第二，数学活动内容的潜在逻辑性。数学活动的内容必须具有潜在逻辑性，即教学中数学新知识的呈现要以学习者的认知结构中是否有适当的知识可与之建立非人为和实质性的联系为依据，这也是有意义学习的基本条件。从教学的角度讲，关键是如何组织、加工数学新知识使之与学生已有的知识发生逻辑关联。这是数学活动顺利进行的重要保障。

第三，数学活动要以学生的已有学习为基础。学生已有的学习、已有的知识是数学活动中新知识的生长点或固着点，以此为基础学习者才能进行有效的自主建构活动，这也是建构主义教学的基本观点。一堂课的数学活动，首先是要清楚学生关于新知识的生长点，这个生长点在何处，学生的大脑中有没有这个生长点；如果没有的话，那就要建立先行组织者，先"播种"，把知识的生长点这个种子先播进学生的头脑里，然后新知识才可能在这个生长点上生长起来。新知识有了生长点，数学活动就可以开始了，教师就去"浇水、施肥、供给阳光"，它就会"生根发芽"，越长越大了①。

第四，学生要具备参与数学活动的思维潜能。具备相应的思维潜能，是数学有意义学习的基本条件，这一点前文已经指出。从教学的角度讲，就是要求设计数学活动时，要充分认识学生思维潜能的现有发展水平。如果一项数学活动脱离学生的实际思维水平，将会使数学教学流于形式，必然给学生理解、建构知识的过程带来阻碍，这样的数学活动无疑是低效、盲目的。

4. 数学教学的基本特点

数学学科本身具有的抽象性、严谨性、探索性及广泛应用性等特点，决定了数学教学除具有一般教学的基本特点外，还具有不同于其他学科教学的一些具体的特点。

第一，数学教学高度强调学生的智力参与和独立思考。数学的抽象性和严谨性决定了数学是以理性思维为主的科学，思维活动是数学活动的基本形式。这就决定了数学教学活动要更加强调一种内隐的理性思维过程，强调学生的智力参与和独立思考。数学教学中的归纳、类比、猜想、抽象、概括、交流等活动，都需要主体将自己的注意力、观察力、记忆力、想像力、思维力和语言能力都参与进

---

① 涂荣豹：《数学教学认识论》，南京师范大学出版社，2003

去。同时,要立足于自己的独立思考,不是人云我云,模仿复制。数学学习跟别的学科不同,时刻离不开独立思考。有些学科,如语文、历史、政治,甚至物理、化学,更适合互相讨论,别人的联想可以激发你的联想,别人的观察可以帮助你的观察。数学不同,数学的对象是抽象的思想材料,它需要独立思考,别人的思考代替不了你的思考,别人的探究不能代替你的探究。任何外部的活动如果不内化为内部的思维活动,都无济于事。所以数学教学的关键是,数学活动中学生智力参与了没有,独立思考了没有。

第二,数学教学要把握大观点和核心概念。以大观点和核心概念统帅数学教学过程,是数学教学的又一个特色之处,也是"教与数学对应"原理的具体体现。教师要创造性地教,学生要创造性地学。教师创造性地教是主要的,只有教师创造性地教,学生才能创造性地学。教师要创造性的教,就不但要研究学生的学,更要研究数学,把握教材。把握数学和驾驭教材的前提,是把握数学的大观点和核心概念。

什么是数学的大观点?函数的观点就是一个大观点。用函数的观点把握一些学过的知识,然后把它纳入到函数里面去。比如,解方程在初中数学里学习了很长时间,到函数里面变成求函数零点,成了很简单的事情,只是函数的一个微小方面。这就像华罗庚先生讲的,书由越读越厚,再到越读越薄。数学的大观点还包括:代数的本质是什么?算术是对已知数进行运算而未知数不能参加运算;代数是未知数也可以参加运算,代数的本质在这儿。掌握这个大观点,有利于对初中代数的认识和把握。全部代数问题,就是字母代表未知量,字母参加运算:字母参加乘法、加法——整式;字母参加除法——分式;字母参加开方运算——根式;字母参加指数运算——指数式;等式中加入字母——方程;不相等关系中加入字母——不等式。这个问题一旦认识清楚,初中代数的所有问题都清楚了。代数的本质是未知数参加运算,这就是大观点。①

什么是核心概念?像"函数的零点"在"求方程的近似解"这节课中就是核心概念。再如,指数、对数函数关系这节课,"反函数反在何处?"也是核心概念。定义域与值域互换;表达式中自变量与函数的符号互换;它们的图形关于直线 $y = x$ 对称等。抓住了这个核心概念的本质特征,反函数问题就基本解决了。围绕这些大观点或核心概念设计数学教学,"教师创造性地教"就能体现出来。

第三,数学教学应该是一种科学探究活动。数学菲尔茨奖得主、对基础数学教育关爱至深的法国数学家托姆(Rene Thom)曾一再强调:数学的学习应是一个自发探究的过程,如果认为只需通过大量的死记硬背,就会更容易地学到数

---

① 涂荣豹:《谈提高对数学教学的认识》,中学数学教学参考,2006

学,那无论如何是一个可悲的错误①。这就是说,要想获得数学的知识和思想方法不是主要靠听讲和记忆,而是靠学习者以智力参与和独立思考为特点的主动探究活动,或者说,数学的学习本质上就是一种像科学家从事科学研究一样的探究活动。而数学教学的确切含义就是"教学生学什么数学"、"怎么学习数学",也就是如何引导学生去质疑、去发现、去探究、去归纳、去判断、去概括……把本来要教的东西变为学生自己去探索他所应该学的东西。一句话,数学教学应该就是一种科学探究活动。

第四,数学教学离不开数学解题。解题练习是数学学习的重要环节,也必然成为数学教学的特色之处。每节数学课都离不开做数学题,这是理解概念、巩固法则、反省抽象、提高思维能力的根本。正如数学教育家波利亚所说:"中学数学教学的首要任务就在于加强解题能力的训练,不仅能解决一般的问题,而且能解决需要某种程度的独立思考、判断力、独创性和想像力的问题。"②

需要指出的是,近几年出现了以所谓数学教学新理念为准绳,对做数学题渐生排斥心理,似乎谈及此就会陷入"题海战术"的阴影,这种想法极其不利于搞好数学教学工作。数学教学应当深入研究解题,下大功夫准备所要使用的数学题的数量、质量、类型、解法等,这是做好数学教学工作的根本。

第五,数学教学必须重视过程知识③。数学教学活动重视概念、法则、定理、方法等结果知识的获得,更重视增进学生理解数学的过程知识(自主探究活动中产生的体验性、策略性和元认知知识)的获得。相对于可以用语言、文字加以表征的结果性知识而言,过程知识主要指那种只可意会、不可言传的个性化知识,是个人探究活动中体验与感悟的结果,与数学学习者本人具有更大的亲和力。

数学较其他学科更为抽象和概括,特别是其不仅研究对象是抽象的思想材料,而且使用了高度概括的形式化的抽象语言。这就决定了数学学习很大程度上表现为一种内隐的理性思维过程,属于头脑里的暗箱操作,本质上是一种思想实验。因此,个人的体验、感悟对数学的理解就显得尤其重要,也就要求数学教学要更为重视过程知识。

数学教学过程中,需要给学生留出较多思考的空间,对于具有一定难度和灵活性的数学问题,不一定非要要求学生做出漂亮、完整的结论,或者产生多少了不起的创造。只要用心去钻研、去探索,哪怕遭遇更多的是挫折与失败,也会获得一种基于体验的过程知识,在日后的学习中发挥作用。因此,有效的数学教学

① Rene Thom 著,周建义译:《在我的数学生涯中遇到的问题小结》,数学译林,1997
② 波利亚著,刘远图等译:《数学的发现》(第一卷),科学出版社,1987
③ 涂荣豹、宁连华:《论数学活动的过程知识》,数学教育学报,2003

活动应重在使学生亲历知识的发生、发展过程,体验数学的思考方式,从而获得相关的过程知识。

5.1.2　数学教学过程

1. 数学教学过程的内涵及其实质

数学教学过程是数学教师组织和引导学生系统地学习和掌握数学知识,进行积极的思维活动,形成良好的认识与发展相统一的育人过程。其实质体现在三个方面:从结构上看,它是一个以教师、学生、教学内容、教学方法等为基本要素的多维结构;从性质上讲,它是一个有目的、有计划的多边活动过程;从功能上讲,它又是一个教师引导下的学生主动探究、发现、建构数学知识,发展数学能力,促进情感、态度、价值观等各方面素质全面发展的育人过程。

2. 数学教学过程的因素分析

数学教学过程是一个复杂的系统,包括多种成分和因素,其中教师、学生、教学内容、教学方法是最基本的因素,它们相互依存、相互作用、相互制约,形成一条完整的教学链条。

首先,教师是教学向导的主角。教师在整个数学教学过程中扮演着极为重要的角色,是构成数学教学过程的一个核心因素。教师是课堂教学向导的主角。学生是学的主体,教师是教的主体,但教师的主体作用体现为是另一个主体——学生的向导和引路人。课堂里有许多教学向导,教师是向导,课本是向导,图象是向导,同学之间也可以互为向导,但是所有的教学向导中的主角是教师。教师是主角,教学是离不开教师的。教师不仅是教学目标的贯彻者、数学知识的传授者、学生进行数学学习的合作者,而且是整个数学教学过程的组织者、引导者和调控者。虽然不依赖教师的指导,也确实可以进行数学学习,但这种自我进行的学习本质上不属于数学教学活动。[1]

其次,学生是学的活动的主体。学生是构成数学教学过程的又一核心因素,是学的活动的主体,其主体功能体现为积极的智力参与、个人体验以及主动的意义建构[2]。

在数学教学过程中,虽然学生自身的年龄特点与认识水平以及数学学科特点决定了学生的学习活动总是在教师的引导下进行,但是教师的指导和帮助对学生来说归根到底只是一种外因。从根本上讲,无论是数学知识的掌握,还是数学能力的发展以及个性心理品质的形成,都不是教师所能教会的,而是学生在教师的引导下主动获得的。因此,数学教学过程的各项任务不应当靠教师强行要

---

① 涂荣豹:《谈提高对数学教学的认识》,中学数学教学参考,2006
② 涂荣豹:《数学教学认识论》,南京师范大学出版社,2003

求学生去被动地完成,而应当最大限度地调动学生自主参与探究、发现的积极性,靠学生的主观努力主动完成。

学生在数学教学过程中有其认识的特殊性。具体表现为:一是学生的认识对象以间接经验为主,要用最短的时间去掌握前人经过漫长岁月发现发明的数学知识;二是学生的认知条件是在教师的指导下进行,使学生能够避免或减少许多认识上的失误;三是学生的认知任务不仅仅在于掌握数学的基本知识和基本技能,而且要发展数学思维能力和创新能力。

再次,教学内容是师生活动的载体。教学内容是教师引导学生学习的客观依据和信息源泉,是教学过程中教师与学生、学生与学生发生相互作用的中介。教学不是随意进行的,必须依照一定的教学内容和教学要求展开,它们同时也是教学质量评价的标准。

以教材形式表达的数学教学内容,从其形态来看是一种外显的、静态的、物质化了的东西,而其背后隐藏了知识生长的动态思维过程。在数学教学过程中,教师应以显性的知识为线索,通过自己的思维活动去再现隐藏在教材背后的鲜活的探索、发现活动,引导学生积极参与、主动探究,尽可能地"再创造"、"再发现"教材中的数学知识,在此基础上建构合理的数学认知结构。

最后,教学方法是指引教学过程展开的行动方式。教学方法是教师根据实际情况遴选的,具体指引数学教学过程展开的行动方式。从系统方法论的角度来看,教学方法是由许多教学方式和手段构成的。它的表达方式和手段是灵活多样的,教师需要根据具体的数学教学内容、教学环境和条件、学生的实际认知水平等情况灵活地选用,使教学方法与数学教学过程的其他要素协调起来,才能达到理想的教学效果。

数学教学过程的各个要素之间虽然有各自独立的地位和作用,但它们又是一个相互关联的整体。教学过程的效率和成绩并不取决于单个构成要素的水平,而是取决于四个要素之间动态组合的水平。只有当各构成要素都能最大限度地发挥其功能时,才能实现数学教学过程的整体优化。

3. 数学教学过程的基本规律

数学教学过程展开的基本规律需要从"教什么"、"怎么教"、"教学结果如何"等三个方面来考察[①]。

首先,数学教学教什么——教学生学什么,教学生怎么学。"教什么"是数学教学过程展开的首要问题。"教什么"的实质在于"教学生学什么"和"教学生怎么学",而不是单纯意义上的教的内容。

"教学生学什么"明确了教学过程中教师是教学向导的主角和学生是学的活

---

① 涂荣豹:《谈提高对数学教学的认识》,中学数学教学参考,2006

动的主体这样一层关系。如果说教师教什么,学生就得听什么,那么教师的主导与学生主体关系就不明确,很容易变成以教师为主宰。而把"学生学什么"作为教的内容,关系就比较明确了。要教学生"学什么",就是把本来要教的东西落脚在学生自己主动去学的东西。于是,原来要他学的东西成了他自己要学的东西,学生的主体性、主动性就体现出来了,教师的主导作用也就充分发挥了。

"教学生怎么学"就是在明确"学什么"的基础上,如何引导学生去主动地学,即启发学生去质疑、去发现、去探究、去归纳、去判断、去概括……的策略和方法上的暗示。例如,指、对函数的关系的教学,意在指导学生初步获得反函数的概念。教师先与学生共同复习指、对数函数的概念、性质,然后以"我们要养成学习了一些知识以后就把它们进行横向联系"这样的方法为指导,向学生提出这节课的问题:"它们之间有什么关系呢? 你打算怎样去思考呢?"这就属于"教学生怎么学"了。

其次,数学教学怎么教——怎么"教学生学什么,教学生怎么学"。数学教学"怎么教"是数学教学过程展开的又一个重要问题。"怎么教"不是单纯地指采用什么方法和手段推进数学教学,而是包含着"怎样教学生学什么与怎样教学生怎么学"的深刻含义。简单地说就是,教师要作为一个课堂的教学向导,来教学生"学什么"和"怎么学"。也就要求一定要把学生放在探究的位置上,让他自己去探究,自己去发现,他必须成为主动的学习者,老师的作用就是引导。

教学引导的基本手段是启发。与其他学科有所不同,数学教学中的启发主要是暗示,教师通过启发给学生以必要的暗示,学生通过自己的思维活动获得暗示。数学中启发教学的方法主要有三种:一是设计问题情境;二是设计动态的直观图形启发学生;图形的直观再加上动态更有利于引起学生的注意、质疑、尝试、探求以及理解;三是运用"元认知提示语"发问[1]。其中运用"元认知提示语"发问也是启发的最主要、最基本的方法,意图正是给学生以暗示。

最后,数学教学的结果——构建良好的认知结构。对数学教学过程"教什么"、"怎么教"规律的认识,可以感受到,数学教学的实质在于发挥学生的主体作用,启发学生通过自己积极主动的智力参与和独立思考去获取知识,发展能力。从中又可得出数学教学过程的另一个基本规律,即数学教学的结果不是追求知识的识记和方法的模仿,而是使学生自主构建良好的认知结构。这样的认知结构是由学生头脑里的数学知识结构和认识结构两方面构成的。数学的知识结构是学生在教师的指引下,自主建构而成的网络化的知识;而数学的认识结构则是学生在头脑里构建知识网络的同时发展起来的思维动作结构。这些都是学生在教学过程中主动去质疑、去发现、去探究、去归纳、去判断、去概括……的必然结果。

---

[1] 涂荣豹:《数学解题学习中的元认知》,数学教育学报,2002

§5.2　数学教学原则

数学教学原则是指导数学教学的一般性原理,是进行数学教学活动应遵循的准则。数学教学原则是根据数学教育的目标,数学学科的特点,学生学数学的心理特征以及数学教学的实践经验等概括而成的。数学教学原则包括两类:数学教学的一般原则和数学教学的特殊原则。

5.2.1　数学教学的一般原则

1. 主动性原则

主动性是教学的普遍原则,但是数学教学中所强调的主动性,有其自身的特点。数学教学过程的基本规律表明:数学教学实质上就是教师作为教学向导的主角引导学生去探究、去发现,把本来要教的东西变为学生主动去探索他所应该学的东西的过程。学生是学习的主人,他们的数学知识的建构和数学能力的发展最终要通过自己的主观努力才能获得,因而必须参与到数学活动中,这就要求学习者必须积极主动地参与数学活动,在"做数学中学数学",也就是说数学教学必须遵循主动性原则。

主动性原则的基本标志是独立思考和智力参与。怎样才算主动? 不是看课堂活动的热闹、花俏,而是看学生是否真正投入地进行了数学的思考,是否将自己的注意力、观察力、想像力、思维力等智力活动都参与进来。以动手为主的外部操作性参与必须结合或上升到智力参与的层次才能说教学是主动的。

在教学中突出主动性原则的途径主要有两个:一是注重培养学生主动探究的意识,要充分将学生置身于探究的情境中,注意激发学生主动参与的兴趣和动力;二是在主动学习的方法上多加引导,通过介绍、讨论、对比思考的角度和方法,提高学生独立思考和智力参与的经验和质量。

2. 发展性原则

教学的发展性原则就是指通过教学使学生在民族精神、爱国热情、健全的人格、高尚的情操、丰富的知识、创造的精神、敏锐的认识力、强健的体魄等各方面获得最大限度的发展,特别是获得可持续发展力。

从具体的数学学科教学的角度考察,以可持续发展为特征的发展性原则主要体现在以下几点:

第一,使学生充满主动学习的热情。这就是要使数学教学以培养学生学习数学的好奇心、求知欲为起点,以激发学生的学习兴趣和主动探究数学的积极态度为原则,始终使学生保持主动学习的热情和动力。

第二,使学生学会学习。学会学习是保持学生可持续发展力的关键途径。要把"教学生怎样学"作为数学教学的基本指导思想,注重对学生学习方法的指导,使学生掌握科学研究的基本方法和独立的获取知识的能力,学会从提出问题、形成假设,到探寻方法、构建概念、验证猜想、语言表述,直至最终构建和解决问题。

第三,发展学生的认识力。数学教学要把发展学生的想像力、思维力、判断力、洞察力、鉴别力、鉴赏力、辨析力、预见力等认识能力放在最突出的地位,这是最重要的教学原则之一。学过的数学知识很容易被忘掉,但在学习数学的过程中所获得的抽象的认识力却作为一种基本的数学素养留在人的身上,持久地发挥效力。因此,每节数学课都应把发展学生的认识力作为教学的最大目标。

3. 启发性原则

教师作为教学向导的主角,其引导作用主要是通过启发来实现的,而学生作为主动的探究者,也离不开教师适时的启发引导。这就是说,启发性原则是数学教学的基本指导思想。启发性原则最基本的要求,就是教师要站在学生的角度,从学生的知识水平、思维水平、经验水平出发,提出适当的问题,设置合理的问题情境,去引导学生思考,使学生的思维向着新知识或问题的目标靠拢,最后达到目标。

教学中的启发有两种基本的方式,即"愤悱术"和"产婆术"。两种方式都强调通过教师的向导作用来引导学生主动积极地学习,但两种方式又有很大的差异。

就"愤悱术"而言,它是我国古代教育家孔子的启发式教育思想,他主张"不愤不启,不悱不发"。"愤"是学生发愤学习,积极思考,想搞明白而没有搞明白的心理状态,这时正需要教师去引导他们解除疑团,把问题搞明白,这叫做"启"。"悱"是经过思考,想要表达而又表达不出来的窘境,这时正需要教师去指导学生把事情表达出来,这叫做"发"。

可以看出,愤悱术的最大特点在于把握启发的时机,即只有当学生达到积极投入,独立思考,潜心探索的状态("愤","悱")时,正是学生"思潮汹涌,呼之欲出"之时,教师不失时机地予以暗示、点拨,才能使学生的思绪豁然开朗,茅塞顿开,产生水到渠成的启发效果。这是一个由内向外的迸发过程,而不是一个由外向内的牵引过程。在这个过程中,学生是独立自主的思索者,教师的向导作用好比指点迷津的指路牌。

就"产婆术"而言,它是由古希腊学者苏格拉底提出的启发式教育思想,他认为学生获得真理正像接生婆帮助产妇以其自力分娩婴儿那样,靠自身的力量去孕育真理,生产真理。其基本要义是教师凭借正确的连环提问,刺激、诱导、调控学生的思考,引导学习者沿着教师所希望的方向,通过自身的思考,亲自去发现真理。"问—答—问—答"是"产婆术"启发式的基本展开方式。苏格拉底认为自己是一个"没有一点现成的知识,始终只知提问"的人,所以他的产婆术又被称为"问答术"、"对话术"。

产婆术的最大特点在于把握发问的技术,这种发问技术是根据学生不同情况,朝着问题的目标,由远及近地发出具有暗示作用或具有启迪意义的问题,通过学生自身对暗示的接受或对启迪的领悟,达成对问题的解决。这种启发的方式在数学教学中使用比较普遍,毕竟数学中的很多问题不是学生自己所能够提出来的,很多数学的方法也不是学生自己所能完全独立发现的,对学生而言,数学中多数问题的提出和方法的发现,离不开教师的这种发问式的暗示和启迪。

这种"问答式"启发,由于学生的回答必然朝着教师所引导的方向发展,因而似乎学生比较被动,但是这种发问的关键是教师问而不答,而问题的思考、问题的解决都是学生自己完成的。在这个过程中,学生仍然是积极主动的探索者,教师的向导作用则好比为侦破案件提供一些寻找证据的线索。

比较而言,两种启发方式各有优势。"愤悱术"更注重学生的独立思考和自由探究,强调关键处的适时点拨,比较难以把握;"产婆术"偏重于教师的发问设计和引导,关注学生思考问题的自然性、合理性,在实际教学中比较便于把握。

贯彻启发性原则时,国外(英国)提出了一种"时间等待"理论,就是从提出问题到要求学生回答有一个等待时间,如果适当地延长这个等待的时间,能够获得更好的效果。实验表明:适当延长等待时间,学生回答正确的答案增多;多走弯路的回答减少;学生表现出的自信程度提高;推理反应的影响扩大;作出答案的种类增多;学生提出问题的频率增多。"时间等待"理论是启发性原则的一种极好体现,它可以大大克服教师越俎代庖,代替学生思考的现象。

4. 理论联系实际的原则

数学与现实世界有着密切的关系。人们认识数量规律和空间形式,正是从日常生活和生产实践中开始的,通过对物理世界常识性材料的感觉、知觉形成一定的感性认识,进一步借助直观的语言描述、经过思维抽象、精雕细琢、逐步演化为形式化的数学。换句话说,抽象数学知识的产生过程离不开生活中的普通常识或者由生活常识发展而来的数学常识。因此,数学教学应遵循理论联系实际的原则,尽可能地从学生已有的生活经验出发,注意突出某些数学对象的实际背景,培养学生用数学的意识,使抽象的理论化数学与现实原型紧密结合起来。

第一,使学生适时借助已有的生活经验理解数学。有些抽象的数学知识能够直接或间接地与学生的生活经验联系起来,教学过程中就要注意引导、发展、利用这种联系,使学生借助自己的亲身经历和个人体验去理解知识,解决问题。例如,为了使学生充分理解数学归纳法中"递推步"的意义,可使学生感受多米诺骨牌相继推倒的特点。从而使抽象的数学知识建构在学生具有深刻体验的、容易引起共鸣的经验之上,建构在学生容易认识、熟悉的事物之上。

第二,突出某些数学对象的实际背景。例如,概率统计中的"独立重复试验"(二项分布),就是基于生活中只会出现两个结果的事件,如打靶、投篮、抛硬币等实际问题而提出的。教学中就应突出这些实际背景材料,使学生借助相应的现实原型分析思考,亲身经历将实际问题抽象成数学模型的过程。数学对象的实际背景一般具有较强的趣味性和生动性,以此引入新知识,不仅能够激发学生主动探究的热情和兴趣,也为学生建构新知识的意义提供了可以支撑的"脚手架",可以说是理论联系实际原则的最好体现。但要注意,并不是所有的数学对象都能找到合适的实际背景,有时候也不一定非要呈现并不合时宜的实际背景,应根据数学教学的现实情况灵活机动地处理。

第三,加强数学实际应用的教学。学数学的根本目的还在于用数学,如果数学教学始终停留在理论阶段,学生不知道如何用数学,那么不仅会使学生感到数学枯燥乏味,也会使数学教学失去意义。因而,要注意加强数学实际应用的教学,逐步培养学生的应用意识。一方面,可以在教学中向学生介绍数学在现实社会中的广泛应用。如向学生介绍数学在生活中的应用,数学在信息、环境、生命、材料等技术领域中的应用,数学在军事中的应用等。逐步渗透数学与现实世界密切联系的观点;另一方面,教学中多注意鼓励、引导学生用数学知识解决一些力所能及的实际问题,尝试让学生从实际情境中发现问题,建立数学模型,体会数学的应用价值。例如,学习了函数的概念,可以让学生通过调查解释汽车的耗油量与汽车速度的关系、某商品的销售量与时间的关系等实际问题中存在的函数关系。

第四,防止理论联系实际的庸俗化。为了加强数学与实际应用联系,培养学生的数学应用意识,在教学中适当突出某些数学对象的实际背景很有必要。但是要防止走向另一个极端,要反对搞成新"八股"。牵强附会地把每一个内容都搞一个应用背景,不但这些背景不能揭示数学的本质,相反变得庸俗化了。

5.2.2 数学教学的特殊原则

1."把握数学抽象性的淡化"的原则

我国中学数学教学中从教材到教学的处理,总体上都过于抽象化、形式化,因而提出"把握数学抽象性的淡化"的原则,是十分自然的,也是完全必要的。那么在数学教育中应该如何"把握数学抽象性的淡化"呢?

第一,坚持循序渐进,逐步深入。首先数学教材处理数学概念、定理和法则的抽象性时,应有一个循序渐进的过程,不必总是一次到位,可以按照数学抽象过程的各个层次,分散到不同阶段的教学内容中去。比如函数关系等比较抽象的数学概念的形成,有一个较长的适应和理解的过程。绝不能涉及一个数学概念就恨不得能让学生一下子完成抽象的全部过程,其结果只能是欲速而不达。

"淡化形式,注重实质"①,是"淡化数学抽象性"的十分具有建设性的思想,符合数学概念发生的自然过程,符合人的认识规律。这就意味着在教材和教学中可以先不给出确切定义而引进概念,让学生在使用概念的过程中,通过教师的引导,不断加深理解,经过一段时间的积累,再给出概念的确切定义时,就会被学生所接受。

第二,强调从特殊到一般,从具体到抽象。无论是在教材中还是在教学中,对数学抽象的处理都应坚持从一些典型的具体问题开始,要强调从特殊到一般,从具体到抽象的原则,因为人的认识首先是从感性的具体表象出发的,这点在教学中应特别注意。数学教科书的内容基本是经过严格逻辑整理的数学成果,如果教学中能够不拘泥于书本,尽可能把数学结果的抽象过程还原出来,充分利用形象材料作为数学抽象的原型和依托,学生就可以受到"生动丰富"的数学抽象思维训练,自觉地形成抽象思维能力。

但是随着数学教学内容的深入,数学中的具体和抽象处于不断转化的过程中,前次抽象得到的抽象物可能成为下次抽象的过程中的"具体"。抽象是从具体中得来的,要理解数学的抽象,人的头脑里必须对感性的具体和思想上的"具体"建立起必要的认识。教学中既要利用具体,又要不为具体所限,通过对数学原型、层次结构和抽象程度的分析,把数学抽象概念和定理的教学,建立在学生能够接受的思想水平上,建立在学生已有的与之相适应的一定数学知识结构的生长点上,让学生受到符合其认识水平的数学抽象活动的训练,并使学生适应数学理论的抽象程度的增长,使抽象不断由低层次向高层次发展,从而逐步地提高学生的抽象思维能力,而不是梦想在一夜之间,就可以让学生的数学抽象能力得到很大的提高。

第三,克服急于求成,急功近利的思想。防止为了让学生尽快接受现代数学,或者尽快提高学生数学抽象的能力,就在教材中或教学中跳过某些数学抽象的发展阶段,使学生还处在较低认识水平或还没建立起已有知识体系中相适应的生长点时,就强行接受较高层次的抽象,这种拔苗助长的做法违背了数学抽象的规律,对学生的成长只会有害无益。

---

① 陈重穆:《淡化概念,讲求实质》,数学教育学报,1993

第四,处理数学抽象性要有全局观念。"把握数学抽象性的淡化"原则的着眼点,在于数学的抽象性仅仅是数学许多特点中的一个,因此在数学教学中,不能把它放到不恰当的位置。如果把它当作数学特性的全部,或者是数学的惟一特征,把数学抽象性说得太玄太神了,那反而会使人对数学造成数学太抽象、数学难学的误解,使人对数学产生一种惧怕或厌烦的心理,给数学教育带来不利的影响。

把数学抽象性放在不恰当位置的恶果,还在于导致在教学教育中忽视了数学的其他特性,特别是忽视了数学的探索性特征,从而削弱了学生所应受到的提高他们创造性素质的数学教育的功能。所以要以数学的全局观念把数学抽象性放在一个比较适当的位置上。

2. "摆脱教学严谨性的束缚"的原则

我国由于长期受前苏联关于数学的特点是抽象性、严谨性和应用性的思想影响,在教学内容上往往追求抽象化、形式化的严密的逻辑演绎结构;在教学思想上偏重和强调学生的逻辑推理能力的培养。因而在数学课本里、课堂教学中,呈现给学生的只是用逻辑链条连结起来的一串形式化定义、定理、法则、公式和奇特的符号。这根逻辑的链条虽然无懈可击,但在这根逻辑链中数学也变成了僵化的教条,学生很难从中体会乐趣,也看不出数学中的创造性思想活动,于是这根逻辑链条锁住了学生的手脚,束缚了学生的思想。

这就提出了一个问题:对于数学这样严格的形式逻辑演绎体系,数学教学中应该如何把握它呢?

第一,数学知识的发生是逐步走向严格的。尽管数学理论被描述成严格的形式逻辑演绎体系,但是它的发生发展具有探索性特征。数学的历史表明,数学概念的建立、定理的发现、新学科的创立,大多是用被波利亚称为"合情推理"的方法得到的,即用实验归纳、类比联想、化归转化和直觉猜测的方法得到的,那些严格的逻辑证明和演绎体系常常是后来补上的。

学生的认识也有一个从特殊到一般,从具体到抽象的过程,过分地强调形式演绎结构,就会超过学生在一定阶段上的认知水平。从事数学教育的工作者熟知,函数有"变量说"、"对应说"、"关系说"。其中"关系说"定义最严格、最形式化,但函数概念的本原思想,在这个定义中完全被抽象的形式淹没了。"变量说"定义尽管不严格,但显得生动直观,函数的原始思想跃然其间,因而为学生所容易接受,至今仍然受到许多人的欢迎。

第二,多数学生无须掌握逻辑十分严谨的数学理论。著名数学教育家G·波利亚曾统计[①],学生毕业后研究数学和从事数学教育的人占1%,使用

---

① G·波利亚:《数学的发现》(第二卷),内蒙古人民出版社,1981

数学的人占 29％,不用数学的人占了 70％。这说明,对于未来从事数学专业以外工作的人,且不说他们中的相当一部分并不直接使用数学,即使是在本专业需要使用数学作为工具的大学生,也不必掌握那种逻辑十分严谨的数学。对大多数学生来说,数学的思想和方法,比形式化体系更重要,只有这些数学方法和思想帮助他们建立起来的数学素养,才在他们未来的工作和生活中发挥作用。

第三,非形式演绎的数学也是数学。著名的匈牙利数学家、哲学家拉卡托斯(Lakatos Imre)指出,非形式演绎的数学也是数学①。20 世纪 50 年代美国新数运动的失败,主要不是因为增加了一些现代数学新概念,而是因为过分强调了形式演绎的结构。

我国的数学教材历来都是直线式的全演绎方式,教材内容结构也是直线式深入,是一种毕其功于一役的安排方式,这种一往直前的形式,显然不符合人的认识规律。

中学数学的教材应该更多地采用螺旋式的课程安排和非形式化的体系,要淡化概念的形式,从生动有趣、浅显易懂、形象描述的语言开始,逐步严密,加深、抽象成比较简约的数学语言。比如,勾股定理在小学里就可以和“$3^2+4^2=5^2$”一起出现;幂的形式也可以在小学里告诉学生,只要他们知道 $3×3$ 可以写成 3^2就行了。到了学几何时,对勾股定理提出一般形式,但先只是举例演示,等到学了推理以后再作解释性的说明,最后才是严格证明。

这种对一个数学定理,按对其认识过程的不同阶段,打破演绎系统分散到不同年级的教学中,通过逐步加深的方法,让学生自然而然地掌握的非形式化处理教材的方式,应该成为中国数学教育改革的趋势。

第四,摆脱严谨性的束缚不等于不要数学的严谨性。在数学教学中,过分追求数学的严谨性是不妥当的,但这绝不是否定对数学逻辑演绎学习的重要意义。毫无疑问没有逻辑证明的数学不能算作数学,同样不会逻辑演绎的学生不能算学会了数学。在微观上,学习数学中的逻辑演绎正是要学习数学思维的一丝不苟、步步为营、言必有据,这是数学给予人在素质上的重要方面之一。问题在于对学生掌握数学严谨性方面的要求,在很大的程度上超出了学生成长过程中认识水平发展的规律,而忽视知识发生发展的过程,忽视直觉猜想、策略创造这种宏观方面的训练,以及应该如何按照学生的认识发展规律循序渐进地进行数学严谨性的培养。

所以“摆脱数学严谨性的束缚”原则,是针对过分追求数学严谨性所带来的弊端而言的,其真正的含义则应是重视数学严谨性,又不被数学严谨性所

---

① 拉卡托斯:《证明与反驳》,上海译文出版社,1987

束缚。

3."突出策略创造精神"的原则

所谓"策略创造"是根据数学的探索性特征提出的,就是波利亚推崇的合情推理,它包括观察实验、想像与直觉、猜想与验证等数学的探索性特征和创造性的思维方式。它们体现了数学的策略创造的精神,对于大多数学生来说,策略创造的精神比起数学的知识更重要,因为这种数学的策略创造精神一旦转化成学生的素质,就会大大提高学生的创造力,成为他们受用终身的取之不竭的力量源泉。

第一,将教材还原为数学的创造性思想活动。数学教科书一般都是按"定义——定理——证明"的形式演绎方式展开的,教师应该注意教材中形式演绎背后的生动思想,避免照猫画虎式地在黑板上照本宣科,而是要讲原始思想,分析解决问题的方法,给定理证明探索思路。教师的任务就是把策略创造的精神尽可能地渗透在教学中。

数学教学的过程是数学活动的过程,学生经常要问"添这条辅助线是怎样想到的","这题的解法是怎么想出来的"等等,这正是教师应该做的将逻辑推理还原为合情推理,将逻辑演绎还原为策略创造的工作。一堂数学课,就是一个学生在教师指导下进行的数学思想活动。教师在活动中要启发和诱导学生的直觉思维,鼓励学生进行数学猜想,激发学生的创造情绪,点燃学生的智慧火花,使一些看起来很难的问题,得到顺利解决。学生从中享受到了发现的乐趣。教师的启发和诱导,在于善于提出问题、善于启发思考、善于归纳猜想、善于化难为易,使人茅塞顿开。

第二,加强数学基本思想方法的教学。从对数学探索性特征的分析来看,数学思想活动的过程就是一种观念形态的策略创造,因而数学教育中应当重视培养学生如何用数学的眼光去审视事物,用数学的观点去理解问题、分析问题、解决问题。例如,变中求不变的思想、数形结合的思想、函数的运动思想、方程的平衡思想、化归转化的思想、分类讨论的思想、精确与近似转化计算的思想以及数学结构的思想等,都是数学教育中应该加强培养的。

我国的数学教育从来都是把具体数学知识的学习放在第一位,但是绝大部分人都会把那些具体的数学内容遗忘掉,惟有数学学习中留在心灵深处的数学精神和数学思维方法刻骨铭心,永不磨灭。这表明数学教育应该把数学精神和思维方法的培养放在首位,以适当的数学知识的学习促进这方面的发展,数学知识在数学教育的过程中只是载体、桥梁,通过它把学生送往善于思考、善于创造的理性精神的彼岸。

4."加强数学语言训练"的原则

数学有自己的一整套符号语言,数学的概念、命题、计算、论证都是用专门的数学语言表达和描述的,数学的思想活动是以数学语言作为思维工具来进行的。因此数学教学在某种意义上就是一种语言的教学,教会学生使用数学语言来表达思想。例如,用符号语言给应用题列方程、用函数语言描述量与量之间的关系、用代数语言表示几何图形的特性、用几何语言刻划代数解析式的实质、用概率统计语言阐明事物发展的规律、用计算机语言编程解决各类经济管理中的问题、用数学逻辑语言表述论证过程,等等。

　　加强数学语言训练,主要包括两个方面的内容:一个是提高对数学语言符号的阅读、理解、转换和运用的能力;另一个是提高将日常语言理解、抽象和转化为数学语言的能力。

　　数学中的许多数学对象用不同的数学语言描述可以表示成不同的表达形式,例如复数可以有代数形式、三角形式和指数形式,不同形式又有各自的运算法则,但这些不同的数学语言所描述的是同一对象的本质属性,因此数学内部不同语言的阅读、理解、转换和运用,体现了对数学对象本质属性的把握。

　　例如,数学中关于轴对称变换的描述,在几何里和在代数里就有不同的形式。在几何里,如果点 P 与点 P' 关于直线 l 对称,是指 $PP' \perp l$ 且 PP' 被 l 平分;在代数里,点 $P(x_1, f(x_1))$ 和点 $P(x_2, f(x_2))$ 关于直线 $x = a$ 对称,则 $f(x_1) = f(x_2)$ 且 $|x_1 - a| = |x_2 - a|$。

　　又如,关于单位圆可以有多种不同的数学表达形式,但它们在本质上是一致的。可用文字语言、图形语言、符号语言表达,而符号语言又可根据不同的背景得到不同的形式。如,直角坐标系下的代数形式为 $x^2 + y^2 = 1$;复平面下的复数形式为 $|z| = 1$;极坐标中的形式为 $\rho = 1$ 等等。

　　对数学语言的学习和训练并不局限于数学的内部。数学是现实的数学,数学教育也应该是现实数学的教育。数学教育不仅要教学数学,也要教用数学,也就是把学习"数学化"放在重要的位置上。让学生学习数学化,就是让他们学习如何将非数学问题转化为数学问题,即根据客观现实形成数学概念,用数学语言改造成纯数学的问题,并构造数学模型来解决问题。这就不仅要求学生运用数学语言,还要求学生阅读用普通语言描述的具体材料,从中捕捉各种信息,抽象其中的数量关系或形式结构,将日常文字语言转化成数学符号语言。

　　数学教学中,数学语言贯穿于数学内容的始终,平面几何的入门教学、三角函数的表示,概率统计的图表,极限方法的表达,都会遇到语言的困难。尽管经过本国语言教学,你认识数学定义中的每一个字和词,但你仍然不能懂得其中的真正含义,这就是数学语言和数学内容之间的矛盾。因此,有效地解决这一矛盾,使学生真正领会数学语言的内涵是非常重要的。

§5.3 数学教学方法的特征

教学方法是构成数学教学过程并且直接影响其效果的重要因素。对于同一个班级，讲授同样的教学内容，采用不同的教学方法，可以得到大不相同的教学效果。

简单地说，数学教学方法就是在数学教学过程中，教师和学生为实现教学目的，根据特定的数学教学内容，共同进行的一系列相互作用的活动的方法、方式、步骤、手段和技术的总和。比较成熟的数学教学方法应该具备下列基本的特征。

5.3.1 数学教学方法的综合性特征

作为成功的数学教学方法，综合性是其必然特征。综合性特征具有两方面含义：一是在课堂教学上综合运用多种不同的教学方法；二是某一教学方法在目标追求上趋向于综合性，使教学方法更科学。

1. 多种教学方法的综合

每种教学方法都各有优势与不足，一种教学方法的运用往往只能在某一个或某几个方面发挥教学所需要的积极作用，很难用一种教学方法完成教学活动的各项具体任务要求。实际教学中，极少采用单一的教学方法，大部分是多种教法相结合，取长补短、相辅相成，发挥整体综合效应。

数学教学方法讲求综合性，是因为每堂课所要完成的内容是复杂的，有多种具体内容，多种任务要求。不同的教学内容和教学任务，要求在一堂课中综合使用多种不同的教学方法。例如在勾股定理的教学中，可先借助几何模型教具直观演示使学生感知勾股定理的实际存在性，但直观不是目的，是为掌握理论而建立感性认识基础的。要掌握勾股定理及其证明，有必要利用谈话法，设置问题情境启发学生思考；为了使学生明确地掌握科学概念，教师也有必要做简明扼要的讲解，使学生明确结论，掌握概念，这就用到了讲解法；力所能及的时候，还需要引导学生自己"再创造，再发现"勾股定理的其他证法，这就联系到了发现法的思想；最后还要使学生巩固和初步应用所学的知识和技能，就需要采取读书指导法、练习法促其实现；而为了激起学生探求知识的兴趣和在整个过程中的情感投入，于是相关的情意教学法可能不知不觉地渗透其中。

"教学有法、教无定法、教贵得法"是公认的准则，其所强调的正是教学不能用一个固定不变的教学方法，而要善于艺术地、灵活地综合运用多种教学方法。

这也是由教学方法的科学性、艺术性的双重特点决定的。

2. 目标追求的综合性

任何一种教学方法总是要追求实现一定的教学目标。有些教学方法在教学目标的追求上往往比较单一，偏重认知领域的目标，过分强调基础知识的传播和基本技能的训练，对学生的可持续发展能力的培养重视不够，致使学生动手操作能力的发展、情感因素的培养受到限制。

鉴于此，现代数学教学思想所提倡的教学方法大都强调教学目标的综合性，即不仅重视数学知识的传授、技能的训练，重视教学过程中认知目标的实现；而且重视数学兴趣的培养、情感的激发，激励学生主动的思维建构活动，开发智力、发展能力、培养创新意识和用数学的意识。比如，中科院心理研究所卢仲衡教授进行的"自学辅导教学法"的实验研究；上海青浦县长期采用的"尝试指导、效果回授"教学法都在重视认知目标的全面性的同时重视教学中非智力因素的影响，强调教学的情意性，追求教学的情感发展等目标的实现。

即使是一些仍以讲授为主的现代教学方法，如言语讲授和有意义学习教学法、范例教学法、纲要信号图表法等，它们追求的也不是传统的单一教学目标，而是注重在传统的方式下追求诸如发展学生智能、掌握知识内在联系等各方面的教学目标。

因此，数学教学中综合使用不同的教学方法，在很大的程度上正是力求在一定程度、一定层面上追求实现教学目标的兼容性、综合性。

5.3.2　数学教学方法的探究性特征

以往的数学教学方法，多是重视通过教师系统地传授来让学生获取数学基础知识。这类教学方法，关注的是教师的教法，而不太重视学生的学法。因而学生学习的积极性和主动性难以得到充分发挥，致使大多数学生逐渐失去对数学的兴趣，更无从谈起数学的创新发展能力的培养。

现代数学教学思想所提倡的教学方法特别注意克服这样的弊端，突出了教学实施过程的探究性特征。即不仅重视学生系统地获取数学基本知识和技能，而且注重培养学生的学习方式和策略，使之通过自身的探索和研究，创造性地获取和掌握知识，逐步培养其"再创造、再发现"数学的能力和用数学的意识，将学习和掌握既定数学知识的过程转变为探究知识、发展能力的过程。

现代数学教学方法中，教师的作用不在于使一团知识明了化，而在于鼓励和指导学生的探究过程[1]。教师不再是指令学生按预设的套路学习，而是引导学生发现问题，提出猜想，尝试解决的方法，把精力用于指导学习的方法，培养学生

---

[1]　钟启泉：《现代教学论发展》，教育科学出版社，1988

自我教育的能力。

现代数学教学方法中,学生学习和掌握知识也不再是被动地接受和储存,而是通过自己探讨、研究的过程,能动地发现对自己尚是未知的知识。荷兰著名数学教育家弗赖登塔尔倡导的"教会学生学会数学化的过程,鼓励学生再创造数学"正闪烁着这种教学方法的精髓,体现了运作过程的探究性思想。

值得一提的是,当前在国内一些地区试验、推广的"数学研究性学习"、"数学活动教学法"将调动学生学习的积极性、主动性,把发展学生智能,培养学生探究的态度和能力放在重要位置上,正是突出了教学方法的探究性特征。

5.3.3 互动交流的情感性

对话、沟通、合作、交流已经成为现代数学教学方法突出的特点。传统教学中教学活动的单向性、师生交流的匮乏性对教学效果的不良影响已逐渐得到重视,课堂越来越被看成是合作、对话的融洽学术交流场所。因此,教学方法愈来愈渗透着情意原理,情感因素成为推动教学过程,沟通互动交流,影响教学效果的重要砝码。

现代数学教学方法注重吸纳心理科学和脑科学的最新研究成果:人的情绪状态影响个体的动机和知觉状态,情感是认知活动的动力系统;人的右脑半球的开发和利用依赖于轻松欢乐的情绪。因此,教学方法在运作过程中不仅应重视学生认知的因素,而且应注重学习兴趣的培养、学习动机的激发,注重教学环境的情感因素,使学生在轻松欢乐的情绪体验中学习,变苦学为乐学。正如前苏联教育家赞可夫所说:"教学法一旦触及学生的情绪和意志领域,触及学生的精神需要,这种教学法就能发挥高度有效的作用。"[1]

数学教学注重情意原理有其很大的必要性,因为数学容易使人感到枯燥无味,提不起兴趣。但数学枯燥的坏名声,根本原因还在于兴趣没有被激发。美国著名数学史学家 M·克莱因(M. Klein)一针见血地指出:"数学教育的最大缺陷之一正是缺乏情感的投入。"因此,现代数学教学方法特别重视情感的投入,让学生在轻松愉快的情境中学习,通过激发兴趣、强化动机,提高学习效率。

§5.4 数学教学评价

数学教学评价就是通过对数学教学过程及结果的考察,对教学效果、学生的学习质量及个性发展水平作出科学的判断,进而调整、优化教学过程的数学教学

---

[1] 赞可夫,杜殿坤译:《教学与发展》,文化教育出版社,1980

实践活动。数学教学评价涉及到数学教学的各个方面,如教学目标、教学内容、教学方法、教学效果、教师的教学水平和学生的学习水平等。本节从数学课堂教学评价和数学学习评价两个方面作些介绍。

5.4.1 数学课堂教学评价

1. 数学课堂教学评价的要素

数学课堂教学是一个动态系统,要保证评价的客观性和公正性,需要考察的因素很多,本节仅对教学目标、教学内容、教学过程、教学方法、教学效果等最主要的因素加以分析。

第一,教学目标。评价数学课堂教学目标,主要从以下几个方面考察。

首先,教学目标是否明确具体。在一节具体的数学课堂教学中学生要切实掌握哪些数学知识和技能,发展哪些能力、情感、态度,分别要达到何种水平层次,要有明确的规定。

其次,教学目标制定得是否合理。首先要看教学目标能不能为学生所理解和接受,是否有利于他们的数学学习,有没有超出学生的"最近发展区";其次要看所定的教学目标能否顺利地实现。合理的教学目标既能通过努力而实现,还能够促进学生的最佳发展。

再次,教学目标的落脚点是否科学。教学目标既要重视结果知识的获取,又要重视过程知识的获取,要明确表述让学生经历哪些数学知识的形成过程,参与探究哪些活动,获得哪些体验与感悟。

第二,教学内容。教学内容既是教师教学的重要资源,也是学生学习的主要对象和线索。教学中,教师应当深入地挖掘教材内容,灵活地呈现数学学习素材,以利于学生主动参与建构的学习。评价教学内容的质量和效力时,可从以下几个方面进行。

首先,教师呈现和讲解的教学内容是否准确无误,学生的理解是否正确。

其次,有没有充分挖掘数学知识的背景材料,是否体现了数学学习内容应当是现实的、有意义的、富有挑战性的课程教学理念。数学知识的呈现是否有利于学生主动地进行观察、实验、猜想、推理与交流等数学活动。

再次,教学内容的安排是否恰当,是否突出了重点,分散了难点,分量和难度是否符合学生的现有发展水平,呈现形式是否有利于学生对数学知识的再发现学习,是否为学生的主动建构学习提供了必要的"脚手架"。

第三,教学过程。评价数学教学过程,主要从以下几个方面加以考察。

首先,教学过程的各环节安排是否得当,各要素之间的关系处理得是否合理,教学目标、教学内容、教学方法的功能是否得到充分发挥,时间分配是否合理。

其次,教学过程的组织是否有利于学生对数学知识的自主建构,有没有为学生的建构学习提供环境条件及时间和空间上的保障,学生的参与水平如何,是否在教师的指导下积极主动地投入到学习中去,有没有为学生创造自主探究与发现的空间。

再次,教师与学生、学生与学生双边互动的关系是否有效,信息交流是否流畅,信息反馈是否及时,有没有根据反馈的信息灵活、有效地调控,教师对教学过程中的整体驾驭能力如何。

第四,教学方法。评价数学课堂教学方法,主要从以下几个方面加以考察。

首先,教师所采用的教学方法与教学内容、教学目的是否相符,因为任何一种教学方法都是为教学内容、教学目标服务的;教学方法是否与学生的年龄特征和现有发展水平相适应。有效的教学方法要服从于学生认知心理的发展,应能很好地促进学生的学习。这就是教学方法使用的针对性问题。

其次,教学方法是否具有良好的启发性,即启发学生积极主动的思考问题,激发学生的求知欲,使学习带有明确的学习目标和强烈的学习动机,在良好内驱力的支配下主动参与、积极探究学习。

再次,教学方法的使用中,是否与现代化的教学手段有机整合,是否注意到了各种教学方法的优化组合,这是实现数学课堂教学方法有效性的关键。

第五,教学效果。教学效果本身不仅是数学课堂教学的评价的一项重要内容,而且其他要素的评价最终也要通过它反映出来。评价一堂数学课的教学效果,要从以下几个方面加以考察。

首先,检查是否完成了教学任务、教学要求,是否达到了教学目的,是否实现了目标要求。检查教学目标达到的程度要从知识的掌握、能力的培养、个性心理品质及情感的发展等三个方面整体考虑。

其次,看学生除了获得外显的结果知识以外,还获得了哪些过程知识。观察学生的表现,是否积极主动地参与了数学学习的过程。比如,思考问题是否积极主动、对教师提出的问题能回答到什么程度、学生自己是否主动地提出问题和解决问题,后进生的思维活动情况如何、他们在教学过程中处于什么位置、能否较为顺利地完成课堂的基本任务等等。

再次,注意考察学生的学习负担情况。看学生是否愉快地投入到学习中,是否感到轻松、自如。必须向课堂要效益,教师和学生应在最少的时间和精力耗费中获得尽可能良好的教学效果。

以上仅对数学课堂教学评价的五个主要因素进行了定性分析,但数学课堂教学是一个多因素组成的完整系统,需要考虑的评价因素还有许多。比如,教师的教学技能,实际上就是通常说的教师的教学基本功。这是教师的组织调控能力、语言表达能力、板书能力、交流沟通能力、解题应变能力等多方面能力的反映,可以作为一个独立的评价指标加以考察。此外,由于数学课堂教学是一个动态过程,各因素的考察没有一个固定的程式可以套用,评价时关注的焦点因素应当根据具体情况灵活掌握和变化,并注意使用定性和定量相结合的方法,尽量提高评价的科学性和准确性。

2. 数学课堂教学评价体系

在评价一节具体的数学课堂教学时,首先要确定评价的一级指标体系,即要考察的主要因素,不妨称为主因素。然后对各个主因素中的内容作全面分析和权衡,确定具体的二级指标体系,不妨称为子因素,并给各项二级指标赋予相应的权重,制定出数学课堂教学评价表。二级评价指标体系反映了具体课堂教学发生过程的实际情况,需要在现场课堂观察中逐项考察并记录,给出相应的评价等级,最后计算出每一个主因素中各个二级评价指标的得分之和。

表 5.4.1 是一个具体的数学课堂教学评价表(仅供参考)。

表 5.4.1　数学课堂教学评价表

日期:

任课教师		课题		学校		年级			
评 价 因 素					评 价 等 级				得分
主因素	一级权重	子 因 素	二级权重	A	B	C	D		
教学目标（A_1）	0.15（B_1）	1. 目标体现数学学科内容的育人功能,关注学生的全面发展	0.20						
		2. 突出过程性目标,关注学生的学习过程	0.30						
		3. 目标定在学生的"最新发展区",并且具有可操作性	0.35						
		4. 充分发挥目标的导向、激励、调控等功能	0.15						
教学内容（A_2）	0.15（B_2）	1. 保证教学内容的科学性,并充分挖掘其育人功能	0.35						
		2. 内容紧密联系学生的生活实际,重视学生的已有知识和经验	0.35						
		3. 教学内容生动有趣,呈现形式有利于学生的学习	0.30						

评　价　因　素				评价等级				得分
主因素	一级权重	子　因　素	二级权重	A	B	C	D	
教学过程（A₃）	0.25（B₃）	1. 教学过程各构成因素之间的关系和谐,能充分发挥各自的功能	0.20					
		2. 课堂教学结构安排恰当,时间分配合理	0.20					
		3. 教学过程体现学生对数学知识的主动建构和能力的主动发展	0.35					
		4. 课内信息流畅,教师根据学生的反馈信息及时有效地调控教学过程	0.25					
教学方法（A₄）	0.25（B₄）	1. 根据教学目标、教学内容与学生的年龄特征选用教学方法	0.15					
		2. 创设合适的教学情景,激发学生的学习兴趣	0.25					
		3. 注重学习方式的转变,促进学生自主学习、合作学习、探究学习	0.25					
		4. 注重启发与点拨,给学生留有探索的余地	0.20					
		5. 搞好多种教学方法、教学手段的优化组合	0.15					
教学效果（A₅）	0.20（B₅）	1. 全面实现预定的教学目标	0.30					
		2. 学生学习积极性高,思维活跃	0.25					
		3. 课堂教学效率高,师生负担合理	0.25					
		4. 教学能促进师生的共同发展与提高	0.20					
评价人		总　分		等级				

　　该评价表是一个以定量评价为主,定性评价为辅的数学课堂教学评价指标体系。先要求 A、B、C、D 各等第的赋值分与相应的二级权重乘积的总和,即是此栏中主因素的得分,再求各主因素一级权重与相应栏中主因素得分的乘积之和,即得总分。一般地,得 86～99 分,为 A 等,评为优;得 71～85 分,为 B 等,评为良;得 60～70 分,为 C 等,评为一般;低于 60 分,为 D 等,评为较差。

5.4.2　数学学习评价

数学学习评价就是对学生的数学学习过程及其结果做出价值判断,涉及到对学生的数学基本知识和基本技能的掌握、能力发展的考察与考试,以及对学生的学习行为、态度、情感等因素的分析与评价。数学学习评价的主要目的是为了全面了解学生的学习历程,促进学生在数学上获得更大的发展;提供反馈信息,帮助学生发现解题策略、思维或习惯上的不足,有效地改善教师的教和学生的学;改善学生对数学的态度、情感和价值观等等。

为了确保数学学习评价的客观公正性,充分发挥评价的激励功能,下面从数学学习评价的原则、手段上加以考察。

1. 数学学习评价的原则

数学学习评价,首先应遵循学习评价中所应遵循的一般原则,如客观性、合目的性、有效性、激励性等原则,还应遵循数学学习的内在特点所规定的较为特殊的原则。概括起来,主要有以下几条原则。

第一,评价目的应具有发展性。数学学习的评价目的不应一味追求等级性、竞争性的区分式评价意向。将评价的指标主要集中在知识与技能的理解与掌握上,忽视对数学思考、解决问题、情感与态度的评价等环节。而在知识的测验中又主要集中评价学生是否能记住数学概念,计算的速度和准确性,对数学知识本身的理解和理解基础上的应用则较少关注。评价目的应旨在激发学生主动参与数学探究活动的兴趣和自信心,学会数学地思维,逐渐增强从事数学活动的基本能力和基本素养。因此,这是一个有层次、有节奏、重参与、重发展的动态评价模式。

第二,评价过程的整体性。数学学习活动具有一定的整体性和连续性,从提出问题、分析思考、推理调节、寻求解答,到回顾反思、表达交流、延伸拓广等各个环节都有必要根据反馈的信息进行优化调整。这就有必要遵循全过程评价的原则,重视对学习过程的评价和在学习过程中的评价,既要关注学生数学知识与技能的理解与掌握,也要关注它们情感与态度的形成和发展;重视在整个数学学习过程中不断地搜集信息和数据,将评价和学习紧密地联系在一起。而且,考察的指标要立足于过程知识和技能、活动体验的丰富、探究态度和能力的进步,淡化学习结果的总结性评价方式。

第三,评价方法的多样化和评价主体的多元化。就常用的众多评价方法来看,基本上可以分为两类:科学主义评价模式和人文主义评价模式。前者注重评价的标准、程序、量化、客观性等;后者注重评价的自然背景、真实性、定性化、个案调查等。两类评价方法各有利弊,根据数学学习的特点,宜将两者综合起来、取长补短,才能发挥良好的作用。同时,改变评价主体的单一化,让学生、家长也作为评价的一方,从各个层面把握学生的真实活动情景和效力。

2. 数学学习的观察法评价

数学学习评价应以过程性评价为主,且评价的手段和形式呈现多样化。一般地,评价学生数学学习的方法主要有课堂观察、数学测验,以及以调查实验、数学日记、档案袋等定性描述方式为特征的表现性评价。

课堂是学生学习的重要场所,课堂观察是教师掌握学生学习情况的最主要途径。有目的、有计划地在课堂里考察学生数学活动中所发生的一切外在现象及其心理反应。可以获得有关学生最直接、最真实的信息,这是对学生的数学学习进行客观评价的第一手资料。例如,评价学生参与数学学习的程度,需要观察学生是否积极主动地参与数学活动(如积极发言,提出并回答问题等);评价学生的合作交流意识,需要观察学生是否积极主动地与同伴讨论、沟通;评价学生的情感与态度,需要观察学生对数学学习的自信心和学习兴趣等等。表5.4.2是课堂观察中需要重点考察的几个项目。

表 5.4.2　课堂观察考核表

项　　目	因　　素	A	B	C	备　　注
观察学生知识技能掌握情况	数与计算				A=真正理解并掌握;B=初步理解;C=参与有关活动
	空间与图形				
	统计与概率				
	解决问题				
是否认真	听讲				A=认真;B=一般;C=不认真
	练习				
是否积极	主动发言				A=积极;B=一般;C=不积极
	提出问题并质询				
	讨论与交流				
是否自信	提出独到见解				A=经常;B=一般;C=很少
	大胆尝试敢于质疑				
是否善于与人合作	倾听别人的意见				A=能;B=一般;C=很少
	表达自己的意见				
思维条理性	有条理表达见解				A=强;B=一般;C=不足
	解决问题的过程清楚				
思维创造性	另辟解题蹊径				A=能;B=一般;C=很少
	出现非标准思路				

3. 数学学习的测验法评价

数学测验是根据评价的内容和目的,拟定一些题目、作业或操作性练习,让学生做出书面、口头回答或实际操作,旨在了解学生在知识、技能、能力等方面所达到的水平。数学测验一直是评价学生数学学习水平的重要手段,也是一种相对较为客观、准确地反映学生的知识掌握水平、能力发展情况的有效方法。

数学测验具有多种不同的使用形式,如按测验参照标准可分为常模参照测验和目标参照测验;按测验的作用可分为诊断性测验、形成性测验和总结性测验;按试题的主客观类型又可分为主观型测验和客观型测验。作为数学教师,一是要能编制出高水平的试题,尽量在知识的交汇点上做文章,保持各部分之间的适当比例,使试题具有代表性、层次性,有较广泛的覆盖面,并注意突出考察的重点;二是要能对测验结果进行科学的分析和总结,根据测验的结论及时改进教学工作。这就是说,数学测验结果的可靠性、有效性、合目的性对于评价数学学习的质量至关重要。因此,下面重点对评价数学测验质量的一些指标作些介绍,这些指标主要有难度、区分度、信度和效度。

第一,难度。难度是反映试题难易程度的指标。数学试题有两类:一类是非对即错的客观型试题(选择题、是非题等),另一类是主观型试题(计算题、证明题、叙述题等)。

计算客观型试题难度的公式是 $P = \dfrac{R}{N}$,其中 P 是难度,N 是参加考试的人数,R 是答对该题的人数。这样,难度实际是试题的通过率。

计算主观型试题难度的公式是 $P = \dfrac{\overline{X}}{M}$,其中 P 是难度,M 是该试题的满分,$\overline{X}$ 是参加考试的学生解答该试题的平均分。例如,某题满分 20 分,学生解答该题所得的平均分为 16 分,则该题的难度就是 0.8。

由于以上计算公式得出的难度 P 的数值越大,题目越容易;数值越小,题目越难;恰与通常所说的难度意义相反。因此,习惯上也用公式:$q = 1 - P$ 表示难度。这样,q 越大,难度也越大;q 越小,难度也越小,与通常理解的意义就一致起来了。但是,实际应用时,应当具体说明难度 P 和 q 的意义,以免引起混淆。

第二,区分度。区分度是反映试题对于学生实际学习水平的区别程度的指标。区分度高的试题,能把分数拉开;而区分度低的试题,则使分数都很接近,不能明确反映学生的学习水平。

试题区分度可以用试题的分数与试卷分数之间的相关程度来表示。相关越高,区分度越高。计算试题的区分度,通常用公式 $D = \dfrac{\mu_h - \mu_l}{\mu}$,其中,$D$ 表示某试题的区分度,μ 表示该试题的满分值,μ_h 表示高分组该题得分的平均值,μ_l 表示低分组该题得分的平均值(高分组与低分组的人数都取答题总人数的 27%)。

一般来说,区分度在 0.4～1.0 之间的试题为优;在 0.3～0.4 之间的试题为良;在 0.2～0.3 之间的试题为合格;在 0.0～0.2 之间的试题为差。区分度低于 0.3 的试题都应当淘汰或改进。

难度与区分度有密切的关系。实践证明,当难度太大或太小时,区分度相应较低。当试题难度集中分布在 0.5 左右时,学生所得分数成离散的正态分布,这样的测试结果便于比较每一个学生在全体学生中的相对位置。

另外,区分度具有相对性,用不同的计算公式会得到不同的区分度。因此,在比较多个试题的区分度时,必须选用同一种计算公式进行计算。

第三,信度。信度是描述测试结果稳定性和可靠性的数量指标。也就是测试对象所得分数与其真实水平的接近程度。显然,测试中偶然因素越大,稳定性和可靠性越差,因而信度降低,测试就不可靠。反之,如果测试受偶然因素影响较小,则信度较大。像中考、高考这样正规的大型考试信度一般要求达到 0.9 以上。

信度计算的方法很多,常用的有重测法、等值法、分半法等。重测法是用同一份测试卷先后两次对同一组学生测试,然后求得两次测试所得分数的相关系数,称为该试卷的信度系数。等值法是使用两份测试内容与要求基本一致、试题形式与数量基本相同、相应试题的难度与区分度基本相等的试卷,这两次测试的相关系数就作为等值信度系数。分半法则是将一次测试的题目按由易到难的顺序排好,然后按奇偶分成两半,再计算学生在两半试题所得分数的相关系数,称为分半信度系数。

试卷信度系数的一个基本计算公式是:

$$r = \frac{n}{n-1} \cdot \frac{S^2 - \sum_{i=1}^{n} S_i^2}{S^2}$$

其中,n 为试题总数,S^2 为所有被测试学生总分的方差,S_i^2 为所有被测试学生第 i 题得分的方差。

例如,一份测试卷第一题是选择题 60 分,其余四道解答题每题 10 分,共 100 分。测试后统计结果如下:试卷标准差 $S = 12.7$,各题得分的标准差为 $S_1 = 6.2$,$S_2 = 3.8$,$S_3 = 3.1$,$S_4 = 3.3$,$S_5 = 4.2$。可求得这次测试的信度为

$$r = \frac{n}{n-1} \cdot \frac{S^2 - \sum_{i=1}^{n} S_i^2}{S^2}$$

$$= \frac{5}{5-1} \cdot \frac{12.7^2 - (6.2^2 + 3.8^2 + 3.1^2 + 3.3^2 + 4.2^2)}{12.7^2}$$

$$\approx 0.54$$

要提高测试的信度一般可采用以下办法:增加题量,扩大试题的覆盖面,以便缩小学生偶然得分的可能性;尽量采用难度适中区分度大的试题;试题的呈现顺序注意由易到难,以稳定学生的情绪,以便在测试中能发挥出正常的水平。

第四,效度。效度是反映测试的有效性、准确性的指标,反映的是一次考试达到既定目标的成功程度。数学测试的效度一般是指内容效度,即测试内容在多大程度上可以反映测试目的所规定的学生的某些能力水平。这就是说,考试的结果实际反映了学生掌握数学知识和能力的水平。

计算效度的方法是把学生平时学习中掌握数学知识和能力的水平和有经验的教师的评定等作为确定效度的标准,称为效标。它是一种定性分析的指标。把考试的得分与效标分数之间的相关系数作为此次测试的效度值。

例如,如果 n 个学生的测试分数为 x_i,效标分数为 y_i,那么计算效度指标 r 可用公式

$$r = \frac{\sum_{i=1}^{n}(x_i - \overline{x})(y_i - \overline{y})}{\sqrt{\sum_{i=1}^{n}(x_i - \overline{x})^2 \cdot \sum_{i=1}^{n}(y_i - \overline{y})^2}}$$

其中,$\overline{x}$,$\overline{y}$ 为相应分数的平均值。一般认为,效度值 r 在 $0.4 \sim 0.7$ 之间比较合理。

提高测试效度的关键在于编好试卷。因此,命题时应细致分析测试的具体内容,各部分知识和能力应占的比例,并拟定编题计划,以避免命题的盲目性。

4. 数学学习的表现性评价

表现性评价是通过实际任务来表现知识和技能成就的评价方式,是一种教师评价与学生自我评价相结合、评价的内容和过程融为一体的定性评价方式,它能够反映出学生发展与进步的历程,增加他们学好数学的信心。

表现性评价有助于收集学生多方面的学习信息,保证评价的全面性和科学性,一定程度上弥补纸笔测试中存在的问题与不足。有些学生在纸笔测试中因焦虑而不能正常发挥出其数学能力;有些学生的思维趋向于深思型,在规定的时间内不能顺利答好试题;有些学生更擅长动手实验操作等等。这些情况,仅凭纸笔测试不能全面反映学生的数学能力,就需要通过调查实验、数学日记、档案袋等形式记录下学生的表现,以便从总体上考察学生的发展水平。

调查实验提供了用于表现性评价的各种动手操作活动的形式。通过学生的调查实验可以加强学生对数学内部的整体把握以及促进学生加强数学与外部世界的联系。例如,借助几何画板研究动点轨迹的实验活动;"描述某商品一段时间内销售情况的函数关系"的研究性学习活动等等。这样的调查和实验的评价

任务,为我们提供了考察学生提出假设、分析和综合数据以及推断的能力。

数学学习日记提供了学生对自己所学的数学知识和方法进行总结、反思的一种自我评价方式。通过引导学生毫无顾忌地把自己学习的感受、困难之处、感兴趣之处等实际情况写出来,既发展了学生反省认知的能力,又提供了评价学生真实学习情况的第一手资料。

档案袋,又称成长记录袋,即将反映学生学习进步的重要资料记录保存下来,归建成档,可以为学生的发展成长过程提供一个很好的形成性评价。可以记录的资料不拘一格,如最满意的作业、最有意义的探究活动成果、印象最深刻的问题、解决问题的反思记录、阅读数学读物的体会以及数学小论文等等。

总之,每种评价方式都有自己的特点,必须根据不同的评价内容、评价目标与学生学习的特点综合选择评价方法和手段。而且,这里提供的评价方法也是有限的,其可操作性和实用性尚待实践的检验、探索和发展。

思 考 题

1. 试以某一数学概念教学为例,阐释"数学教学是数学活动的教学"。

2. 在接受式和探究式两种不同形态的数学学习中,体现"教师是教学向导的主角"这一理念可能有什么样的差异?

3. 试以某一数学概念教学为例,阐释数学认识活动发生的逻辑必要条件。

4. 为什么数学教学必须重视过程知识?

5. 试从必要性与可能性出发,通过对学生数学课堂学习中的独立性和自主性的分析,辨析"愤悱术"与"产婆术"各自的优劣性与适用范围。

6. 什么是数学教学的一般原则? 它与数学教学的特殊原则之间有什么关系?

7. 分别举例说明如何"把握数学抽象性的淡化"的原则"摆脱教学严谨性的束缚"的原则和"加强数学语言训练"的原则?

8. 试以数学解题教学为例,谈谈在数学课堂教学中,应怎样具体体现教学方法的探究性特征。

9. 一元二次方程的根与系数有如下关系:如果 $ax^2+bx+c=0\ (a\neq 0)$ 且 $b^2-4ac\geqslant 0$,那么 $x_1+x_2=-\dfrac{b}{a}$,$x_1\cdot x_2=\dfrac{c}{a}$。

请结合本材料完成下列工作:

(1) 叙述教学的难点、重点;

(2) 提出突破难点的方法;

(3) 在这个材料中如何贯彻"启发性"原则和"把握数学抽象性的淡化"的原则。

10. 观察函数 $f(x) = x^2 (x \geq 0)$ 和 $g(x) = \sqrt{x} (x \geq 0)$ 的图象,解决下列问题:

(1) 考虑二者有何差异? 你能将这种差异定量化,并予以严格证明吗?

(2) 你能由这种差异抽象总结出函数一种一般化的性质吗?

(3) 根据你对这个问题的解决经历,分析"突出策略创造精神"的原则,并进行教学设计。

说明:本题需要你将探索过程完全展现出来,并运用所学知识将这一过程进行教学设计。

第6章　数学概念的教学

数学概念教学历来在数学教学中处于核心地位。数学概念的形成过程是一个归纳、概括、抽象的过程。因此，概念学习过程应是一个探究的过程。一个数学概念的背后往往蕴含着丰富的数学思想，有的数学概念本质上就是一种数学观念，是分析、处理问题的一种策略与方法。理解、掌握蕴含于数学概念中的思想，应是一个长期的探究过程。

§6.1　把握数学概念的本质

对一个数学概念的学习，并不是仅仅能记住它、说出它的定义、认识代表它的符号，而是要真正能够把握它的本质属性。尽管在数学对象的定义里已经反映了概念的本质属性，但要真正把握它的本质属性并不是那么容易的。对多年来高考数学试卷的抽样调查分析表明，当前中学生的数学学习在把握数学对象的本质属性方面存在较多的问题。主要表现为对数学对象的本质属性理解不深刻，对同一数学对象的不同表达形式缺乏系统概括的理解。本文旨在理论层面上对此作某些探讨。

6.1.1　数学概念的本质属性

什么是概念的本质属性呢？一般地说，一个特定数学对象，在一定的范围内保持不变的性质，就是该数学对象的本质属性，而可变的性质则是非本质属性。那么，如何才算把握了概念的本质属性呢？让我们来看几个例子。

1. 函数的本质属性

对于函数，大多数学生都能说出它的定义，但要他们举出具体的函数，很多人只会举出有解析表达式的函数，在他们的头脑里存在着一种非本质属性泛化的错误观念——有完整数学表达式的才是函数，除此以外都不是函数。表面上看对"函数就是数集到数集上的映射"这句话，大多数学生都觉得自己已经理解了,实际不然,他们并没有真正掌握函数的本质特征。

函数的本质属性是映射。所以把握函数的本质,就是要弄清楚映射的本质特征。当说到函数 $f(x)$ 时,就是指映射 $f：x→f(x)$,其中 x 是定义域中的元素,$f(x)$ 是值域中的元素,意思是映射 f 把定义域中的元素 x 变成了值域中的元素 $f(x)$。映射是两个集合之间满足随处定义且单值定义的对应关系。"随处定义"是指原象集合的每一个元素 x 都有象 $f(x)$；"单值定义"则是指每一个元素 x 只有一个象 $f(x)$。满足这两个条件,那么这个对应关系就是一个映射,它对于映射的形式没有做出任何规定。于是单值定义和随处定义就是映射的本质特征。

这意味着,如果能够认识到"数集到数集上的对应"、"随处定义"和"单值定义"是函数的本质特征,是函数不变的性质,除此以外的一切都是可变的,那么由于映射表达形式并不是函数的本质特征,于是表达形式对于函数来说就是无关紧要的、可变的。函数 $f(x)$ 的表达形式可以是独立的解析式,也可以是其他的形式,如数表形式的、图象形式的、箭头形式的、分段表示形式的等等。无论函数关系用什么形式表示,只要具备函数的本质特征,它就是函数。

形式不是函数的本质,符号当然也不是函数的本质。即使以解析式表示的函数,其所用的字母也可以是任意的,并不是一定要用 x 表示自变量,用 y 表示函数。也可以用 t 表示自变量,x 表示函数；v 表示自变量,u 表示函数等等。对函数的这样的认识和理解,就可以说是把握了函数的本质属性。

要真正把握数学对象的本质属性,很重要的一点是离不开对数学对象非本质属性的把握,两者同时都把握了才可能真正达到对本质属性的把握。这也就是对数学对象的变式的把握。就函数而言,只知道"随处定义和单值定义"是不变的还不够,还必须知道对应形式是可变的,表达的符号也是可变的,定义域连续不连续(分段不分段)也是可变的等等。

2. 复数的本质属性

说到复数,大多数学生心里总觉得很别扭。明明是实部和虚部两个数,它们既不能相加减,又不能相乘除,却非要说它是一个数。由于复数的意义完全来自于负数的开方,复数的本质特征与学生熟悉的实数有很大的不同,学生的头脑中几乎没有与它相联系的比较直观的经验,甚至与已有的某些经验相冲突,因此学生要把握复数的本质特征就不那么容易了。

对复数,首先要认识到它是二元数,实数是一元数。与学生头脑中把一元的实数看作单纯的数相比,二元的复数的意义大大扩张了,不仅有数量意义,而且还有方向意义,它是一种有方向的数。复数的这种本质属性,学生不易理解,很不习惯。其实复数的这种数量加方向的本质属性,都已经在它的各种表达式里表现出来了。

用几何形式表示复数时,它的意义是一个向量,其本质特征是向量的长度和方向,这比较容易理解;用三角形式表示复数时,复数的本质属性也比较容易理解和把握,在 $z = r(\cos\theta + i\sin\theta)$ 中,复数的本质属性直接表现出来了,r 表示复数向量的长度,θ 表示复数向量的方向;但复数的代数形式对复数的本质属性的表示就不是很明显,也就不太容易把握了。在 $z = a + bi$ 中,复数向量的长度是 $\sqrt{a^2 + b^2}$,这一般还容易理解和把握,但是复数向量的方向是什么就不很清楚了。其实在复数代数表达形式里,$\dfrac{b}{a}$ 就表示了复数向量的方向。因为复数 z 在复平面上对应的是点 $Z(a, b)$,a 是横坐标,b 是纵坐标,$\arg z$ 是复数向量与 x 轴的夹角,于是就有 $\tan(\arg z) = \dfrac{b}{a}$。$\tan(\arg z)$ 代表了复数向量所在直线的斜率,直线的斜率不就表示直线的方向吗? 可见从 $z = a + bi$ 表达式中,也可反映出复数的本质特征。

如果对复数的本质属性达到如此层次的理解,那么,看似无从下手的问题其实只是复数的常识性问题而已,问题的解决也就顺理成章了。

可见把握数学对象的本质属性至关重要,由于一个数学对象的本质属性与非本质属性是交织在一起的,形式多变的非本质属性往往掩盖了本质属性,干扰了对本质属性的把握,因而要真正认识数学对象的本质特征,不在心理上经历一番周折,不经过深层次的智力参与是不可能的。

6.1.2　把握同一数学对象的不同表达形式

在数学中,同一对象常常有不同的表达形式,能否熟练把握同一数学对象的不同表达形式以及不同表达形式之间的联系,进而认识该数学对象的本质特征,反映了对数学概念本质属性把握的深刻程度,也直接影响分析和解决问题的能力。下文从几个实例来分析对同一数学对象不同表达形式的把握。

1. 关于椭圆的定义

椭圆的定义有不同的表达形式,有椭圆的"第一定义"(到两定点的距离之和是一定长的点的轨迹)、"第二定义"(到一个定点及到一条定直线的距离之比是一定值的点的轨迹),还有"二次曲线的统一定义"。事实上,概念的定义就是概念对象本质属性的反映,不同的定义就是用对象的不同本质属性来刻画界定对象,但不同定义之间存在实质性的联系。

如果能把握它们的不同形式和其中的实质性联系,那么像 1999 年高考第 15 题:"椭圆 $\dfrac{x^2}{a^2} + \dfrac{y^2}{b^2} = 1$,$a > b > 0$,其右焦点为 F_1,右准线为 l_1。若过 F_1 且垂直于 x 轴的弦的长等于点 F_1 到 l_1 的距离,求椭圆的离心率。"就可以完全不用计算,直接作答。设垂直于 x 轴的弦交椭圆于点 P_1、P_2,那么 P_1 到焦点 F_1 距离就是到准线 l_1 距离的一半;而根据椭圆的第二定义,P_1 到焦点 F_1 距离和到相应准线 l_1 距离之比就是椭圆的离心率,于是马上知道所求椭圆的离心率是 $\dfrac{1}{2}$。这就避免了烦琐的计算,节省了时间。

无独有偶,像双曲线、抛物线等也有类似的不同的表征方式,从不同的角度反映了各自的本质属性。不仅丰富了数学对象本身的内涵,更突出了关键属性之间的联系。

2. 关于直线之间的垂直关系

两条直线的平行和垂直关系作为中学数学的重要内容,有着十分丰富的表现形式,散见于中学数学的不同章节,高考中以直线平行和垂直关系为背景的问题也屡见不鲜。

两条直线垂直关系在中学数学里可以有多种表达形式。如,在平面几何里,两直线 l_1 和 l_2 垂直指两直线的夹角是 90°,表示为 $l_1 \perp l_2$;在三角中,两个角 α 和 β 的终边相互垂直,如果 $\alpha = \beta + 90°$,就有 $\sin\alpha = \cos\beta$;在复数里,两个向量垂直的表达形式是 $\arg z_1 - \arg z_2 = 90°$,或者 $\dfrac{z_1}{z_2} = ki = z$($z$ 的实部为 0,即 $\cos(\arg z) = 0$,也就是 $\arg z = 90°$);在解析几何里,如果两直线方程用点斜式表示,即 $y_1 = kx_1 + b_1$ 和 $y_2 = kx_2 + b_2(k_1 k_2 \neq 0)$,那么两直线的垂直关系就是 $k_1 k_2 = -1$,如果两直线方程用一般形式表示,即 $A_1 x + B_1 y + C = 0$ 和 $A_2 x + B_2 y + C = 0(A_1、A_2、B_1、B_2$ 均不为 0),那么两直线的垂直关系就是 $A_1 A_2 + B_1 B_2 = 0$ 或 $\dfrac{A_1 A_2}{B_1 B_2} = -1$。

重要的是,在数学学习中要能主动发现、概括出这种具有内在联系的垂直关系的本质,形成功能良好的垂直关系的网络性结构,才能利于迁移和提取。比如看到垂直关系的一种形式,马上想到相关的表明垂直关系的其他各种形式。达到这样的认识层次,就是对垂直关系深刻理解的一种标志。

事实上,许多关于二次函数 $f(x) = ax^2 + bx + c(a \neq 0)$ 的问题,都是从上述某一个类别,或者综合几种类别而形成并展开的。学习中注意对上述各种情形进行分析、归纳、类比、融合等加工活动,不仅能加深对一元二次方程有两个实根的本质理解,更能够通过联系各方面知识拓宽数学思维的方式。

同一数学对象的不同表达形式正是变更非本质特征的表现形式,变更观察事物的角度或方法,从不同侧面突出了数学对象的本质特征,突出了那些隐蔽的本质要素。如果在概念学习中,注意从不同角度对对象的不同表现形式进行一系列的加工处理,形成以相关属性为纽带的网络结构,那么,在不同的情境中就可以根据问题的形式和内容,提取出相应的有针对性的处理策略,就能真正把握数学对象的本质。

§6.2 掌握数学概念教学的特点

为了进一步认识数学教学的规律,我们要对数学教学的主要问题更加具体地进行研究。数学教学主要是数学概念、定理、公式的教学,其中概念教学是数学教学的核心。数学概念的教学尤其是数学教学的最重要基本功之一,这里特别研究数学概念教学问题。

6.2.1 在体系中掌握概念

掌握概念就是掌握同类事物的本质属性。认识论原理告诉我们,人类不可一次地和孤立地认识一类事物的本质属性,必须用联系的方法,经历一个由感性到理性的发展过程。所谓用联系的方法,就是把概念放到一定的体系中去考察、认识。

这个体系结构有两方面的意义,一是指存在于客体的知识体系结构;二是指存在于主体的认知结构。从整个教学知识结构体系去掌握概念就是把概念的来龙去脉搞清楚。就是讲授一个数学概念时,首先弄清楚它需要怎样的基础,其次学习了这个概念以后又为谁服务。

这样做的好处在于:弄清概念在整个体系中的地位,该用多大的力量;可以为后继概念的学习扫清障碍,对用到的前面的概念进行复习;把概念与完整的知识结构联系在一起可以加深理解。

概念在一个教学体系中的安排有直线式的,即始终是以同一意义出现的(教学中的大部分概念就是如此)。也有螺旋式的,即概念在发展的意义上出现多次,每次出现在意义上有新的发展。

例如"绝对值"概念。第一次见到是在有理数中,绝对值定义为:一个正数的绝对值是它本身,一个负数的绝对值等于它的相反数,零的绝对值是零;第二次是在算术平方根里,绝对值定义为:$|a| = \sqrt{a^2}$;第三次是在平面直角坐标的距离公式中,绝对值定义为:$|a| = \sqrt{(a-0)^2 + (0+0)^2} = \sqrt{a^2}$;第四次是在复数里,绝对值定义为复数的模:$|a+bi| = \sqrt{a^2+b^2}$。

数学中还有很多这种类型的概念,这种概念要特别引起我们的注意。

6.2.2 注重概念的引入

概念教学首先要让学生感到有必要学习这个新概念,这就是要重视概念的引入。但这种概念的引入并非是轻而易举的,常常要费一番周折。要注意从需要与类比两方面引入。

例如,从数的概念的发展看,外部需要和内部需要两方面需要都有,但有时又侧重于某一方面的需要;而对数概念就可以从简化计算的需要来引入,即将同底数幂的一些运算简化为加、减运算。

又如,不等式可类比方程引入;分式可类比分数;立体几何可类比平面几何中相应的概念引入。从已有知识类比引入新概念比较自然。

6.2.3　注重概念的形成

按数学学习理论,掌握数学概念是指对数学概念理解要达到概念学习的水平,也就是理解一类事物的本质属性,即认识到符号代表的是一类事物而不是具体、个别、特殊的事物。

为达到数学概念学习的要求,教学中要尽可能采用适当的方法促进学生用概念形成方式学习概念。当然这并不是要完全重复前人的社会实践,重走人类形成这个概念时走过的漫长道路,只是说以这种方式学习概念与前人形成概念有相似之处。这种相似之处主要反映在学生学习概念时的心理过程之中,即从大量而具体实例出发,用辨别(比较、分析、综合)、分化、抽象、提出假设、反驳与验证,以及概括等一系列思维动作,来达到对概念意义的理解,从而用适当的语言符号去代替概念的内容。达到看见概念的符号就能立即与概念的实质联系起来。

这就告诉我们,导致学生思维结果的思维方法是数学学习的方法,也是数学研究的方法,同时还是数学教学的方法,应该把观察与实验、比较与类比、分析与综合、抽象与具体化、概括与特殊化、猜想与反驳这些思维活动的方法贯穿于教学之中。

6.2.4　注重概念的意义[1]

数学中,一切概念的意义是第一位的,而且数学概念的意义是确定而无歧义的。这必然要求在教学中,特别强调使学生获得明晰的概念意义。数学概念的明确要从内涵与外延两个方面考虑。

1. 明确概念的内涵

数学概念意义的描述有自身突出的特点,首先它总是在已有概念的基础上,经由弱抽象形成,或者经由强抽象形成,或者经由理想化抽象形成,其间所涉及对象的相互关系都是纯粹数学意义上的;其次,数学的概念总是用数学自身的语

---

① 曹才翰:《中学数学教学概论》,北京师范大学出版社,1990

言描述,数学的语言不仅符号化,而且精确简练,往往一字不多一字不少。数学概念的这种表述特点也导致了对其理解的困难性,这要求教师引导和帮助学生建构概念意义的时候,力求使学生对概念的本质特征,即概念的内涵概括准确。

第一,明确包含在定义中关键词语的意义。数学概念的定义很严格,一些关键词少了或多了都会发生歧义。因此在概念教学中,教师要特别注意引导学生去抓住定义中的关键词。

例如,直线与平面垂直的定义:一条直线和一个平面内的所有直线都垂直,这条直线与这个平面就互相垂直。一个关键词是"平面内"。漏掉了这个关键词,就会产生很多问题:如果用它来判定直线与平面是否垂直,那就不存在符合条件的直线与平面,实际是缩小了概念的外延;如果由已知一条直线与一平面垂直来推出性质,那就会得出过交点的所有直线,包括不在平面内的直线都与这条直线垂直,这实际是扩大了概念的内涵。另一关键词是"所有"。对这个关键词,学生不是把它漏掉,而是理解错误。把"所有"与"许多"混淆,或者与"无数条"混淆,如把与平面内无数条平行直线垂直的直线当成与平面垂直。

第二,对概念中的有些词语作必要的概括。数学概念的定义十分精练,往往一字不多,一字不少,经常是差之毫厘,谬以千里;或者意义截然相反。所以构建概念的意义以后,还应该对概念中的词语作必要的概括,进行进一步的同化和编码,对一般情形做规律性的认识。

例如,算术平方根的定义:正数 a 的正的平方根叫作 a 的算术平方根;零的算术平方根是零。概括起来就是,非负数 a 的算术平方根非负。实际上,这个定义中对正数的算术平方根是分类下定义的:一类是正数的正的方根;另一类是零。言外之意,即正数的负的平方根不是算术平方根。经过这些的概括,才能进一步明确"非负数的非负二次方根叫作这个非负数的算术平方根"。

2. 明确概念的外延

概念的内涵决定了概念的外延,但是对概念外延的清晰将有利于辨析内涵与外延的关系,防止概念的非本质泛化,促进对概念内涵的理解和把握。

第一,概念的例子和概念属性的例子。教学中使学生了解概念外延的通常方法,是举出符合概念意义的例子。对于中学生来说,他们的智力发展处于具体运演的后期和形式运演的前期,按照这一阶段学生发展的思维特点,不仅教师要指出符合概念的例子,而且要学生自己也能举出例子来,特别是要举出概念属性的例子来,而不单是举出概念的例子。

能举出概念属性的例子,说明不但明确了概念的外延,而且说明能用概念的本质属性去检验例子,这是达到了概念学习的水平。例如,以正方形作为矩形的例子,在于能说明正方形确是有一个角是直角的平行四边形;以正方形为菱形的例子时,在于能说明正方形确是邻边相等的平行四边形。

第二,构建概念体系。数学学习的一项重要工作,是要把所获得的概念及时地纳入到概念体系中去,从而明确概念与其他概念之间的关系。

例如,讲到分式时。应总结出概念的关系表,然后再一次比较各个概念间的异同和关系。

$$\text{有理式}\begin{cases}\text{整式}\begin{cases}\text{单项式}\\\text{多项式}\end{cases}\\\text{分式}\end{cases}$$

6.2.5　注重概念的符号①

用符号表示概念,是数学的特点,也是数学的优点,这使得数学思想材料形式化。概念本身就是抽象的,而符号又成为概念的外在形式和代表,从这个意义上讲符号更抽象。因此概念教学中,要防止两个脱节:一是概念与实际对象脱节;二是概念与符号脱节。

1. 从函数概念与函数符号看

函数概念是中学数学的核心概念,函数的思想贯穿整个中学数学的内容,同时函数概念也是中学数学中最难理解和把握的,因而函数概念的地位在中学数学里的重要性不言而喻。

$f(x)$ 表示以 x 为自变量,对应关系为 f 的函数。如果函数是 $f(x) = x^2 + 2x - 3$,那么 $f(y) = y^2 + 2y - 3$。在中学范围内,这两者看成是同一个函数,其中定义域都是自然定义域,而对应法则都是"(自变量)^2+2(自变量)-3",从而可以得到相同的对应函数值。如果自变量是 $x+1$,对应法则为 f,那么函数就是 $f(x+1) = (x+1)^2 + 2(x+1) - 3$;反过来,如果 $f(x+1) = (x+1)^2 + 2(x+1) - 3$,那么 $f(y) = y^2 + 2y - 3$ 与之是同一函数。

但是,如果 $f(x+1) = x^2 + 4x - 5$,那么 $f(y) \neq y^2 + 4y - 5$。应该是先变形 $f(x+1) = (x^2 + 2x + 1) + 2(x+1) - 8 = (x+1)^2 + 2(x+1) - 8$,然后得 $f(y) = y^2 + 2y - 8$。其与 $f(x+1) = x^2 + 4x - 5$ 是同一函数。

同时,函数 $f(x)$ 一刻也不能脱离定义域。例如,对 $f(a)$ 的意义,不能只认识它是 $x = a$ 时,$f(x)$ 的值,还必须明确 a 是函数定义域内的值,$f(a)$ 才有意义。如果 $f(x) = x+1$,且 $2 \leqslant x \leqslant 3$,要求 $f(4)$,如果求出 $f(4) = 4+1 = 5$,那就错了,4 不在函数定义域内,即 $x \neq 4$,怎么可能有 $f(4) = 4+1 = 5$ 呢?这是形式主义滥用符号造成的错误。

这说明,一旦符号化,概念的定义就隐藏在背后,很容易犯滥用符号的错误。

---

① 曹才翰:《中学数学教学概论》,北京师范大学出版社,1990

需要指出,数学中的符号是有一定条件的。如:$y = a^0 = 1(a \neq 0)$;$y = \log_a N$ $(a > 0$ 且 $a \neq 1,\ N > 0)$;$y = \sin x\ (-\infty < x < +\infty,\ |\ y\ | \leqslant 1)$;$y = \arcsin x\ \left(\ |\ x\ | \leqslant 1,\ -\dfrac{\pi}{2} \leqslant y \leqslant \dfrac{\pi}{2}\right)$。

忽视这些附加条件,是学生产生错误的主要原因,纠正这类错误,不能仅仅就错论错,而是要用定义来检验,达到对错误根源的认识。

2. 从几何的概念看

在几何中,除注意概念的符号外,还要注意概念的图形,主要是排除标准图形对正确掌握概念的影响。如,三线八角。其中有两线平行是特殊情形,但用得多,见得多,反而忘记了一般情形,结果错误地认为凡同位角皆相等,凡内错角就相等,凡同旁内角其和必为 180°。参见图 6.2.1 和图 6.2.2。

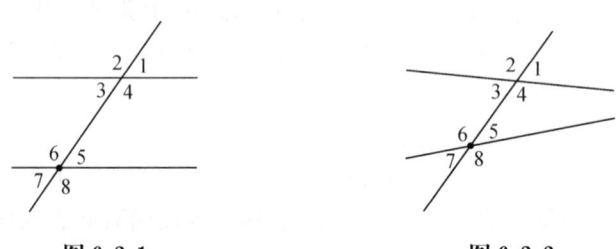

图 6.2.1   图 6.2.2

3. 从数学符号的意义看

数学中,符号的意义是发展的,变化的。字母"a"所代表的意义在数学中是不断发展的:代表正数→代表有理数→代表实数→代表复数→代表单项式→代表多项式→代表代数式→代表任意数学表达式……符号意义的变化发展实际是其所代表的概念意义的变化发展。

§6.3　数学概念教学的基本方式

数学概念在数学中的重要地位决定了数学概念教学的重要性。数学概念教学应该如何进行呢?按照教育心理学的学习原理,概念学习一般有概念形成和概念同化两种基本方式,因而数学概念教学也有相应的两种基本方式——概念形成的方式和概念同化的方式。

6.3.1　数学概念获得的方式

数学概念获得的过程实质上是理解和掌握某一类数学对象共同的关键属性的过程,其基本方式是概念的形成和概念的同化。

1. 概念形成

概念的形成一般是针对由弱抽象形成的概念。如果某类数学对象的关键属性主要是由学生在对大量同类数学对象的不同例证进行分析、类比、猜测、联想、归纳等活动的基础上，独立概括出来的，那么这种概念获得的方式就叫做概念形成。学生的概念形成过程，不是消极、被动地等待各种刺激的出现，而是个人积极、主动地尝试探究、发现概念的过程。这一过程主要涉及以下相关因素。

第一，感知、辨别各种刺激模式。学生首先要主动地观察、感知、体会所要学习的数学概念所关涉的对象或事物的特征，并对各种不同的刺激模式进行辨别性分析，然后根据数学对象的外部特征概括、分化出各种刺激模式的属性。例如，"映射"概念的学习，先让学生自己提出或由教师提供与学生的日常生活经验或已有知识息息相关的对应的典型例子，如，数轴上的点与实数的关系；坐标平面上的点与有序实数对的关系；车牌号与机动车的关系；集合 $A = \mathbf{R}$，$B = \mathbf{R}^+$，对应法则：取绝对值等等。通过对这些不同对象特征的感知和分析，辨认出各种刺激模式的属性。

第二，抽象出各个刺激模式的共同属性，并提出假设。根据各个刺激模式的特征，抽象出它们的共同属性，把这些属性同认知结构中有关的起固着作用的观念联系起来，归纳后提出假设。例如，对于上述"映射"概念学习中的几个不同对象的例子，共同属性是：都是两种事物之间的对应，其中前半部分：数轴上的点、坐标平面上的点、车牌号、$A = \mathbf{R}$，都可在后半部分找到和它对应的量。这就是"映射"的雏形，可基于此提出粗糙的假设：两个集合，若其中一个集合中的元素都能在另一个集合中找到与之对应的元素，这两个集合之间的关系即为映射。

第三，在特定的情境中修正、检验假设，形成概念。提出某种假设之后，紧接着应在特定的情境中通过变式修正、检验假设，把关键属性抽象出来，使新概念意义明确，并用语言概括成定义的形式。例如，对于上述"映射"概念，可进一步给出变式的例子：学生与其各科成绩的关系；集合 $A = \mathbf{Z}$，$B = \mathbf{Z}$，对应法则：取倒数。这就是"一对多"和"集合 A 中有剩余元素无对应"的情况，不同于前几个对应关系。因此，需要分化各种不同的对应关系，修正提出的假设，从而使概念所指明确化、科学化。

第四，把新概念一般化，并用数学的语言符号表达。为使新概念具有明确的代表性，需要将其共同关键属性推广到同类数学对象中，这也是在更大范围内检验和修正概念的过程。教师可以让学生先用自己的语言叙述并说明概念，然后再针对学生理解概念内涵和外延的实际情况进一步规范、深化概念的意义。在此基础上，引导学生用数学的语言符号准确地表达概念，并把数学的符号以及符号所代表的实质性内容建立起内在的联系。

2. 概念同化

概念的同化一般是针对由强抽象形成的概念。如果学习过程是以定义的方式直接向学生呈现概念的关键特征,实际上是新的数学概念在已有概念的基础上添加其他新的特征性质而形成,这时学生利用自己认知结构中已有的相关知识对新概念进行加工、改造,从而理解新概念的意义,这种获得概念的方式就叫做概念同化。

例如,学习"平行四边形"概念时,直接向学生呈现定义:平行四边形是两组对边分别平行的四边形。学生首先认识到平行四边形概念的关键特征——在四边形概念之上添加了两组对边分别平行的性质,并与自己认知结构中已有的知识——四边形、两直线平行等建立起联系,把新概念纳入到原有的概念中;然后呈现正反例证(如,一般四边形、有两组对边平行的五边形、梯形、矩形等)进一步说明平行四边形的关键特征;最后将这些知识整合、加工,贯通成一个整体结构,以便于记忆和应用。

从概念同化的学习过程可以看出,当新概念展现出来后,学生并不是消极被动地接受它们,而是利用已有的知识作为"固着点",积极主动地对新概念进行意义建构。美国教育心理学家奥苏伯尔对概念同化的要点及过程描述如下[①]:首先,新概念必须具有逻辑意义,即能够使学习者建立起非人为和实质性的联系;其次,学生的已有认知结构中具备同化新概念的适当知识,且具有相应的思维潜能;再次,学习者要积极主动地使这种具有潜在意义的新概念与其认知结构中的有关观念发生相互作用,通过加工、改造和整合,在心理上获得新概念的实际意义,使新概念归属于原认知结构,同时使原认知结构得到分化和扩充。

总的来看,概念同化主要是从抽象定义出发,以演绎的思维方式理解和掌握概念;而概念形成则主要是从大量的实例和学习者的实际经验出发,以归纳的思维方式获得概念。在数学概念的学习中,两种方式不是互相独立、互不干涉的,而是交织在一起、协调发挥作用的。概念形成的学习方式需要学生对具体的、直接的感性材料进行观察、感知、操作等活动,比较耗费时间,学习效率难以保障;而概念同化的学习方式则容易使学生对一些本来就抽象、晦涩难懂的数学概念流于浅层次的表面理解,需要借助一些直观、感性的材料帮助学生把握概念背后的丰富内容。因此,应当根据所要学习的数学概念的特点,使概念形成和概念同化有机地结合起来,共同发挥作用,才能提高概念获得的效率。

---

① 奥苏伯尔著,佘星南、宋钧译:《教育心理学——认知观点》,人民教育出版社,1994

6.3.2　概念形成教学方式

建立在概念形成这种学习方式基础上的概念教学的方式就是"概念形成教学方式"，根据概念形成的概念学习特点，运用概念形成教学方式的数学教学中应处理好以下几个环节。

1. 设计适于概念形成的学习情境

由于概念形成的过程需要学生自觉地从一些生动、具体的实例或操作活动中归纳、概括出概念的特征，因而教学中应设计出合适的概念形成的学习情境。具体的设计应从两个方面来考虑：一方面要充分了解学生的认知水平和心理发展特点，注意选择那些刺激强度适当、新颖有趣的事例或活动作为刺激模式，激发学生主动观察、操作、归纳，展开积极的思考、探究活动；另一方面要深入钻研教材，对概念的背景知识、形成过程和基本特征细致把握，基于此提供的概念形成的学习情境才能真正吸引学生，获得良好的效果。

例如，"函数的单调性"概念的教学，可以设置温度变化"曲线图"；展示生活中的上、下坡；或借助"几何画板"软件演示几种特殊函数图象的变化情况等具体情境，让学生借助这些"脚手架"研究、讨论如何妥善地给单调增、减函数下个定义。学生就有可能借助这些具体情境形成"函数的单调性"的概念。

2. 留给学生自主活动的空间

概念形成的过程需要学生自己探索，教学中应当留给学生充分的自主活动的空间，使学生有机会经历概念产生的过程，了解概念产生的背景、条件，感悟概念的本质特征。防止出现一味追求教学进度和容量或担心学生探索无效，而使学生的自主活动流于形式，浅尝辄止，造成教学上的"滑过现象"，使学生体验和感悟概念的机会在不经意间流失。

例如，在一次"抛物线标准方程"概念的教学中，教师借助"几何画板"的动画功能演示了到定点距离等于到定直线距离的点的轨迹之后，设计活动情境——你能用什么方法通过描点画出抛物线吗？应该说，该情境设置得恰到好处，抓住了抛物线概念的本质特征，为学生提供了一次良好的探索机会，有助于深化学生对抛物线及其相关内容的理解。但学生还没有来得及思考，甚至还没有弄明白问题的本意，教师即给出解答：你只要在定直线上任取一点，并过该点作它的垂线；同时，作定点和垂足连线的垂直平分线，与垂线的交点即是要描的点。由于学生缺少自我探索过程中的体验，对教师的交待可以说是一头雾水。这正是"滑过"所造成的后果。

3. 发挥教师语言的中介作用

在学生形成概念的过程中，教师的语言发挥着重要的作用。这一作用主要体现在两个方面：其一，在学生遇到障碍时，教师的提示和引导语能够指引探索活动的方向,使学生有的放矢地归纳、概括概念的本质属性;其二,学生通过观察、实验、归纳、猜想等活动所形成的概念往往比较粗糙、不规范甚至是肤浅的,需要进一步地精炼、升华,形成科学化的数学概念,这就要靠教师语言的启迪和示范作用,使学生意识到修正概念的必要性和如何用精准的语言概括自己的研究成果。

6.3.3 概念同化教学方式

建立在概念同化这种学习方式基础上的概念教学的方式就是"概念同化教学方式"。根据概念同化的概念学习特点,运用"概念同化教学方式"的数学教学中应处理好以下几个环节。

1. 突出概念的关键特征

以概念同化的方式学习概念,需要先向学生呈现概念的定义。这就要求不仅要以准确的语言描述概念,更重要的是突出概念的关键特征。概念的关键特征越明显,越容易使学生把握概念的主要方面,进而准确、迅速地联系上已有认知结构中可以同化新概念的适当知识。

例如,二次函数概念的学习,展示出关系式 $y = ax^2 + bx + c$ 的同时,要注意突出:二次、$a \neq 0$ 等关键特征。学生能够尽快以此为线索搜寻到与之有关联的知识,如一次函数:$y = kx + b(k \neq 0)$,反比例函数 $y = \dfrac{k}{x}$ $(k \neq 0)$ 等。这就为下一步的加工、同化选准了恰当的联结点。

2. 呈现正例与反例

呈现正例与反例让学生辨认和识别。正例传递的信息最有利于概括,有助于学生从例子中概括出共同的特征;反例传递的信息则最有利于辨别,有利于加深对概念本质的认识。通过正例与反例的辨识,使新概念与已有认知结构中的相关概念产生分化和贯通,强化对新旧概念本质的理解。

例如,上例二次函数概念的学习,进一步举出 $y = 3x - 2$,$y = 3x^2 + 2$,$y = -5x^2 + 3x - 1$,$y = \dfrac{x^2 + 1}{3}$,$y = \dfrac{3x^2 + 2x - 1}{x}$,$y = ax^2$ 等等正例与反例,让学生辨认。这就能使学生将新数学概念与原有认知结构中的某些概念区别开来,并可以纠正概念理解上的一些错误,有助于改组、完善原有的认知结构。

3. 在应用中强化对概念的理解

为了强化学生对概念的本质理解,需要提供一些在实际中应用概念的机会。这种应用概念的机会是多种多样的,从做一定数量的练习、探究解决问题,到阅读数学资料、写作数学小论文等活动,都能有效地深化学生对概念的理解和认识。

§6.4　数学活动中进行概念教学

概念学习是数学学习的核心之一。数学概念的理解应是多维度、多因素的，它的学习过程是一个主体的探究过程。因此，在数学概念教学中，应树立立体式的数学概念教学观。在概念教学中，应当充分调动学生头脑中相关的知识经验，促使学生主动参与对常识材料进行探幽入微的探究性活动，在探究中丰富由自发性概念向科学概念发展过程中的体验，把概念学习变为学数学、做数学、用数学的过程，使学生在学、做、用的过程中，把握概念的本质特征，构建概念的恰当的心理表征。

6.4.1　把学生带回到现实中去

数学概念作为具有概括性、抽象性、精确性等特征的科学概念，在学习中，无论是概念形成的方式还是同化的方式，都需要以学生头脑中已有的某些自发性概念的具体性、特殊性成分作依托，从中分化出它的理论侧面，使之能借助经验事实，变得容易理解。中学数学中的许多概念特别是一些基本概念，正是由于它的基础性，所以与现实生活有着紧密的联系。因此，在教学中应通过创设情境，唤起学生的兴趣，使他们身处现实问题情境中，通过亲身体验，在感性认识的基础上，借助分析、比较、综合、抽象、概括等思维活动，对常识性材料进行精微化加工，使自发性概念逐步摆脱无意识、粗糙、肤浅的劣势，向科学概念发展，达到理性认识的层次，从中体验数学是从人类的社会实践中总结、创造出来的关于客观世界的数量关系与空间形式的科学。

如数轴概念的教学，课前可让学生自己动手做一把有刻度的直尺，课上让学生通过对各自制作的各式各样的直尺加以比较，发现直尺的长短、宽窄以及材料等都无关紧要，最主要的是先要把尺做得直（至少是有刻度的一边要做得直），然后确定一个刻度的起点（0 点），接着按确定的方向依次标上刻度，写上相应的数字。这时，教师在黑板上画出一把舍去了宽窄的"直尺"。在此基础上，教师又出示没有标上刻度的温度表（或把刻度贴没），问学生如何给它标上刻度。学生发现，同样要在一直线上，确定 0 点，按某一方向标上刻度，只是其刻度还需要向相反方向标。这样，学生通过动手做、动脑想来认识数轴的本质特征，对原点的选定、方向的确定和单位长度的确定赋予了丰富的生活意义，数轴概念的理解、数形结合的思想也就比较深刻。

又如向量是一个融大小和方向于一体的量，它不同于数量，但与数量有着许多联系。仔细分析学生熟悉的实数，它也有方向，只是只有正负两个方向；它有绝对值,表示这个实数在数轴上对应的点到原点的距离;它有惟——个既非正数,又非负数的数"0";它有单位1等等。教学中应使学生充分利用头脑中这些已有的知识与相关的体验以及物理学中的力的合成的实验等来建构向量的有关概念。

6.4.2　把学生带入问题中

"问题是数学活动的心脏"。丰富学生在概念学习过程中的体验,重要的一个方面是将数学概念的形成过程、形式化的数学概念及一些相关的材料转化为富有生活意义的问题,形成问题情境,从而把学生带入问题中,在问题的探究中"学数学、做数学、用数学",构建概念的心理表征。

1. 把概念的生成过程问题化

一个概念是如何引进的? 必要性和重要性何在? 一个概念生成过程中的诸多问题,往往也是区分概念的本质特征与非本质特征的关键所在。因此,教学中应尽可能把知识的发生过程转化为一系列带有探究性的问题,真正使有关材料成为学生的思考对象,使概念学习变为学生的内在需求。如"圆"概念的教学中,一位教师在与学生的交互活动中,从"车轮是什么形状的"这一问题出发,引出如下一系列问题:为什么车轮都做成圆形的呢? 能不能做成方形或三角形之类的? 要是把车轮做成椭圆形,车子开起来会怎样呢? 为什么椭圆形轮子的车开起来会一高一低,而圆形车轮的车子开起来就不会一高一低呢? 如果做一个最简单的车轮,要注意哪些问题? 把圆概念的生成过程问题化,通过对这些问题的探讨,达到对圆的本质属性的理解。又如如何表示方程 $x^2 + 1 = 0$ 的解。如果数轴上数 a 对应的点记为 A,那么将 a 乘以 -1 的几何意义是什么? (绕原点旋转 $180°$)如果将点 A 绕原点旋转 $90°$能否也通过乘以某一个数来实现呢? 由此激起学生的内在需求,然后引入复数概念。

2. 把形式化材料转化为可探究的问题

形式化的材料不利于学生理解和运用,要通过转化变为蕴藏概念本质特征、贴近学生生活、适合学生探究的情境问题。如在一堂一元二次方程概念教学课上,教师一开始提出如下三个问题:

如何剪一块面积为9平方厘米的正方形纸片? 如何剪一块面积是150平方厘米的长方形纸片,使它的长比宽多5厘米? 如图6.4.1,用一块正方形纸片,在四个角上截去四个相同的边长为2厘米的小正方形,然后把四边折起来,做成一个没有盖的长方形盒子,使它的容积为32立方厘米,所用的正方形纸板的边长应是多少厘米? 然后要求学生动手操作,把学生引向探求方程的本质——求解上。通过动手与动脑相结合,把数学拉到学生身边,使数学变得亲切,从而激起学生探求的欲望。第一个问题即为 $x^2 = 9$,求

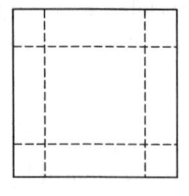

图6.4.1

x;第二个问题即为 $x(x+5)=150$,求 x;第三个问题则为 $2(x-4)^2=32$,求 x。如何来求 x 呢?即如何来求解一个新的方程。然后教师引导学生分析这个新方程的特征,在探求中认识一元二次方程概念的各种特征,把形式与本质有机地结合起来。

6.4.3　注重概念的数学化过程

数学概念的形成过程是一个数学化的过程。即通过对常识材料进行细致的观察、思考,借助分析、比较、综合、抽象、概括等思维活动,对常识材料进行去粗取精、去伪存真的精加工,从中舍弃材料的现实意义,仅保留其数量上或空间上的形式结构方面的信息,由"素朴的直观"构建"精致的直观"。概念是学生学习数学化的很好素材,通过体验概念的数学化过程,能更好地把握概念的本质的和非本质的特征,建构良好的知识结构。如普通常识中的"极限"往往包含有"无限趋近"的涵义,那么,何谓"无限趋近"呢?一位教师在教学中,通过"一尺之棰,日取其半,万世不竭"的例子,引出无穷数列:$\frac{1}{2}$,$\frac{1}{4}$,$\frac{1}{8}$,$\cdots$,$\frac{1}{2^n}$,$\cdots$,从"愈来愈近"得出数列 $\left\{\frac{1}{2^n}\right\}$ 的变化趋势,再把数列 $\left\{\frac{1}{2^n}\right\}$ 的特征在数轴上表示出来,直观上,随着 n 的无限增大,表示数列项的对应点将和表示数 0 的点无限接近(距离趋向于 0)。再从量化的角度来认识"无限趋近",让学生列表计算,如果表示数列的项的值与数 0 的差预定要小于 $\frac{1}{10}$,则 n 的取值只要大于 3;要小于 $\frac{1}{100}$,则 n 的取值只要大于 5,$\cdots\cdots$使学生通过一些具体例子的操作、思考,把"无限趋近"加工成"$\varepsilon-N$",逐渐认识极限的意义。

又如"映射"概念的教学。一位教师首先举出了学生身旁的两个例子:给高一(1)班学生分配座位和给学校寄宿生分配宿舍。教师边问(分别问:在给学生分配座位、分配宿舍问题中,有哪些主要元素呢?),边与学生一起分析,如果用 A 表示高一(1)班学生组成的集合(教师在黑板上用图直观表示集合 A),用 B 表示高一(1)班教室里所有座位组成的集合(在黑板上用图直观表示集合 B),分配座位就是给集合 A 中每一个元素指定 B 中惟一确定的元素(在黑板上用线表示对应)$\cdots\cdots$再举出学生在初中学过的如 $y=3x+2$,说明本质上也是两个集合之间的一种对应(图示对应关系),由此抽象出映射的概念,突出映射是两个集合之间满足"随处定义且单值定义"的对应关系。随后,再要求学生举出有关映射的实例,举出反例加以辨析。师生通过研究学生生活中的实际问题,在交互活动中提炼出概念的本质属性,重在数学化过程。

把概念学习作为"学数学、做数学、用数学"的过程,应积极引导学生独立自主地开展思维活动,融会贯通地掌握知识、发展能力,逐步形成用数学的意识。

创设情境,并非仅仅是举几个实例,重要的是如何把学生带入问题情境中,促使学生数学地看待现实问题,激发学生的问题意识。在概念学习过程中学习数学化,重在意义建构,重在数学化过程。

在概念教学中"学数学、做数学、用数学",应"淡化形式,注重实质",寓概念本质属性于知识的发生、发展过程之中,使学生在探究中体会数学的意义,把握概念的本质。

§6.5 数学概念教学反思

在对概念教学案例的研究中,发现了一些数学概念教学中需要反思的问题。主要涉及到数学概念的形成过程、意象表征、二重性、理解及理解的阶段性等方面。在这些研究中,检讨的问题主要包括有:重视形式定义,轻视意象表征;重概念的语义分析,轻概念的形成过程;停留在单一概念的模式层面上;对数学概念的二重性认识不足;在概念教学中缺少概念理解的层次,以及其他的一些问题。

6.5.1 重形式定义,轻意象表征

认知心理学家罗斯(E. Rosch)认为,记忆中的种种概念,是以这些概念的具体例子来表示的,而不是以某些抽象的规则或一系列相关特征来表示的[①]。例如讲到圆时,可能在人的意识中首先是一个直观的圆这个图形,而并非其形式定义;在讲到函数时,学生可能首先想到的是某一函数解析式。即在回忆某一概念时,常常从某一图形或事例出发,再联系到其形式定义。由此可以知道概念的一些典型性范例在人们认识中发挥着极其重要的作用。罗斯把最典型的范例称之为原型。概念的典型性范例在学生的认知活动中起着极为重要的作用。学生头脑中概念的典型性范例常常被称之为概念的意象表征或心理表征。

在数学概念教学中,不少教师重视概念的形式定义分析,只看到概念范例的不完全性的缺陷,而对其在概念理解与运用中的积极意义认识不足,不能将概念的典型性范例与形式定义有机地结合起来进行教学,从而,轻视概念的意象表征,使概念教学失去了形象直观的表征意义,也就增加了学生理解和记忆概念的难度。

应当认识到,在数学学习中,无论是概念、法则、方法的学习,所举的第一个例子一般具有更重要的意义,先入为主,往往起到对该概念的意象表征作用。若第一个例子是贴近学生生活的、有趣的、有实际意义的、比较简明的,并且较好地

---

① 施良方:《学习论》,人民教育出版社,1994

反映了该概念的本质特征的话,那么这个概念的教学往往能达到事半功倍的效果。如高中函数概念的教学,丘维声先生在他的文章中举了两个例子来引入映射的概念,显得相当简洁明了、意义清晰。一个例子是给高一(1)班学生指定座位,另一个例子是给学校寄宿生安排宿舍,通过两个学生生活中熟悉的范例的概括、抽象,很自然地得出映射的概念①。有些概念,形式定义很抽象,学生不易理解,这时,某一则故事或某一图形往往可以在心理上建立概念的意象表征,从而有利于学生对由此表征的概念的回忆、理解乃至运用。因此,应当重视这种概念的意象表征。

从思维的角度来认识概念的意象表征,从一定意义上来说,它是一种符号思维方式,用高度浓缩信息的物质携带者——符号来进行思维,缩短思维劳动,加速思维过程,从而易于获得创造性思维。符号以直观、鲜明的形式将抽象的概念显现在眼前,往往具有简洁明了、易为心灵感受的特点和优点,从而有助于激发学生的创造性思维。欧拉的七桥问题就是一个典型的例子。又如,设有 9 个茶杯杯口全部朝上,若将其中的六只翻倒过来,称为一次"运动",问:是否能经过有限次运动,使茶杯口全部朝下? 若将茶杯口朝上、朝下的状态分别用"＋1"、"－1"来标记,则一只茶杯翻倒一次,就是将一个"＋1"或"－1"改变一次符号。这样问题就十分容易解决。

6.5.2　重概念的语意分析,轻概念的形成过程

一般在谈到鬼、神灵之类的概念时,心理除了恐惧、崇敬外,究竟为何物,实在难以想像出来。为什么呢? 因为主体缺乏这方面的具体经验感受。因此,在运用这类概念时常常带有随意性,不能正确地把握。数学概念教学中,不注重知识发生过程的教学,掐头去尾烧中段的现象依然比较严重。虽然在数学概念教学中不可能、也不必要每个概念都从现实原型讲起,但对于中学生来说,缺少产生于自己日常生活中或其他无意识的活动中的自发性概念作为依托,缺少概念的典型性范例的形象直观性,往往增加了理解概念的难度。苏霍姆林斯基认为:"知识只有从人的内在精神力量与人所认识的世界的融合中产生出来时,知识才能成为一种福利。"他说:"领着孩子到思维的源地去旅行是具有重大意义的……这些地方,形象地说,就有滋养渴望知识的细根,这些地方就会使孩子萌发出一种愿望……"②。如果把一个数学概念的形成过程、发展过程掐头去尾,仅仅在静态的形式定义上下功夫,在概念的机械化运用上下功夫,那么,数学概念也几乎成了鬼、神灵之类的怪物了。有教师在初中教学函数概念时,学生难以接受

---

① 丘维声、丘维敦:《要重视科学思维方式的培养》,数学通报,2000
② B·A·苏霍姆林斯基,蔡汀译:《怎样培养真正的人》,教育科学出版社,1992

因此,经验的积累使他想出了一个法子,先读后背再默,一字不差。结果,学生记函数定义可谓滚瓜烂熟了,但要学生举出一些日常生活中具有函数关系的例子,学生除了在课本上看到的外,还是举不出来。生活中可谓处处可见函数关系的例子,为什么学生视而不见呢? 恐怕学生也把函数看作了怪物。布鲁纳指出:"当基本概念诸如方程或准确的语言定义以正规形式出现在儿童面前时,他们如果没有从直观上加以理解,对这些概念则将无能为力。"[①]因此,在数学概念教学中注重概念的形成过程,注重从学生的自发性概念入手,从概念的典型性范例中概括、抽象出具有精确定义的数学概念是很有必要的,符合学生的认知规律,对学生理解抽象的数学概念具有积极的意义。

6.5.3 停留在单一概念的层面上

这方面的主要表现:一是,教学中孤立地分析概念的形式定义,有时也涉及到单一概念的形成过程,但对其与其他概念间的内在联系重视不够;二是,表现为概念教学的即时性,即在新授课上十分重视概念,而在其前后的教学中联系不够,甚至置之不理,没有把概念教学贯穿到教学的全过程中去,从而缺少整体性。如在指数函数 $y = a^x (a > 0, a \neq 1)$ 的教学中,有的教师不从函数的定义出发去说明为什么 $a > 0, a \neq 1$,这样一方面学生容易纠缠于一些枝节问题,另一方面也使学生失去了一次强化函数概念,深化函数观念的机会。又如初中函数概念的教学,其实在初一的二元一次方程教学时就可以渗透 x、y 之间的依赖关系、对应关系。再如数轴概念的教学,不仅仅要突出数轴的三要素:原点、正方向、单位长度,而且还应与一维的数、距离、绝对值等许多概念紧密联系,这对以后的直角坐标系、函数等的教学有着直接的影响,同时,它还是解决许多问题的基本工具。例:平面上给定 n 个点,证明可以作 $n+1$ 个同心圆,使得这 $n+1$ 个圆所构成的 n 个圆环中,每个含有一个已知点。这个问题本质上就是要在平面上找一点,使它到 n 个点的距离各不相同。由一个点及 n 个不等的正数(距离)(数:一维;不等:隐含方向),就可以把它归结为一个数轴问题。

希伯特(J. Hiebert)和卡彭特(T. P. Carpenter)在《具有理解的教和学》一文中用信息的表示和构成方式来定义理解:"我们认为一个数学的概念或方法或事实是理解了,如果它成了内部网络的一个部分。更确切地说,数学是理解了,如果它的智力表示成了表示网络的部分。理解的程度是由联系的数目和强度来确定的。"[②]用概念理解的网络观去指导概念教学,就可以使学生在概念学习中更多地去思考与之联系的或可能联系的相关知识,从而能更有效地影响后续学习,更有

① 王光明、曾峥:《数学教与学基本理论及其发展》,中国工人出版社,2001
② D·A·格劳斯,陈昌平等译:《数学教与学研究手册》,上海教育出版社,1999

效地从整体上把握数学概念，也有利于学生学习能力和创新意识的培养。

6.5.4　对数学概念的二重性认识不足

数学内容可以区分为过程和对象两个侧面。数学中，许多概念既表现为一种过程操作，又表现为对象结构。如幂 a^n，它既表示为一种操作，代表 n 个 a 相乘，又表示为一个结果；又如极限 $\lim\limits_{n\to+\infty} a_n$ 既表示为一个特定的值（在极限存在的情况下），又表示了数列 $\{a_n\}$ 的变化趋势这一过程等等。有些数学概念，它既表现为一个对象结构，又是处理问题的一种方法、一种思想、一种观念。由于有些教师在认识上缺乏对数学概念具有二重性的认识，因此，在教学中表现为重视了一个侧面而忽视了另一个侧面。在许多情况下把数学概念仅仅看作形式定义，重视静态的对象结构分析，而忽视了动态的过程操作。在这种情况下，学生往往知其定义而不会灵活地用其定义及隐含的思想。

例如，已知椭圆方程 $\dfrac{x^2}{a^2}+\dfrac{y^2}{b^2}=1\,(a>b>0)$，从椭圆的右焦点 $F(c,0)$ 向椭圆的任一切线作垂线，垂足为 P，求点 P 的轨迹。学生大多数用代数法求解，设椭圆的切线方程为 $y=kx+m$，然后求出 PF 的直线方程，再解交点 P 的坐标，消参数得出轨迹方程，这种解法十分繁琐，而且求解中可能出现漏洞。有焦点，有椭圆上的点，为什么我们不想一想椭圆的定义呢？从椭圆的定义出发，联系其光学性质，作点 F 关于椭圆切线的对称点，则很容易得到点 P 到椭圆中心 O 的距离等于常数 a，从而，点 P 的轨迹是以点 O 为圆心，a 为半径的一个圆。

有许多数学概念，可能更重要的在于其过程操作。如方程的概念，可能方程的思想、方程的求解比其"含有未知数的等式"这一形式定义重要得多。这样认识后，就不会在"方程"这一概念教学时纠缠于 $3x+2=x+2x$ 是不是方程上。

还有些情况下重视了过程操作而忽视了对象分析。如幂 a^m，重视了过程操作，而忽视了它作为一个结果的另一侧面，这种情况下，学生没有把 a^m 转变为被操作的实体，不利于学生从整体上把握其性质。

概念的过程和对象这两个侧面有着紧密的依赖关系，形成一个概念，往往要经历由过程开始，然后转变为对象的认识过程。而且最终结果是两者在认知结构中共存，在适当的时机分别发挥作用[①]。

在数学概念教学中重视数学概念的二重性，既要重视其过程操作在概念形成过程和运用过程中的作用，要重视过程操作中蕴含的思想、方法；也要从整体上把握概念的属性、重视概念的对象结构，把概念转变为可操作的实体，在数学教学过程中不断寻求其内部联系和外部联系，逐步形成相对稳定的概念结构网

---

① D·A·格劳斯，陈昌平等译：《数学教与学研究手册》，上海教育出版社，1999

络——图式。

6.5.5 缺少概念理解的层次观

在数学教学中强调"双基"教学,对学生学好数学有着重要的意义,而"双基"教学中,基本概念教学占有重要地位。然而,有些教师在教学过程中不去区分哪些是基本概念,哪些是非基本概念,一味地深抠概念的形式定义。在一些练习题或考试题中经常有一些概念辨别题,抠字眼,有时弄得教师也不知所措,导致在一些枝节问题上纠缠,浪费了时间,加重了学生的负担。如 $3x+2=x+2x$ 算不算方程? 说它是,有理由,因为它是含有未知数的等式,但这样也引来了矛盾;如 $(x+1)^2-1=x^2+2x$ 是几次方程? 按一元二次方程的定义是要把方程化为一般式 $ax^2+bx+c=0(a\neq0)$ 后才称为一元二次方程,而 $(x+1)^2-1=x^2+2x$ 化简后成了 $0=0$,根本不是方程,当然也就无所谓几次了;但根据方程定义,$(x+1)^2-1=x^2+2x$ 是含有未知数的等式,应是方程。这种例子并不少见。

对于一些基本概念,应当努力使学生深刻理解它的含义,但对于大多数的非基本概念,没有必要去深抠它,而更多地应当根据学生的实际情况,淡化形式,注重实质。有些概念是一个概念系列中的一个,学生可能还不了解整个概念系列或概念网络,因此,有个逐步认识、逐步完善的过程,不可能一步到位。许多概念中蕴含着丰富的思想方法,学生只有在不断的运用中,才能逐渐加深理解,逐步完善其对概念的认识。

6.5.6 数学概念教学的其他问题

英国著名数学教育家斯根普(R. Skemp)提出了事物的工具性理解和关系性理解两种理解模式。所谓工具性理解是一种语义性理解——符号 A 所指代的事物是什么,或者一种程序性理解——一个规则 R 所指定的每一个步骤是什么,如何操作;关系性理解则还需加上对符号意义和指代物本身结构上的认识,获得符号指代物意义的途径,以及规则本身有效性的逻辑依据等等。毫无疑问,在大多数情况下,工具性理解有着诸多弊端,它不利于学生将学到的知识迁移到新的情境中去,从而也就不利于学生创造性思维的培养;不利于学生学习能力的提高和长期发展,学习停留在表层知识上;工具性理解的学习将数学概念之间隔离开来,或者说不注重它们之间的内在联系,势必增加学生记忆单个概念、公式等的数量,加重了学生的学习负担。

然而,在实际教学过程中,斯根普又分析了服务于工具性理解的教学模式具有三个明显的教学优势:首先,对若干数学技能的学习而言,这种教学模式给学生提供了易懂,易模仿,易记忆,并可以很快得到标准性问题的答案的捷径;其次,工具性理解的教学过程所包含的知识较少,学生更容易迅速获得这类问题的正确答案;再次,这样的教学可以使学生更快地得到学习上的回报,有利于引发其进一步的学习动机。

在考试导向的教育大背景下,在急功近利的商品经济社会中,大多数教师应用教科书的方法是工具式用法,教学中更偏爱服务于工具性理解的教学模式,而较少考虑这样的教学所带来的弊端。如一堂"线性规划"课上,教师与学生一起分析了一个纯数学例题后,便给学生总结出了"线性规划"问题的解题模式:一画(区域,直线)、二移(平移)、三找(求最优解)、四答。似乎教师主要关心的是他的学生对要求的课堂练习、作业等能否顺利完成,并不在乎学生是否真正理解"线性规划"及其有关概念的含义。这样的数学学习便降低到了只知其然而不知其所以然的水平上。学生可能课后的作业乃至测验能得优,但显然不利于其知识迁移和长期发展。

另外,数学观和数学教育观对教师的数学概念教学有着潜在的影响。不少教师的绝对主义数学观还是根深蒂固的,在教学中有意识或无意识地把数学概念作为静态的、不变的数学对象介绍给学生,从而就不能有意识地把数学概念教学贯穿于数学教学的全过程中。"这个概念昨天刚教过,你怎么就忘了"之类的话就是这方面的表现,似乎一个概念只要背熟定义就掌握了。

还有,数学教学的质量,在很大程度上取决于教师的素质。在此,教师的数学水平起着十分重要的作用。在一些地区,数学教学改革比较注重于一招一式的招式变化,而较少地深入到如何提高教师自身的数学素养,提高教师对数学的观念、思想方法等的认识上,也缺少对学生如何学习数学的心理分析、学习数学现状的调查分析,较多地从教师的角度去议论教师的"教",而较少地从学生的"学"的角度来改进教法。

思 考 题

1. 什么是数学概念的本质属性? 请举例分析一个数学概念的本质属性。
2. 请选择一个数学对象,用多种方式表达它,以加深对它的理解。
3. 调查中学生对某一数学概念的错误认识及其原因。
4. 选择一个中学数学概念,按照概念同化的方式进行教学设计。
5. 选择一个中学数学概念,按照概念形成的方式进行教学设计。
6. 比较概念形成和概念同化两种概念学习方式的特点和使用的条件。
7. 如何在数学活动中进行概念教学? 有哪些具体的做法?
8. 你对数学概念教学反思的学习有什么收获? 试思考当前数学概念教学中存在的问题,提出自己的一些建议。

第7章 数学解题的教学

学数学,就要解数学题。数学解题学习对学生巩固知识、培养素质、发展能力和促进个性心理发展都具有极其重要的作用和意义。数学学习离不开解题学习,这必然导致数学教学离不开数学解题的教学。因此数学教学的一个很重要的任务,就是教学生学习如何解数学题,教学生学会数学地思维。

§7.1 数学解题学习是有意义学习

解决数学问题的学习是寻求解决数学问题方法的一种心理活动,是一种高级形式的学习活动。数学的解题活动主要是利用认知结构(知识结构和思维结构)对抽象的形式化思想材料进行加工的过程,是数学符号及数学命题在人的大脑里的内部操作过程,也就是一种数学的思维活动。数学问题的解决正是经过思维的中介作用而达到的。

7.1.1 "尝试错误式"与"顿悟式"解决问题

关于解决问题的心理学见解,行为主义心理学派倾向于用"尝试错误"来解释问题的解决,认知心理学派则倾向于用"顿悟"来解释问题的解决。

所谓"尝试错误式"解决问题,就是在遇到新的陌生问题时,学习者将自己经验中与新问题有关的材料(有关的知识,有关的问题类型和有关的方法)集中起来作出尝试,或者按照新问题与熟悉问题的相同成分作出尝试,或者按照新问题的情境与过去遇到的情境的相似方面作出尝试。如果尝试失败,就进行新的尝试,从积累的全部经验中作出一个又一个尝试,直到问题解决。"尝试错误式"解决问题是以"尝试——错误——再尝试……"的方式进行,直到碰巧成功,其中虽也有与过去经验联系的成分,但主要还是盲目的无定向过程。

所谓"顿悟式"解决问题,是指在遇到新的陌生问题时,学习者按照一定的心向致力于发现问题条件与目标之间在意义上的联系,并努力发现新问题与自己拥有的解题手段之间在意义上的联系,一旦发现这种意义上的联系,顿悟就产生了。不过"顿悟"说的难点在于,其所谓的"一旦发现"比较玄妙,犹如从天而降。"顿悟说"的积极意义在于其比较注意重组情境的认知成分,这与现代认知心理学的"问题表征方式转变理论"强调对问题意义的理解和表征较为接近。后一理论揭示,人在解决问题时,往往根据问题本身的提示来表征问题,并在相应的问题空间中进行搜索。在这个问题空间中,潜在可能的新表征方式很多,一旦在搜索中发现对等性表征,顿悟就产生了。显然这个搜索的过程不能排除试误的成分。

这两种解决问题的方式的本质差异在于:"尝试错误式"的解决问题,倾向于从问题的表面形式出发作出反应;"顿悟式"解决问题,是倾向于从问题的实质意义出发作出反应。

"尝试错误"说对解决问题的描述,其实并非不符合人的实际解题探索过程,关于这点认知学派也并不反对。但"尝试错误式"解题的要害在于,学习者即使拥有解决新问题的各方面经验,也并不能保证能用这些经验去解决新问题。很可能是问题用某一种方式提出,学习者能够解决,然而因为没有发现问题与解决问题的方法之间意义上的联系,于是当同一问题改用另一方式提出时,尽管所需要的旧经验是一样的,但学习者会因为找不到与旧经验意义上的联系而束手无策。这也正是当前中学生所普遍存在的,在"大运动量训练"以后仍然不能有效解决新问题的本质原因之所在。

实际上,没有绝对的"尝试错误",也没有绝对的"顿悟"。"尝试错误式"解决问题中,在经过了多次尝试以后,往往由于忽然发现了新问题与旧经验之间意义上的联系,而使问题解决。尽管这种意义上的联系是被动地发现,不是主动追求的结果,但这其中不能排除"顿悟"的成分。另一方面,"顿悟式"解决问题,表面看上去解答是突然出现的,事实上却是经历了一定的、甚至相当曲折的过程,很难否认其中也有"尝试错误"的成分。所以,表面上看不是"尝试错误"的过程,也未必就是纯粹"顿悟式"的解决。

7.1.2　数学解题学习是有意义学习

上述分析表明,在解题学习中,无论"尝试错误式"解题,还是"顿悟式"解题,都必然要与学习者已有的解题经验相联系,只是在联系的水平上存在差异(表面形式上的,意义上的)。换句话说,学习者在解决问题的学习中,必须要以已有的解题经验为基础,同时要在新问题与旧经验之间建构起意义上的联系。

因此根据有意义学习的理论,有理由认为数学解题学习是有意义学习,其实质应该是:学习者在数学新问题与自己解题认知结构中的适当知识之间,建构起非人为和实质性的联系。

学习者的解题认知结构中除了包括已有的解题经验以外，还包含有影响数学解题学习的其他因素。数学解题作为有意义学习的过程，包含着新旧知识的同化与顺应，新旧问题意义的同化与顺应，新旧解题方法的同化与顺应，新旧解题策略的同化与顺应等。所谓有意义的数学解题学习，也就是在所有这些新旧两方面之间，建构起非人为和实质性的联系的过程。

要实现数学解题的有意义学习，首先是新问题对学习者是否具有潜在的意义，也就是新问题所涉及的知识、方法、策略和思想都是学习者已经获得意义的，已经储存在学习者解题认知结构中的。其次，学习者要运用达到一定水平的一般思维动作和数学特殊思维动作，将数学新问题与自己认知结构中的有关方面的"切合性"作出识别。再次，学习者在新问题涉及的知识、类型、方法、策略、思想与原认知结构中的有关方面建构起非人为和实质性的联系，那么在问题得到解决的同时，原有的解题认知结构也得到了改组和重构。

目前的数学教学中，比较普遍的情况是教师提供的问题对学生常常不具有潜在意义，他们往往在新知识初次教学以后，就把升学要求的问题甚至是竞赛水平的问题拿给学生去做，这时学生不仅对新知识的同化过程还没完成，新知识的意义还没真正获得，而且就新问题涉及的策略、思想、方法等而言，学生的解题认知结构中可与之建立非人为和实质性联系的已有策略、思想、方法极少或者没有，因而学生在这样的解题中根本无法实现有意义学习。强行而为之，只能是机械学习。

7.1.3　数学解题学习主要是有意义的发现学习

如果对数学知识尚可以通过有意义的接受学习来获得意义的话，那么数学解题则不可能通过接受学习来获得意义，即数学解题的各种方法、技巧、模型、策略和思想，不可能靠教师讲解几个例题，把问题的现成解法呈现给学生，然后学生进行积极地同化就可以获得意义。这种解题学习只能是机械模仿，只能应付一些定式的常规的问题。

数学解题学习最有效的方法是：在解题中学习解题，即在尽可能不提供现成结论的前提下，亲身独立地进行数学解题活动，从中学习解题，学会数学地思维，哪怕解题最终没有到底，也会有所发现，有所体验，因此数学的解题学习主要是有意义的发现学习。

数学解题学习是一个解题经验积累的过程，其中包括了各类解题策略经验、问题策略经验，以及各种方法和技巧性经验。解题策略经验包括意向性策略、合情推理策略、数学思想策略。问题策略经验是关于一些典型问题的类型及其解决的基本方法，这是今后解题联想的基础。

但是这些方面经验不能依赖于记忆教师或者别人的传授，没有亲身经历就不可能获得经验。数学问题的解决往往在一念之间,这"一念"一旦点破,问题迎刃而解,这是数学解题学习的一个极为特殊之处。根本的问题是,这"一念"是由别人点破,还是自己攻破。别人点破则毫无价值,自己攻破对解题学习才有积极意义。数学解题的学习就是要练就点石成金之功,然而数学解题的点石成金之功,基本不是被教会的,而是独立感悟出来的,是在长期的亲身实践中积极探索、努力发现、不断概括、逐步积累才能获得的。这无疑是一种典型的有意义发现学习的过程。大凡解题能力较强的人,遇到稍难一点的问题决不急于看解答,而是必先自己独立地作一番研究直至解决,正是说明了这个道理。这样形成的经验才可能有较强的和广泛的迁移性。所以解题经验的获得和积累必须通过有意义的发现学习才能实现,而对问题条件和结论的理解才可能与有意义的接受学习有关。

§7.2　数学解题的元认知

既然数学解题的学习主要是有意义的发现学习,那么解题过程中就需要解题者个人对自己的思考方式、认知过程,进行主动的监测、控制和有效的调节。这就是数学解题的元认知问题,本节仅就其中的自我监控和自我意识两个环节加以分析。

7.2.1　数学解题中的自我监控

从波利亚数学解题元认知思想中,可以抽取出组成数学解题自我监控的几个主要因素:控制、监察、预见、调节和评价。它与一般的元认知监控的组成因素既有一致性,又有数学解题的自身特点。

1. 控制

"控制"就是在解题过程中,对如何入手、如何策划、如何构思、如何选择、如何组织、如何猜想、如何修正等作出基本策划和安排。对学习情境中的各种信息作出准确的知觉和分类,调动头脑中已有的相关知识,迅速对有效信息作出选择。以恰当的方式组织信息、选择解决问题的策略、安排学习步骤、控制自己的思维方向。关注解题的过程性和层次性,有意识地控制自己的解题节奏,对整个解题过程做到心中有数,明确地意识到自己所采取的每一个解题步骤的意图。

2. 监察

"监察"即监视和考察。在解题过程中,密切关注解题进程,保持良好的批判性,以高度的警觉审视解题每一历程中问题的认识、策略的选取、前景的设想、概念的理解、定理的运用、形式的把握,用恰当的方式方法检查自己的猜想、推理、运算和结论。

3. 预见

"预见"即在数学解题的整个过程中,随时估计自己的处境,判断问题的性质,展望问题的前景。对数学问题的性质、特点和难度以及解题的基本策略和基本思维做出大致的估计、判断和选择;猜想问题的可能答案和可能采取的方法,并估计各方法的前景和成功的可能性等等,要设法使自己置身于一个最便于行动的位置上,处在一个最易于抓住问题关键的位置上。

4. 调节

"调节"即根据监察的结果,根据对解题各方面的预见,及时调整解题进程,转换思考的策略,重新考虑已知条件、未知数或条件、假设和结论;对问题重新表述,以使其变得更加熟悉,更易于接近目标。如尽可能画一张图,引入适当的符号,回到定义去。

5. 评价

"评价"即以理解性和发展性标准来认识自己解题的收获,自觉对问题的本质进行重新剖析,回顾自己发现解题念头的经历,抽取解决问题的关键,总结解题过程的经验与教训,反思解题过程的成败得失及其原因;从思维策略的高度对解题过程进行总结,从中概括出一般性规律,概括出点点滴滴的新经验、新见解、新体会,以及对问题进行推广、深化,寻找新的解法、更好的解法,对解题过程或表述予以简化。评价应该贯穿于解题的始终,随时进行评价,而不仅仅是在解题后。

7.2.2 解题的自我意识

意识是人对客观现实的反映,它包括自我意识和对外界事物的意识。自我意识是人的意识的最高形式,由于自我意识以主体及其内部活动为意识对象,因而它能对人的认识活动进行监控和调节,它是自我监控的最高水平。在解题学习中,人的自我意识是自己对问题感知、表征、思考、记忆和体验的意识,对自己的目的、计划、行动以及行动效果的意识。

提高数学解题元认知能力,就是要使解题的元认知监控上升到自我意识的水平。元认知是主体在对客体认知的同时,把主体自身及对客体的认知作为认知的对象,只有当各种元认知的监控达到不假思索、油然而生的境界,也就是上升到"意识"的层次,才能使主体的数学解题能力达到自己的最高水平。数学解题的自我意识包括:问题意识、审题意识、联想意识、目标意识、接近度意识、猜测意识、反思意识、概括意识等等,也就是波利亚的提示语所要达到的期望。难怪单墫先生总结的解题12要诀中,有一条就是"反复探索,大胆地跟着感觉走"[①],

① 单墫:《解题研究》,南京师范大学出版社,2002

这个"感觉"其实就是"自我意识"。

§7.3　数学题意的理解

一般地说,在波利亚著名的"四阶段数学解题表"中,往往最受重视的是制定解题计划阶段,然而就学习解题而言,最重要的应该是理解题意阶段和解题回顾阶段,它们是最终学会制定解题计划的前提和基础。

从表面上看,学生不会解题是在制定解题计划上出了问题,实质是没有在"理解题意"和"解题回顾"上下功夫的结果。在数学解题学习中,学生的主要任务并不是解题,而是学习解题,因此教师教的重点和学生学的重点,不在于"解"而在于"学解"。以"解"作为出发点,注重的是解题的结果;以"学解"作为出发点,注重的则是解题的过程。无论是理解题意的学习、制定解题计划的学习,还是实现解题计划的学习,一个十分重要的途径是从"解题回顾"中来学,也就是从解题后的反思中来学。

7.3.1 "理解题意"是解题学习的第一环节

解题第一位的无疑是理解题意,但它却往往被学习者所忽视。比较普遍的情况是,匆匆读题以后就急于下手,实际上这时对问题的意义、涉及的概念、相关的知识都不甚了了,解题的结局可想而知。一位数学家说过,善于解题的人用一半时间来理解题意,只用另一半时间完成解答,可见理解题意在解题中地位之重要。

一般地,理解题意有两个层面:一个是对问题的表层理解,指解题者逐字逐句读懂描述问题的句子,读懂的标志是他能用自己的语言重述问题,实际上是把问题中的每一陈述变成解题者内部的心理表征;另一个是对问题的深层理解,指在问题表层理解的基础上,进一步把问题的每一陈述综合成条件、目标统一的心理表征。问题的深层理解,需要根据对各种类型问题一般特征的概括和当前问题的基本特征,利用解题认知结构中适当的解题知识块,才能识别问题的类型。

问题表征有各种各样的方式,例如布鲁纳认为有动作表征、图象表征和符号表征三种基本的表征模式。每一形式的表征依赖于个体不同的知识(包括经验),而且可引出不同的知识和策略,导致产生不同的解法(例如 2001 年高考第 14 题,形象思维类型——图象表征解法,抽象思维类型——符号表征解法)。人们在解答复杂的数学题时,并不是只靠单一形式的表征,往往是选用几种或几种的组合形式来表述问题(例如上述问题选用相应的图象与符号表征相结合的解法),直至最后解出。对于某一特定的数学问题而言,在若干的表征之中,可能某一种方式的表征比其他形式的表征更有效。因为不同表征能激活长时记忆中的不同事实和程序,其结果会直接影响解题成功与失败。

问题表征阶段的结果主要有两种。第一种,如果对问题的表征能促使联想起一个有效的解题知识块,那这种表征就完成了问题的解决。这种表征使得问题得到了重新组织或重新归类,从而联想起了一个可行的解决方案,也就是这种表征激活了一个适当的解题知识块,解决方案跃然而出。在某种意义上说,这实际并没有真正解决一个新问题,而只是再认了一个由旧问题乔装打扮而成的新问题而已。这种对问题的表征,实际是将新的问题情境与头脑中解题认知结构的相关方面建构起了非人为和实质性的联系。

第二种,如果并没有一个现成的解题知识块能被联想起来成为有效的解答方案,那么就得遵循探求解答的"尝试＋顿悟"的路线去探索。当然,这条路可能充满艰辛和坎坷,但有时却是惟一的路,一条创新发明的路,一条可以获得点石成金之功的路。

7.3.2 着手解题——从理解题意开始

学生解题的最大困难是,即使他们较好地理解和掌握了数学的基本概念、公式、定理、方法,也能够运用它们解决一些问题,但是当遇到一个陌生的不熟悉的问题时不知如何下手,有如"老虎吃天,无从下口"之感。

其中的原因当然很多,但是最重要的原因可能有两方面,一是缺少着手解题的基本思想方法,二是缺少指导自己理解题意的基本方法。

1. 如何着手解题

如何着手解题,就是当遇到一个陌生的新问题时,最先开始时应该如何思考。这时,因为不能直接套用熟悉的题型、惯用的模式、习惯的方法,而完全处于一种需要从无到有地去探索、思考的起点上。

其实,这时并不是真正的"无"。无的仅仅是解题的思路和方法,而问题的条件是已有的,相关的知识、方法、经验也是有的,问题是如何从"所有"去找到"所无"。

虽然不可能存在一个万能的方法,但仍然有一套最基本的思考方法,可以用于着手解题时的思考。

第一,明确它是一个什么问题,或者它要求(证)的是什么,是什么范畴的问题。这个思考,就是"盯着目标",解题过程的所有思考都要围绕着"目标"进行,这样可以保证每一个思考都与解题的目标保持密切的联系,避免走到不相干的思路中去。

第二,现有哪些材料——题设中的条件? 有哪些可以利用的工具——已经学过的相关知识和方法? 这个思考,就是理解题意,回忆知识结构中与问题相关的知识和方法。但是这种理解和回忆，不是文字的简单浏览和思想上的一掠而过，而是深究每一个对象的意义、性质，不同对象的关系，特别是能否转换为其他的意义、关系。

第三，还缺少什么材料？能否从现有的材料和工具中找到它们？一般而言，有一定难度的新问题所给出的条件和性质与问题目标的关系并不是一目了然的，使人总觉得要达到目标还缺少某些条件。所以，思考中把缺少的条件搞清楚非常重要。但是很多学生往往不是首先明确缺少什么，然后在现有条件和相关知识的关系的转换中把缺少的条件寻找出来，而是对条件进行漫无目标的变换、运算，即使碰巧得到了有用的结果，也花费了很多无谓的时间。

第四，如何利用这些材料和工具？是否还有条件没有利用？如何利用？很显然，这个思考并不是孤立进行，而是贯穿在上述所有问题思考之中。这个思考实际上更多的是为解决上一个问题服务。无疑，缺少的条件只能从现有的材料和工具中寻找，也就是如何利用现有的材料来构造所缺少的条件。学生解题时常见的毛病是不能对现有条件充分利用，甚至是把某些条件遗漏。

2. 如何理解题意

在上述的"如何着手解题的思考方法"中，最重要的是第二个思考——理解题意。实践表明，学生不能很好解题的最重要原因，就是没有树立重视理解题意的意识，没有养成理解题意的良好习惯，更没有掌握如何理解题意的方法。

如何理解题意？这里提供一套用于理解题意的"元认知提示语"，可以用来指导和帮助对题意的理解。这套理解题意的"元认知提示语"是：

"它是什么？如何表示？能否表示成其他形式？"

"它有什么性质？如何表示？能否表示成其他形式？"

"它们有什么关系？如何表示？能否表示成其他形式？"

"它是否与其他问题有联系？能否利用这个联系？"

数学研究中，对象的定义总是第一位的，因此解题时搞清楚"它是什么"也是第一位的。提示语中的"它"，可以代表题中的任何对象：名词、句子、概念、关系、表达式、符号、符号的上标下标、图形、图形中的点、线、面等等。搞清楚"它是什么"，就是题设中各个对象的具体意义，或者意义所代表的概念，但并不是眼睛一扫而过，而是在心中明确它的本质意义。

数学中的每个对象都有其特定的符号表示，所以"如何表示"对于数学解题至关重要。解题过程中的任何数学对象都必须用相应的数学符号或数学表达式表示出来才能够用于解题，而且仅用一种表达式表示常常还不足以用于解题，还需要转化为另一种表达形式，甚至多种表达形式，所以还要考虑"能否表示成其他形式"，只有得到合适的表达形式才能成为有效形式，为解决问题所用。

表面上看，这些提示语似乎没有什么了不起的新东西，其实不然，如果真正能够运用它来指导理解题意,就会发现它不仅对理解题意行之有效,而且往往可以同时找到解题的方法。如果对它长期坚持使用,养成习惯的思考方式,便能够大大提高解决数学问题的能力。

这套提示语能不能在解题中发挥作用,根本在于运用。如何学会运用提示语,必须经过一段时间有意识的训练,不断总结运用提示语的心得体会,经常概括提炼运用的经验规律,从而提高运用的水平,经过长期坚持和努力,就能大大提高数学解题的能力。下面举一例来体悟一下如何利用元认知提示语理解题意。

例1 已知 A、B 是椭圆 $\dfrac{x^2}{a^2} + \dfrac{25y^2}{9a^2} = 1$ 上的两点,F_2 是椭圆的左焦点,如果 $|AF_2| + |BF_2| = \dfrac{8a}{5}$,$AB$ 的中点到准线的距离为 $\dfrac{3}{2}$,求椭圆方程。

分析 有什么材料(条件)?

理解题意、激活记忆——把题设中所有对象"是什么,有什么性质,如何表示"尽可能理清楚,写下来。

$\dfrac{x^2}{a^2} + \dfrac{25y^2}{9a^2} = 1$ 是带参数 a 的椭圆方程;有如下性质:长轴为 a,短轴 $b = \dfrac{3a}{5}$,焦半径 $c = \dfrac{4a}{5}$,离心率 $e = \dfrac{4}{5}$;

A、B 是椭圆上两点,坐标可设为 $A(x_1,\ y_1)$,$B(x_2,\ y_2)$(—— 如何表示),它们的坐标应该是椭圆方程的解,即适合椭圆方程(性质);

$|AF_2| + |BF_2| = \dfrac{8a}{5} \cdots ①$,表示点 A、B 到左焦点距离之和为 $\dfrac{8a}{5}$;

有左准线,可表示为:$x' = \dfrac{a^2}{c}$,即 $x' = -\dfrac{5a}{4} \cdots ②$;

有 AB 的中点,可表示(设)为 $M(x_0,\ y_0)$;

点 M 到作准线的距离为 $\dfrac{3}{2}$,如何表示?

根据点到直线距离公式和 ② 式,得 $x_0 + \dfrac{5a}{4} = \dfrac{3}{2} \cdots ③$;

$M(x_0,\ y_0)$ 的 x_0,y_0 还可用 A、B 坐标表示:$x_0 = \dfrac{x_1 + x_2}{2} \cdots ④$,$y_0 = \dfrac{y_1 + y_2}{2}$。

分析 有什么工具? 如何表示?

由椭圆第一定义,可得 $|AF_1| + |AF_2| = 2a$,$|BF_1| + |BF_2| = 2a \cdots ⑤$;

由椭圆第二定义,$e = \dfrac{|AF_1|}{x_1 + \dfrac{5a}{4}} = \dfrac{4}{5}$,$e = \dfrac{|BF_1|}{x_2 + \dfrac{5a}{4}} = \dfrac{4}{5}$;

化简得 $|AF_1| = \dfrac{4}{5}x_1 + a \cdots ⑥$，$|BF_1| = \dfrac{4}{5}x_2 + a \cdots ⑦$；

椭圆基本量（在前面已利用）。

分析　有什么关系？怎么利用？

中点 $M(x_0，y_0)$ 的 x_0 有 ③、④ 两种表示，于是得 $x_1 + x_2 = 3 - \dfrac{5a}{2} \cdots ⑧$；

利用 ①、⑤ 两式可得，$|AF_1| + |BF_1| = \dfrac{12a}{5} \cdots ⑨$；

利用 ⑥、⑦ 两式可得，$|AF_1| + |BF_1| = \dfrac{4}{5}(x_1 + x_2) + 2a \cdots ⑩$；

把 ⑧、⑨、⑩ 联立方程可得 $\dfrac{12a}{5} = \dfrac{4}{5}\left(3 - \dfrac{5a}{2}\right) + 2a$，解得 $a = 1$。

至此，问题已经解决。所求椭圆方程为 $x^2 + \dfrac{25y^2}{9} = 1$。

可见，利用提示语认真仔细地对问题涉及的所有对象逐个理解、表示、整理，那么基本上在理解题意的同时，就可以得到问题的解法。其中非常重要的是对所有的对象一个不漏，而且包括理解过程中涉及的新的对象，甚至包括符号中的上标、下标也一个不能遗漏。

元认知提示语是一种自我引导、自我启发的策略方法。与学习任何策略方法一样，对这套理解题意的元认知提示语的掌握，也需要一个从不会到会，从不熟悉到熟悉，从不熟练到熟练的过程。只要坚持运用，并不断领悟，就一定能对提高解题能力产生明显的效果。

§7.4　数学解题方法的探究

在充分理解了题意之后，接下来的任务就是探究解题的方法，这是整个解题过程中最为重要的一环，也是决定能否顺利地解决问题、解题过程是否优美的关键因素。

7.4.1　数学解题方法探究的过程要素

1. 探究解题方法的基本路径

探究解题方法，就是在弄清或基本弄清问题的条件和结论后，着手寻求条件和结论之间的关系，实现由已知向未知的转化。具体的探究程式主要涉及类比联想、变更问题、尝试猜想和检验确认等环节。

第一，类比联想。想方设法将所给的题目同自己所熟悉的知识、会解的某一类题建立联系,从而获得具体的解题办法或得到某些启发、暗示。如果的确有一个相似的或有关的已经解决的问题,则考虑利用它的结论、解决办法等,来确定新问题的解法。如果找不出可以类比的问题,则考虑使用自己最熟悉的某些一般的方法,如列方程、换元、作几何变换、坐标法或向量方法等,尽可能用那种方法的语言表示问题的元素,即列出方程、恰当代换、用坐标和向量的形式表示已知关系和所求关系等等。类比联想有助于培养发散思维能力,是发现解题途径的一种基本思维方法。

第二,变更问题①。探究解题方法的基本思想就是"变更问题",也称为"化归"或"等价转换"。变更问题,就是利用等价的叙述,恰当地把问题转化,使已知的和所求的趋于一致,也就是使问题的初始状态与目标状态愈来愈接近。

实现变更问题的基本方法包括:变更问题的条件或结论;使问题特殊化;使问题一般化;找出适当的辅助问题;分开条件的各部分,重新组合。在探究解题方法的过程中,也要不断地多次变更问题,在使用变更问题的具体方法时,有时要把几种方法综合运用。

第三,尝试猜想。如果所面临的问题不能通过类比联想以及变更问题找到解决的方法,不妨大胆尝试猜想。猜想是波利亚"合情推理"的主要成分,就是要借助题目中显性或隐性的信息(如,条件与结论的联系方式,数量关系的描述,图形的示意),综合运用逻辑思维方法、直觉思维方法,猜测解题的途径、方法。猜想往往不是一蹴而就的,需要多次尝试,经历挫折与失败。猜想的途径可以从一般到特殊,也可以从特殊到一般,一定程度上含有创造的成分。

第四,检验确认。通过以上活动探寻到的解题方法的构想或猜想,还需进行更进一步检验,确认其是否可行,以及是否优美、自然。拟定的方法能否行得通,不能仅凭感觉,想当然地加以判断,应当通过实际检验。比如,将可能得到的局部结果同题目的条件和目标作比较,或者从更一般的角度考虑,以此检查解题的意图和方法是否合理。

类比联想、变更问题、尝试猜想和检验确认是探究解题方法时密切联系的四个环节,每个环节又都离不开逻辑思维、形象思维、直觉思维等思维活动的参与。因此,整个过程中对解题者思维参与的主动性要求较高。

2. 探究解题方法的原则

数学题目类型的千差万别决定了解题方法的多样性、复杂性,因此,探寻解题方法也就没有固定的规律可循。但一些基本原则还是应当引起重视的。

第一,追求简单自然②。法国数学家狄德罗(D. Denis Diderot)说过:"数学

① 涂荣豹:《数学教学认识论》,南京师范大学出版社,2003
② 单墫:《解题研究》,南京师范大学出版社,2002

中所谓美的解答,是指一个困难复杂问题的简易回答。"这就是说,解题方法应以简单自然为原则。所谓简单自然,就是直接抓住问题的实质,不去兜圈子、绕弯子,一味地寻求所谓巧法、妙解,而是充分利用问题中显性或隐性的已有信息,直截了当地寻求最基本、最朴实、最具有普遍性的解法。相反,一些技巧性过强、较为特殊、玄妙的解法由于不具有代表性,有时候就是些废招。

例如,已知 $(z-x)^2-4(x-y)(y-z)=0$,求证:x,y,z 成等差数列。本题有许多被认为巧妙的解法。如,构造方程 $(x-y)t^2+(z-x)t+(y-z)=0$,利用方程有等根得证;构造方程 $t^2+(z-x)t+(x-y)(y-z)=0$,利用方程有等根得证;将原式化成关于 y 的一元二次方程 $4y^2-4(x+z)y+(x+z)^2=0$,由此解出 $y=\dfrac{x+z}{2}$,得证。

这些解法都需要再构造出一个方程,不属于常规思维,看似巧妙,实际上是兜了一个圈子,违反了思维的简洁性原则,把简单题做难了。

实际上,注意到 $x-z=(x-y)+(y-z)$,分别把 $x-y$,$y-z$ 看成 a,b,原式即是 $(a+b)^2=4ab$,也就是 $(a-b)^2=0$,从而 $a=b$,所以,x,y,z 成等差数列。这样只用了最基本的等式变形就解决了问题,简单而又自然。

再如,已知关于 x 的实系数一元二次方程 $x^2+ax+b=0$ 有两个实数根 α,β。证明:如果 $|\alpha|<2$,$|\beta|<2$,那么 $2|a|<4+b$,$|b|<4$。直接由根与系数的关系,得 $|b|=|\alpha\beta|<2\times2=4$。

而由函数 $y=x^2+ax+b$ 的图象易知函数在 $x=\pm2$ 时均为正值,即 $(\pm2)^2\pm2a+b>0$,从而 $2|a|<4+b$。

由方程 $x^2+ax+b=0$ 联想到函数 $y=x^2+ax+b$ 的图象简单自然,从而使问题迎刃而解,否则,仅靠根与系数的关系则相当繁琐。

因此,简单自然是数学解题方法的根本。解题教学时,应当面对大多数学生,讲解最基本、最直接的方法。不应过多、过细地挖掘所谓捷径、技巧,教师总呈现巧妙的解法反而会使学生觉得自己很笨,久而久之就会失去做数学题的信心和兴趣。

第二,从基本的想法试下去。在探寻一个问题,特别是一个新问题的解法时,总会从题目所给的信息中产生一些基本的想法,这些想法可能还是粗略的、模糊的,甚至有些可能还会相当幼稚和肤浅。对此,不能总认为自己的想法还不够成熟而轻易放弃,应当相信自己最初的想法,循着这些基本、原始的第一感觉大胆地试下去,前面往往就是一条坦途;如果按照这些想法试下去,发现越来越麻烦,感觉有些不太对劲,那么多半已经走到错误的道路上了,这时候就应该及时抽身,另寻他途。不过,此时对问题的认识、理解肯定已经加深,再进一步探索下去,起点已经升高,成功的可能性当然也就更大。因此,循着自己基本的想法大胆地尝试下去,是探寻解题方法的有效途径。

例如,已知 a、$b \in \mathbf{R}$, $a+b=8$, $ab=16+c^2$,求 $(a-b+c)^{2006}$ 的值。

看到条件的第一感觉就是由两数和 $a+b$,两数积 ab 的形式想到要使用工具——完全平方公式 $(a+b)^2=a^2+2ab+b^2$ 或 $(a-b)^2=a^2-2ab+b^2$。因此,探寻方法时,就要坚定地循着这种想法走下去。对式 $a+b=8$ 两边平方,得到 $(a+b)^2=a^2+2ab+b^2=64$,是不难想到的。但接下来的探索就会遇到一些困难,是否相信自己的第一感觉仍是关键。如果能注意到两个完全平方公式才用了一个,由此想到 $(a-b)^2=(a+b)^2-4ab=64-4ab=64-4(16+c^2)$,从而得到关系 $(a-b)^2=-4c^2$,问题也就迎刃而解了。很明显,整个解题方法正是在第一感觉的支配下探寻到的。

事实上,只要认真思考了所面对的问题,就会对方法的遴选、目标的接近程度和成功的可能性产生一定的想法,沿着这种想法走下去,脚步往往就会越来越轻,成功也就会越来越近。

第三,独立思考与智力参与。解题方法的探求过程主要是解题者本人的心智活动,需要个人全身心地独立思考与智力参与,思才有路;如果自己不动脑筋,靠别人的提示、告知获得解题方法,那么解题能力永远也不会有大的提高。相反,如果自己认真、投入地思考,即使暂时没有获得理想的解题方法,也会在智力参与的探索过程中体验、感悟到问题涉及的诸多知识与方法,其收获大概也不会弱于顺利地得出问题的答案。

"学而不思则罔"。只有反复地思考,不断地尝试从不同的角度探测问题的各个方面,才能在"山重水复疑无路"的逆境下,获得"柳暗花明又一村"的回报。

7.4.2 数学解题方法探究的教学指导策略

根据数学解题方法探究的过程特点,在解题教学时,应当注意以下几个方面的指导策略。

1. 突出解题探究的过程

突出解题探究的过程涉及三个方面的含义:第一,暴露思维过程。教师解题示范时不要总呈现事先准备好了的标准答案,要有意识地暴露自己的原始思维过程,包括所走的弯路、所犯的错误、笨拙的解法等,不仅能使学生学到思考问题的具体方法,而且能使学生在认识到解题探究真实情景的基础上,增强主动探究的自信心。

第二,留下思考空间。要为学生留下独立思考的探究活动空间,不应过急过早地说破一些值得进一步思考的问题,而是要在学生有了一定的体验、感悟后,必须启发时再予以点拨。教师的睿智不是体现在先知于学生、胜学生一筹上,而是体现在与学生同步,甚至落后于学生上。

第三,着眼于过程知识。解决数学问题不能只重视"是否找到了方法,是否得出了结果",而应着眼于学生智力参与的过程和质量,着眼于解题探究的体验和感悟,即着眼于获取过程知识。这一点正是当前教学中所缺少的。比如,学生对某个问题从各种途径进行了甚至可以说是较为深入的探索与尝试,如果没有得出最终结果,仍然会表现出失落、烦躁的情绪,认为自己其实一无所获。实际上,在整个探究过程中,学生的收获往往已经超出了问题的结果本身,其中对条件的分析和深挖、对类似问题的对比和联想、对解题途径的设想和尝试,甚至所犯的一个大错误、绕的一个大弯子,都以过程知识的形式潜在地施惠于学生自身。

华盛顿儿童博物馆里有一句格言"听到的,过眼云烟(I hear, I forgot);看见的,铭记在心(I see, I remember);做过的,沦肌浃髓(I do, I understand)。"实际上也是在强调探究中所获得的基于体验的过程知识的重要意义。可以说,着眼于过程知识的焦点并不在于要获取哪些具体形式的过程知识,而是旨在明确解题探究过程的一种参与意识。

2. 善待学生的非标准思路

一般而言,教师要求学生解决的问题,自己事先就已经对相应的解法有所研究,形成了某种固定思路,不妨称之为"标准思路"。也就希望教学能沿着这条"标准思路"顺利进行,一旦出现与此相左的"非标准思路",就会出于一种本能加以排斥。教师当然知道对"求异思维"宽容和鼓励的重要意义,但学生的"非标准思路"常常表现为钻牛角尖、奇思怪想,甚至带有一定程度的幼稚和荒诞,使教师在判断和遴选上出现困难,有时为了不打乱既定的教学计划,干脆采取回避、压制措施,岂不知这样不仅使一些极有探索意义的问题从手边滑过,而且很容易挫伤学生自由思维的信心,造成解题教学中不应有的一种浪费。

例如,一位教师在引导学生探索"椭圆的标准方程"时,启发学生化简方程 $\sqrt{(x+c)^2+y^2}+\sqrt{(x-c)^2+y^2}=2a$,教师的标准思路自然是移项、平方、再移项、再平方,也就希望学生如此进行。但一位同学却突然提出:方程两边同乘以左边式子的有理化根式 $\sqrt{(x+c)^2+y^2}-\sqrt{(x-c)^2+y^2}$。由于教师没有这方面的心理准备,直观感觉这样肯定很繁,且又担心影响后续教学任务的展开,于是就武断地否定了这位学生的想法,也就使学生有效发展的一次极好机会轻易滑过。事实上,学生的思路比教师的思路更为简捷,且富有创意,如果就此发展下去,其收获大概不仅仅在于一个化简方程的方法问题。

再如,一位教师多次使用这样一道题"若 A、B 为锐角,$\sin A=\dfrac{5}{7}$,$\cos(A+B)=\dfrac{11}{14}$,求 $\cos B$"来培养学生灵活应用公式的能力。但有一位学生却直观观察后发现这样的角根本就不存在。因为 $A+B<A$,该题本身就是一道错题。但

教师却并没有正视学生的这一大胆质疑,而是草率地批评了学生的这种近乎荒谬的想法:该题的目的在于合理地使用公式 $\cos(\alpha+\beta) = \cos\alpha\cos\beta - \sin\alpha\sin\beta$,不要往"斜路"上想。教师对这种求异思维不是宽容,而是排斥,任其滑过,着实令人扼腕。诚然,这道错题并不影响使用公式,但学生基于批判性的创造性思维可能是多少公式也难以换来的。善待学生出现的非标准思路,不使其轻易滑过,其实不亚于机械地解数十、百道题。

3. 重视数学推理活动

要探寻解决一个问题的方法和途径,必须对问题的条件与结论做综合分析,形成一个个假设方案,然后推理证明或反驳假设。这个推理过程,需要学习者心无旁骛地集中注意力思考,是深层次的智力参与过程。但在实际操作时,常常会出现将推理过程简略化或跳跃化的倾向。比如,有学生解决数学问题时,不根据题目提供的信息仔细推敲,而仅凭大致的感觉确定问题的类型、搜索相匹配的方法,由于跳过了关键的推理活动过程,结果要么是漏洞百出,要么对问题只是处于浅层次的理解。虽然相信自己的第一感觉,大胆地尝试探索是解题的一项基本要求,但这种想法最终也必须经过切实的数学推理进行证实或证伪。

因此,解题教学时要注重学生推理能力的培养,使学生养成步步有根据、环环讲道理的解题习惯。通常的做法是,在正常的解题过程中,注意要求学习者说出自己每个想法的依据,找出所犯错误的原因,逐渐使学生具备追问自己"为什么"的意识。这样的分析推理过程,可以在一定程度上避免将推理过程简略化或跳跃化的倾向,也就无形中提高了解题方法探究的质量。

§7.5 数学解题的反思

目前数学教学中最薄弱的正是数学的反思性学习这一环节,但它却是数学学习活动的最重要的环节。由于数学对象的抽象性,数学活动的探索性,数学推理的严谨性和数学语言的特殊性,决定了正处于思维发展阶段的中学生不可能一次性地直接把握数学活动的本质,必须要经过多次反复探究、深入思考、自我调整,即坚持反思性数学学习,才可能洞察数学活动的本质特征。

7.5.1 解题反思是数学解题学习最重要环节

有道是"学之道在于'悟'",意思是指理解要靠学生自己的领悟才能获得,而领悟又要靠对思维过程的反思才能达到。如果在解题后即将其束之高阁而不对解题过程进行反思,那么解题活动只能停留在较低的经验水平,解题能力难有真正提高；如果在解题之后能对自己的思路作出自我评价，对整个解题过程的方方面面进行深入的探讨，那么学生的思维就可能在较高的层面上得到概括，并可能提升学生的理性思维的水平，使解题能力得到真正提高。

由于数学解题学习是有意义学习，因此良好的解题认知结构至关重要。虽然良好的解题认知结构在长期的解题实践中逐步形成和发展，但是大多是在不知不觉中，在潜移默化中被动地进行。元认知理论告诉我们，作为数学解题的有意义学习，必须使形成良好解题认知结构的过程成为学习者主动自觉的过程。解题认知结构的建立和改造有三大环节：知识网络建构、解题实践活动和策略经验积累，其中策略经验的积累在解题学习中最为重要，教师不但要指导学生积累解题经验，更要教会学生如何积累解题经验。因为大部分的解题活动都是学生自己独立进行，学生如果不能学会自己主动而有效地积累解题经验，就不可能真正实现数学解题的有意义发现学习。

解题策略经验的积累主要在解题活动的最后一个阶段——"解题回顾"的过程中获得。对于学习解题而言，学生完成了解题过程，并不意味一次解题学习活动的结束，对解题的真正学习是解题回顾。这如同知识获得的保持阶段一样，它是解题学习的保持阶段。在这一阶段，新旧两方面，包括相关知识、问题意义、解题方法、思考策略等意义的同化还在继续，新旧两方面非人为和实质性的联系还在继续强化，这一过程使知识更加巩固，方法更加熟练，思想和策略更加分化和融会贯通，从而达到获得新的解题策略、思想、方法的心理意义，整个解题认知结构得到进一步重构和完善。

解题回顾的过程中，不仅要回顾有关知识、解题方法以及理解题意的过程，而且更要回顾一开始是怎样探索的，走过哪些弯路，产生过哪些错误，为什么会出现这些弯路和错误等。久而久之就可以总结出带有规律性的经验。这些带有规律性的经验，有的是解题的策略，有的是解题的元认知知识，它们都是今后解题的行动指南。

在题海战术教学中，学生是马不停蹄地做题，教师教学中几乎没有真正意义上的解题回顾，学生就更不知道需要解题回顾和如何解题回顾，何况面对排山倒海而来的题目，连完成做题的时间都不够，哪有时间来解题回顾。所以在教学中，不妨借鉴"时间等待"理论的思想，提倡一定要留出充分的时间让学生把解题回顾完成。古人云：工欲善其事，必先利其器。解题回顾就是磨利解题武器的过程，它所起到的举一反三的作用，胜过做十道题。

7.5.2 如何进行解题反思

1. 引导学生对自己的思考过程进行反思

对自己的思考过程反思，就是在一个数学活动结束以后，努力去回忆自己从开始到结束的每一步心理活动,一开始自己是怎么想的,走过哪些弯路,碰到哪些钉子;为什么会走这些弯路,碰到这些钉子,有什么规律性的经验可以吸取;自己的思考与老师或同学的有什么不同,其中的差距是什么,其原因是什么;自己在一些思考的中途是否做过某些调节,这些调节起到了什么作用,或者为什么当时不能做出某些调节;自己在思考的过程中有没有做出过某种预测,这些预测对自己的思考是否起到了作用,自己在预测和估计方面有没有带普遍性意义的东西可以归纳等等。

千万不要小看对自己思考过程的反思,这是一种元认知能力的培养,这是一种学会学习的能力的培养,是一种学习潜能的培养,是可持续发展的人的素质的培养,是数学教学中素质教育的最重要体现。

2. 引导学生对题意的理解过程进行反思

就学生的解题学习活动而言,"理解题意"无疑是首先要学习的。很多学生找不到解题途径的根本原因,正是"理解题意"这一环节存在问题。

以信息论的观点,"理解题意"就是从问题的情景中"如何获取信息"和"如何加工信息"。理解题意的第一步是从题意中"获取信息",获取信息的主要方法是检索信息和搜索信息。检索就是分检、辨析,就是对众多的信息加以区分和辨认。搜索则是抽取、捕捉,就是抽取和捕捉闪烁于题设字里行间的不很明确的信息。在检索和搜索信息的过程中,每一个名词符号都是信息,每一句语义都是信息,所涉及的各种对象之间的关系也是信息,要真正弄清它们的意义,就要辨认哪些信息是自己熟悉的,哪些信息是自己所知道但不很明了的,哪些信息是自己不明白的。尤其注意不要被信息的表面形式所迷惑,对熟悉的信息要展开广泛的联想,不要遗漏信息的每一种含义。对不很明了或不明白的信息,属于概念性知识性的,要重温课本、钻研教材、分析原因;属于问题本身新出现的名词概念,要反复阅读问题,深入钻研问题的内容,从中发掘新名词概念的含义。

加工信息,就是以发散性加工的方式或收敛性加工的方式解释、组织和转化信息。数学问题一般都是以十分严谨而精炼的数学的语言表述的,因此"解释信息"就成为理解题意的一项非常重要的工作。这首先是指要用自己的语言对问题重新描述,也就是对问题用自己熟悉的方式重新编码,使得许多问题成分变为自己熟悉的信息。组织信息就是将获取的信息重新加以组合,常常是按照原来的信息组合并不能看出其中对解题有价值的联系,而重新组合以后,一些有价值的联系就变得一目了然。转化信息就是对信息进行变形、改造,因为题设中有的信息并不能直接用来解决问题,必须转化成新的信息才能成为达到问题目标的有价值的信息。

因此要求学生对自己最初理解题意的过程进行反思,实际就是在解题活动完成以后,要求他们反过来对自己"获取信息"和"加工信息"的过程进行思考。

一般地说,在需要高度自觉和紧张思维的有意义的活动中,比较容易获得较深刻的元认知体验。所以尤其要对那些有过反复曲折过程的问题,进行反思。要思考自己遗漏过什么信息,为什么会遗漏;思考题意中的哪些信息是自己不很明了的,为什么会不明了,无论是被表面形式所迷惑,还是遗忘了,都要对其原因追根究底;思考自己对题设的条件之间、条件与目标之间有哪些关系没有发现,关系的转化是否有错误,是什么原因导致的;对题意的理解自己存在什么其他的偏差,造成这种偏差的原因是什么等等。

重要的是要通过这样的反思,使学生在理解题意方面学会寻找规律,积累更多的经验。

3. 引导学生对活动所涉及的知识进行反思

在数学活动中总是要涉及一些业已获得的具体数学知识,那么要反思自己对这些所涉及的知识的认识是否达到了活动所要求的程度,这包括对知识理解的程度,对知识本质属性把握的程度,这些知识与认知结构中相关方面建立联系的程度,对知识的各种表达形式掌握的程度;通过亲身经历这一数学活动过程,自己对所涉及的知识是否有了新的认识,有些什么新的认识,原有的认识有什么欠缺之处,这种欠缺是如何造成的,如果需要补救必须及时进行。

就大多数学生而言,对某一个数学对象的认识,不是在一次数学活动中,就能完成的。例如,就函数的概念而言,一开始对定义的学习,不可能就其所蕴涵的东西建立比较深刻的、完整的认识。比如,函数的定义域和值域所涉及的集合,可以是整数集、有理数集、实数集,可以是 n 维空间的点集,可以是几何图形,可以是矩阵,可以是其他函数,还可以是其他任何类型的事物;函数的对应方式,可以是一个统一的解析式,可以是分段的表示,可以是列表的形式,可以是一个几何变换,可以是一系列的数值,可以是一个迭代过程,可以是任何随意的结合,只要它们满足元素随处定义、单值定义的准则就行了。但是要达到对函数关系本质属性的这种认识水平,不是在短时间内就可能达到的,必然要经历一个长期的过程。

事实上,每一次数学活动都可能提供对某一个数学对象提高认识水平的机会。由于每一次活动的背景不尽相同,如果每次都能对不同背景下涉及的同一数学对象进行反思,那么就可能产生许多新的认识。特别是,虽然同一数学对象的本质特征在不同的情境下是不变的,但其表现出的非本质特征却不尽相同,如果在不同情境下把这个数学对象的本质属性与其各种非本质属性加以比较、分析、归纳,就会大大提高对其本质属性认识的深刻程度,久而久之其认识就会变得越来越深刻、越来越完善。更重要的是,与情境联系在一起的认识,才是活的认识,才是能够迁移的认识,才是在新的问题情境下能够加以运用的认识,才是真正有用的认识。

反过来,放弃对活动中所涉及的知识的反思,那么对数学对象的认识就难免停留在肤浅的、片面的、隐含着错误危险的水平上。

4. 引导学生对所涉及的数学思想方法进行反思

在数学学习中对数学思想方法的领会、掌握和运用十分重要,可以说是数学学习的精髓之所在。但数学的思想方法没有独立的存在形式,在数学的各类教科书上也很难系统地讲述,往往蕴涵在具体内容的字里行间,或伴随在具体的数学活动的过程之中。数学思想方法的传播和学习,主要靠教师在长期的教学中提示、归纳、点拨,更要靠学生自己在长期的数学学习中领悟、吸收和运用。

中学数学中蕴涵的思想方法主要有:转化的思想(等价的和不等价的)、函数与方程的思想、分类讨论的思想、数形结合的思想等;消元、降次、换元、配方、待定系数、数学归纳法和反证法等。

在数学活动中,总是要涉及数学思想方法的,因此反思的一个重要内容就是,要特别注意发掘活动中涉及了哪些数学的思想方法,这些思想方法是如何运用的,运用的过程中有什么特点,这样的思想方法是否在其他情况下运用过,现在的运用和过去的运用有何联系、有何差异,是否有规律性的东西。有了这样的反思,对数学思想方法的认识、把握、运用的水平就会不断提高。

5. 引导学生对活动中有联系的问题进行反思

所谓对有联系的问题进行反思,是指在数学活动中必然要与一些相识或似曾相识的问题有所联系,因而在活动结束以后应对那些有过联系的问题进行反思。回顾整个活动中曾经与哪些问题有过联系,在什么地方联系过,除此以外还可以与哪些问题联系;思考为什么会或可以产生联系,具体产生了什么联系,是与问题的情境(知识、表述方式、图形等)有联系,是与问题的方法(包括策略、数学思想等)有联系,还是与问题的结论有联系;是与整个问题有联系,还是与问题的某个局部有联系。所有这些联系之间能否概括出某种规律或经验,经过这样的联系对原问题是否有新的认识。通过这种反思,力求使得每一个数学活动都不是孤立无援的,从而起到举一反三、融会贯通的作用。

6. 引导学生对解题的思路、推理、运算和语言表述进行反思

对这一内容的反思,目的在于追求对解题的思路、推理的过程、运算的过程、语言的表述进行优化和简缩。就是在完成了某一个数学活动以后,对活动中思维的合理性、推理的严谨性、运算的简便性、表述的简洁性、书写的规范性进行反思、修改、简缩,从中归纳、概括、总结出形成简缩思维结构的经验和规律。经过长期训练形成简缩的思维结构,逐步提高用简缩的思维结构进行思考的能力。

7. 引导学生对数学活动的结果进行反思

G·波利亚说过,没有一道题是可以解决得十全十美的,总剩下些工作要做,经过充分的探讨总结,总会有点滴的发现,总能改进这个解答,而且在任何情况下,我们都能提高自己对这个解答的理解水平。他打比方说:"在你找到第一个蘑菇(或作出第一个发现)后,要环顾四周,因为它们总是成堆生长的。"[①]因此,不能把获取答案作为数学活动的单一目标,更不能看成是相应的数学活动的终结。一定要形成一种习惯或意识,即虽然问题得到了解决,还要继续前进,即在求取解答后继续对解题活动的结果进行反思。

对解题活动结果的反思可以是探讨解法,挖掘规律,引申结论等等。

探讨解法可以反思:我能否一眼看穿原来的解法? 我能否利用不同知识,通过不同途径求得问题的解? 是否有更一般的方法? 是否有更特殊的方法? 是否有沟通其他学科的方法? 这些方法各有什么特征? 方法之间有什么联系? 通过对不同解法的比较,能否找到更满意的解法?

规律挖掘可以反思:这个问题能否导出一些有用的东西? 偶然中是否隐含着某种必然? 此题的哪个方面可以给我某种启发? 这个结果或解法能否适用于其他某个问题? 通过这样的反思,往往会类比发现规律,给人启迪,借用已经解决问题的结论、方法或思路解出原来不会解的习题,或对原来问题给出更简捷合理的解法。

结论引申可以反思:能否将这个问题的结论变形、推广? 能否改变一下条件? 能否改变一下结论? 等等。

反思性数学学习的形成要靠教师的示范、引导,但重要的是要学生自己学会反思,并在数学学习中自己自觉地进行反思,逐渐形成一种反思的意识和习惯。

§7.6　数学例题的教学

例题教学是数学教学的重要组成部分,是把知识、技能、思想和方法联系起来的一条纽带。通过例题教学,要达到掌握双基、传授方法、揭示规律、启发思想、培养能力的目的。要达到这一目的,就必须在例题的教学方法上遵循一定的原则。

7.6.1　目的性

教材中的每个例题都比较具体地反映了教学的有关内容和学生应掌握的程度,但各个例题的目的和作用都不一样,有的是为了引入某一个概念;有的是为了推导某一个公式;有的是为了揭示某一公式或法则的运用;有的是为了让学生

---

① [美]波利亚,阎育苏译:《怎样解题》,科学出版社,1982

掌握某种解题技巧;有的用来强调书写的格式和解题规范;有的则用来突出某种数学思维的方法。由于它们被安排在不同的特殊教学环节上,其目的也就有所侧重。因此教师必须根据教学的实际和需要,深入钻研例题,领会和认识例题的意图,突出重点,兼顾其他,充分发挥例题的作用。例如,讲授"两角和与差的正切"一节时,配备三道例题:

例 1 已知 $\tan \alpha = \dfrac{1}{3}$, $\tan \beta = -2$。

(1)求 $\cot(\alpha - \beta)$ 的值;(2)求 $(\alpha + \beta)$ 的值($0° < \alpha < 90°$,$90° < \beta < 180°$)。

例 2 计算 $\dfrac{1 + \tan 75°}{1 - \tan 75°}$ 的值。

例 3 设 $\tan \alpha$, $\tan \beta$ 是一元二次方程 $ax^2 + bx + c = 0 (a \neq 0)$ 的两个根,求 $\cot(\alpha + \beta)$ 的值。

这三道例题总的教学要求是,帮助学生深入理解和记忆两角和与差的正切公式的意义,以及掌握公式的运用,但它们的教学目的各有侧重,教学中应做到有的放矢。例 1(模仿性练习题)是简单直接地运用公式,目的是帮助学生熟悉公式的基本结构,属于公式运用的最低能力要求;例 2(选择组合性练习题)是简单间接地运用公式,其本身并不直接体现要用两角和的正切公式,但又比较容易看出与两角和的正切公式在形式上有相似之处,进而还要利用特殊角的正切值 $\tan 45° = 1$,这涉及到了公式以外相近的其他知识,具有知识的小范围综合和公式运用的小范围迁移,属于公式运用的稍高能力。例 3(灵活与综合运用练习题)则是在具体数学问题中对知识灵活与综合的运用,它与两角和与差的正切公式的关系已很不明显,涉及到公式以外较远的其他知识,具有知识较大范围的综合性和公式运用的较大范围的迁移性,属于公式运用的较高能力要求。

7.6.2 接受性

例题教学关键要保证学生能听得懂,接受得了。要做到这一点,教师此前必须做到"吃透两头",一头是吃透例题,即对例题的内容、知识范围、与前后知识的联系、技能水平、难易程度等要一清二楚;另一头是吃透学生,即对学生的知识水平、能力水平、经验水平、年龄特征等要心中有数。对于一些难度较大,估计学生一下子接受有困难的例题,要减缓坡度,搭好适当的台阶,使学生感到只要自己"跳一跳"就能达到。

例 4 将下列各式化为一个角的三角函数形式:

(1) $\sin \alpha + \dfrac{\sqrt{2}}{2} \cos \alpha$;(2) $\sin \alpha - \sqrt{3} \cos \alpha$;(3) $a \sin \alpha + b \cos \alpha$。

例 4 的目的是学习化 $a \sin \alpha + b \cos \alpha = \sqrt{a^2 + b^2} \sin(\alpha + \varphi)$ 的形式,这是一

个非常重要的、有广泛应用价值的公式,让学生真正理解和熟练运用这个公式十分重要。但一开始就让学生直接来求公式的一般形式 $a\sin\alpha + b\cos\alpha = \sqrt{a^2+b^2}\sin(\alpha+\varphi)$,对高一大多数学生的认识能力而言可能难度偏大,所以前两题实际是为认识公式一般形式而设计的思维台阶,教学的处理是分散难点,表面上是难度由易到难,本质上是从具体到抽象的思维过渡,由表及里、由浅入深逐步地揭示公式的本质。这样,既能突出重点,又能突破难点。

对于运用这个公式的练习题也可以类似地设计:

(1) 求 $y = \sin x + \cos x$ 的值域。

(2) 若 $0 < \beta < \dfrac{\pi}{2}$ 且 $\alpha+\beta = \dfrac{5\pi}{6}$,求函数 $y = 2 - \sin^2\alpha - \cos^2\beta$ 的值域。

(3) $\sin\alpha + \cos\alpha = \dfrac{\sqrt{2}}{3}$ $(0 < \alpha < \pi)$,求 $\sin\left(\dfrac{\pi}{4} - \alpha\right)$ 的值。

7.6.3　启发性

教学中的启发,孔夫子揭示其真谛在于"不愤不启,不悱不发"。这也应是例题教学中所要遵循的基本要求,即摒弃注入式,坚持启发式,经过思维引导,使得学生原来闭塞的思路得以疏通,探究的欲望得以激发,思想的火花得以点燃,问题解决的途径得以寻觅。例题教学中启发的关键是,摸清学生原有的知识背景和思维水平,遵循学生的认知规律,进程与学生的思维同步。不能脱离学生的思维起点,不能置学生的心理、思维状态于不顾,强制学生按教师提出的方法、途径去思考和解决问题。

例5　如图 7.6.1,已知 $Rt\triangle ABC$ 的直角边 $AC = a$,$BC = b$,点 S 是 $\triangle ABC$ 所在平面外一点,$SA = SB = SC = c$,求三棱锥 $S\text{-}ABC$ 的体积。

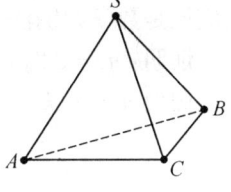

图 7.6.1

教学中,对于 S 点在 $\triangle ABC$ 上的射影 H 的位置,若教师直接指出:由 $SA = SB = SC$,知 H 是 $\triangle ABC$ 外心,即斜边 AB 的中点。顺着这一思路,问题很容易解决,学生也很容易理解,但学生的思维并未得到启迪和发展。这样的教学只注重了结果而忽视了过程,丢失了培养和发展学生思维的契机。实际上,学生极有可能把 H 点画在 $\triangle ABC$ 内部,如此就难以与题设条件挂上钩,致使解题陷入困境。教师如果未雨绸缪,估计在先,让学生先走点弯路,受点挫折,然后抓住时机,因势利导,启发学生观察探索 H 点在 $Rt\triangle ABC$ 中的位置关系,让学生猜想 H 点可能是三角形的外心、内心等,进而发现如何由题设条件决定 H 点的位置。学生经历了这样曲折的思维过程,就能获得只有在过程中才能获得的体验,这是心灵的获得,与那种"被告之结果"的获得有本质的不同,心灵的获得是思维建构的过程,学生的思维得到了发展;"被告之获得"只是灌输加记忆,没有思维价值可言。

7.6.4 示范性

例题,顾名思义是起范例作用的问题,这就要求例题本身要能真正具有示范功能。例题的示范性就是问题内容典型、思路探索典型、解决方法典型、推理过程典型、运算步骤典型。这里的典型,特别是指在问题的一般性、方法的常规性、思维的启迪性、推理的严密性、步骤的规范性等方面具有代表性,可以成为学生的"心灵鸡汤"。

例 6 求证:$1 + \dfrac{1}{2^2} + \dfrac{1}{3^2} + \dfrac{1}{4^2} + \cdots + \dfrac{1}{n^2} < 2 - \dfrac{1}{n}(n \geqslant 2, n \in \mathbf{N})$。

证明: 因为 $\dfrac{1}{n^2} < \dfrac{1}{n(n-1)} = \dfrac{1}{n-1} - \dfrac{1}{n}(n \geqslant 2, n \in \mathbf{N})$,

所以
$$左式 < 1 + \dfrac{1}{1 \times 2} + \dfrac{1}{2 \times 3} + \cdots + \dfrac{1}{n(n-1)}$$
$$= 1 + \left(1 - \dfrac{1}{2}\right) + \left(\dfrac{1}{2} - \dfrac{1}{3}\right) + \cdots + \left(\dfrac{1}{n-1} - \dfrac{1}{n}\right)$$
$$= 2 - \dfrac{1}{n}$$

这一证明并无问题,其所用的部分分式也是比较典型和常用的方法。但从教会学生学习的角度,关键是让学生明了问题的一种解决方法是如何找到的。严格的讲,部分分式是一种拆项的技巧,而非此类问题的一般解法。因此教师必须为学生展示解法的搜索过程。这本是一道与自然数有关的命题,其解决的通法应该是数学归纳法。

证明: $n = 2$ 时,不等式成立。

假设 $n = k(k \geqslant 2, k \in \mathbf{N})$ 时不等式成立,即

$$1 + \dfrac{1}{2^2} + \dfrac{1}{3^2} + \cdots + \dfrac{1}{k^2} < 2 - \dfrac{1}{k}。$$

只需证 $\dfrac{1}{(k+1)^2} < \dfrac{1}{k(k+1)} < \dfrac{1}{k} - \dfrac{1}{k+1}$,则 $n = k+1$ 时,

$$1 + \dfrac{1}{2^2} + \dfrac{1}{3^2} + \cdots + \dfrac{1}{(k+1)^2} < 2 - \dfrac{1}{k} + \dfrac{1}{(k+1)^2}$$
$$< 2 - \dfrac{1}{k} + \dfrac{1}{k(k+1)}$$
$$= 2 - \dfrac{1}{k} + \dfrac{1}{k} - \dfrac{1}{k+1}$$
$$= 2 - \dfrac{1}{k+1}$$

所以，当 $n \geqslant 2$ 且 $n \in \mathbf{N}$ 时，原不等式成立。

应该认识到，不等式证明中，比起作差法、作商法、数学归纳法等方法，放缩和按序比较大小更源于自然，更符合人的原始认识，是不等式证明最基本的思想，其他方法其实都是在此基础上发展演变出来的。

7.6.5　延伸性

其实在学习新知识的同时，学生也掌握了某种解题模式，在一定阶段内他们往往只会机械地照搬这个固定模式解题。对此如果不随时予以注意，很可能形成某种心理定势，造成思维的呆板和僵化。因而在例题教学中，当学生获得某种解题的基本方法以后，应及时将原题的条件、结论、情境或方法延拓变通，使学生进一步理解和掌握例题所阐述的概念原理、规律、数量关系或解题方法，从而极大的开拓思维空间，达到培养创造性思维的目的。

例 7　已知：如图 7.6.2，空间四边形 $ABCD$ 中，E、F 分别是 AB、AD 的中点，G、H 分别是 CB、CD 上的点，$CH : CB = CG : CD = 2 : 3$，求证：四边形 $EFGH$ 是梯形。

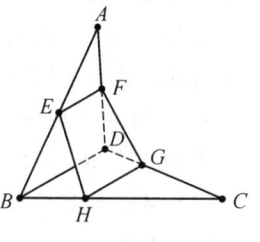

图 7.6.2

这道题的目的是加强对公理 4："平行于同一条直线的两条直线互相平行"的理解和运用。对这个题可以进行很多变化：

变式 1　已知不变，改求证：HE 与 GF 交于一点。

变式 2　已知：E、H 分别为 AB、BC 中点，$AF : FD = 3$，过 H、E、F 作一平面交 CD 于 G。求证：EF 与 HG 交于一点。

变式 3　已知条件为 E、F、G、H 分别是边 AB、AD、CD、CB 的中点，则四边形 $EFGH$ 是_____形（平行四边形）。

变式 4　已知三棱锥 $A - BCD$ 中，$AB \perp CD$，$AD \perp BC$，求证 $AC \perp BD$。

变式 5　已知三棱锥 $A - BCD$ 中，$AB = AC$，$DB = DC$，F 是 BC 中点，求证：平面 $ADF \perp$ 平面 BCD。

变式 6　已知边长为 a 的四面体 $ABCD$ 中，E、F 分别为 AD、BC 中点，求 BE、DF 所成的角。

思 考 题

1. 结合自己的解题经历谈谈对"数学解题是有意义发现学习"的理解。

2. 结合以下题目思考如何指导学生理解数学题意。

椭圆 $\dfrac{x^2}{a^2}+\dfrac{y^2}{b^2}=1(a>b>0)$ 上一点 P 到焦点 F_1、F_2 的距离分别为 r_1、r_2，I 为 $\triangle F_1PF_2$ 的内心，$|IP|=d$。

求证：$\dfrac{d^2}{r_1r_2}=\dfrac{a-c}{a+c}(c=\sqrt{a^2-b^2})$

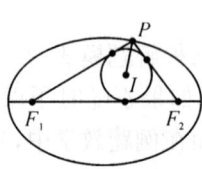

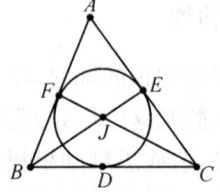

第 2 题图　　　　　　　　　　第 3 题图

3. 自己先尝试探究以下题目的解法，然后结合该题目谈谈如何指导学生进行数学解题方法的探究，并辨析自己进行数学解题与教别人进行数学解题有何不同。

已知：$\triangle ABC$ 的内切圆切三边于 D、E、F，BE、CF 交于 J，A、E、F、J 四点共圆。求证：$BJ\cdot CD=CJ\cdot BD$。

4. 求解以下问题，并结合该问题谈谈如何进行解题反思。

已知 $a\in\mathbf{R}$，函数 $f(x)=x^2|x-a|$。

(1) 当 $a=2$ 时，求使 $f(x)=x$ 成立的 x 的集合；

(2) 求函数 $y=f(x)$ 在区间 $[1,2]$ 上的最小值。

5. 学校安排初三(12)班布置校园，材料是一堵长为 20 米的墙和 100 米长的篱笆，要求围成一矩形花圃。求围成花圃的最大面积。

(1) 设计此题的解题教学方案(提示：花圃面积与花圃的设计有关)；

(2) 设计此题的变式题。

6. 试围绕你感兴趣的某一课题，进行该课题的数学例题教学设计。

第8章 数学思想方法的教学

自 20 世纪以来,由于数学基础学科中重大思想方法的出现,特别是数学公理化的形成以及数学基础理论研究的深入开展,人们渐渐关心数学各分支之间的内在联系,开始注意对数学思想方法本身的产生及其发展规律的探讨。许多著名的数学家都曾从事过数学思想方法理论的研究,并获得丰富的研究成果。如波利亚所著的《数学与猜想》、米山国藏发表的《数学的精神、思想与方法》等。这些成果为我们今天研究数学思想方法的教学提供了理论基础,为数学思想方法教学的顺利进行提供了可能。

近年来,我国有关数学思想方法的教学研究也不断深入和拓广,解决了不少教学实际问题,积极推动了我国数学教育改革的进程,并成为一项独具特色而又富有深远意义的研究课题。

§8.1 数学思想方法及其意义

数学思想方法具有普遍性,学习者理解和掌握数学思想方法,比掌握好形式化的数学知识更加重要。尽管越来越多的数学教育工作者认识到了数学思想方法的意义,但理念不代表实践,在数学教学中注重知识的传授与记忆和模仿,忽视数学思想方法的渗透和教学的问题仍然比较普遍。原因之一是一些数学教育工作者未真正理解数学思想方法的内涵,未真正认识数学思想方法的意义。

8.1.1 什么是数学思想、方法

数学方法是方法丛中的一种,数学思想是思想丛中的一种,关于方法和思想的内涵,对于认识数学方法和数学思想的内涵提供了一种视角。

1. 什么是数学方法

"方法"一词,起源于希腊语,字面意思是沿着道路运动。其语义学解释是指关于某些调节原则的说明,这些调节原则是为了达到一定的目的所必须遵循的。

《苏联大百科全书》中指出："方法表示研究或认识的途径、理论或学说,即从实践或理论上把握现实的、为解决具体课题而采用的手段或操作的总和。"美国麦克来伦公司的《哲学百科全书》将方法解释为"按给定程序达到既定成果必须采取的步骤"。我国《辞源》中解释"方法"为"办法、方术或法术"。从科学研究的角度来说,方法是人们用以研究问题、解决问题的手段和工具,这种手段和工具与人们的知识经验、理论水平密切相关,是指导人们行动的原则。中国古代兵书《三十六计》开篇就写道:"六六三十六,数中有术,术中有数。"说明古代人早已意识到数学与策略、方法之间的密切关系。

基于以上解释,我们认为数学方法就是提出、分析、处理和解决数学问题的概括性策略。

2. 什么是数学思想

在现代汉语中,"思想"解释为客观存在反映在人的意识中经过思维活动而产生的结果。《辞海》中称"思想"为理性认识。《中国大百科全书》认为"思想"是相对于感性认识的理性认识成果。《苏联大百科全书》中指出:"思想是解释客观现象的原则。"毛泽东在《人的正确思想从哪里来》一文中说:"感性认识的材料积累多了,就会产生一个飞跃,变成了理性认识,这就是思想。"综合起来看,思想是认识的高级阶段,是对事物本质的高度抽象的、概括的认识。

由此,我们认为数学思想是数学中的理性认识,是数学知识的本质,是数学中的高度抽象、概括的内容,它蕴涵于运用数学方法分析、处理和解决数学问题的过程之中。也即是说,数学思想是对数学对象、数学概念和数学结构以及数学方法的本质性概括性的认识。

8.1.2 数学思想方法的意义

数学思想方法是数学的灵魂,是开启数学知识宝库的金钥匙,是层出不穷的数学发现的源泉。可以说数学的发展史是一部生动的数学思想的发展史,它深刻地告诉我们:数学思想方法是数学知识的本质,它为分析、处理和解决数学问题提供了指导方针和解题策略。数学思想方法比数学知识具有更大的统摄性和包容性,它们犹如网络,将全部数学知识有机地编织在一起,形成环环相扣的结构和息息相关的系统。所以,数学教学必须通过数学知识的教学和适当的解题活动突出数学思想和方法。

1. 数学思想方法是实现数学教学面向全体学生的重要内容

著名数学家波利亚的调查研究表明,数学思想方法比形式化的数学知识更具有普遍性,在学生未来的工作和生活中应用更加广泛。特别在普及九年义务教育的今天,研究如何在数学课堂教学中加强数学思想方法的教学更有重要意义。在联合国教科文组织的数学教育专辑中,曾举例说明很多人在校外生活中使用三角形面积公式至多不超过一次。我们学习这个公式，更重要的是要获得这样的思想方法，就是通过分割一个表面成一些简单的小块，并且用几种不同的方法重新组成一个图形来求出它的面积值。著名数学家陈省身教授曾指出："类似于'以任意三角形的三边为边作 3 个等边三角形，其中心连线仍构成正三角形'这样的题目，只是其中多些技巧，思想方法性不强，不是'好'的数学。只有思想方法深刻，能进一步引申、推广、发展的数学才是'好'的数学，同时是数学教学需要予以突出的重要内容。"

根据前苏联著名教育学家克鲁捷茨基通过实验所得的概括化理论和有能力学生的遗忘曲线，可以得知高度概括的内容可以使学生铭记终身。而数学思想方法是高度抽象和概括的，所以学生一旦掌握了数学思想方法，就能长久地予以保持。这正如日本数学教育家米山国藏所说："即使学生把所教给的知识（概念、定理、法则和公式等）全忘了，铭刻在他心中的数学精神、思想和方法却能使他终身受益。"根据同化理论，认知结构中是否有适当的起固着作用的观念可以利用，是决定新的学习与保持的最重要的因素。为了保持迁移，教材中必须有那种具有较高概括性、包容性和强有力的解题效应的基本概念和原理。布鲁纳也认为领会概括性的内容，是通向"训练迁移"的大道。数学是从实际生活中抽象、概括出来的，因此数学思想方法能够迁移到任何场合，可以应用于各行各业。对于数学工作者来说，数学思想方法的掌握不仅有利于深刻理解数学知识，而且有利于数学发现和创造。对于非数学工作者来讲，因为数学思想方法的概括性极强，可被广泛运用于处理和解决各种问题，所以在数学知识的基础上强化思想方法的教学是数学教学改革（特别是中学数学教学改革）的必由之路，是实现数学教学面向全体学生的有效措施。

2. 数学思想方法是素质教育的重要内容

科学研究指出已经突破和将要突破的新技术将能够运用于生产，运用于社会，并必将会带来社会生活的新变化。这一最新的动向强烈表明，教育家必须具有长远的眼光。如果急功近利，只看到眼前的需要，认为适合眼前的教学就是符合要求的教学，而不考虑或考虑不到未来新技术革命发展的新形势下人才的需要，教学内容不能相应地进行改革，就会延误大好时机而悔之莫及。知识经济时代的到来，要求学校教育将每一名学生都培养成勇于思考、探索和创新的高素质人才。那么数学教学可以通过什么样的教学内容提高学生素质呢？饶汉昌等数学教育专家撰文指出，"数学思想方法是数学教育的重要内容"。

第一，数学思想方法能培养学生的创造能力。有人指出，"人刚生下来只会吃喝拉睡，其他均靠模仿学会（称为低级模仿）。上学后靠依葫芦画瓢（称为中级模仿），虽然可以学到很多本领，但同班同学开始分化。只会依葫芦画瓢者居中下程度，能模仿老师、自行探索大小招数和思维方法（称为高级模仿）者开始脱颖而出！高级模仿是过渡到发明创造的必由之路。"作为高素质人才必须具备发明创造能力,必须学会高级模仿。而数学思想方法不是简单模仿所能得到的,只有通过深入体会、思考,才能领悟其中的奥妙,进而培养高级模仿能力,促进良好素质的形成。

第二,数学思想方法能培养学生的数学思维品质。有的学者在谈到数学思想方法教育的功能时认为:"数学思想方法的教学能够增进学生的抽象思维,促进形象思维、直觉思维的敏捷性,有利于训练学生思维的深刻性,增强学生数学思维的灵活性,发展学生思维的批判性,形成学生数学思想的独特性。"这一观点表明,重视数学思想方法的教学是促进学生思维能力发展,使其形成良好的思维品质的素质教育的重要内容。

第三,数学思想方法有助于培养学生的科学观念。因数学思想方法涉及面很广,适当向学生介绍中国古代机械化、算法化和实用化的数学思想,介绍古希腊重思辨、重理性的数学思想,不仅会开阔学生视野,而且有助于提高学生对数学的认识。同时,若以讲座形式向学生介绍一些现代数学思想,教师在教学中用较高观点指导初等数学教学,会使学生认识到数学不是各种各样习题的堆积,而是蕴涵着深刻的哲理,这对学生形成科学观念是大有益处的。

第四,数学思想方法的学习有助于学生掌握和理解数学知识。美国心理学家布鲁纳指出:"懂得基本原理使得学科更容易理解。"学习心理学认为:"如果认知结构中原有的有关观念在包容和概括水平上高于新学习的知识,那么这时利用认知结构中的有关观念学习新知识便成为下位学习。"当学生掌握了一些数学思想方法,再去学习相关的数学知识,就属于下位学习。下位学习所学的知识具有足够的稳定性。

第五,数学思想方法的学习有助于数学语言的学习。数学具有高度抽象性,原因之一就是数学语言是符号化和形式化的。恩格斯在《反杜林论》中指出:"要能够研究这些形式及其关系的纯粹情形,那么就应该完全把它们与其内容相分裂,把内容暂置不管,当作无所可否的东西。"张奠宙先生指出:"数学方法的重要性之一,在于它能为科学研究提供简明、精确的形式化语言。"确实,高度符号化与形式化是数学语言区别于其他语言的显著特征之一,这一特征在中学数学中体现得也很深刻,它使得数学语言具有广泛应用性。数学语言中蕴涵着深刻的数学思想方法,学生不掌握数学思想方法,对数学语言的理解将是肤浅的,对数学语言的认识将是支离破碎的。

另一方面,近年来,人们相对于智商,提出了情商概念。我们认为,把数学教学看成纯理性的活动,不提及数学教学的情感性质,或认为情感教育只是为智力服务的手段,是不妥当的,是不利于学生心理素质健康发展的。素质教育还应包括情感教育。数学思想方法又有助于从数学学科落实情感教育,这是因为:

首先,数学问题千变万化,数学知识表面上有时毫不相干,但万变不离其宗,"宗"就是数学思想方法。学生领悟了数学思想方法,认识观念提高了,无疑会提高他们学习数学的自信心等,而形成自信心,是情感教育的内容之一。

其次,数学思想方法概括性强,具有迁移范围广、应用领域宽的特点。对于大多数人来讲,日常生活中广泛运用的是数学思想方法,所以,数学思想方法的教学,对于提高学生自学将其迁移到其他场合的能力大有益处,这种能力的形成有助于激发学生对数学学习与应用的欲望,形成数学学习的内驱力,并使他们终生受益。

最后,生活质量的提高,为人处世能力的形成,也与数学思想方法的情感教育息息相关,这恐怕也是许多数学家及数学教育工作者能成为卓越社会活动家的原因之一。

3. 数学思想方法的教学是科学技术日新月异的需要

我们正处在一个科学技术迅猛发展的时代,面临着新技术革命的挑战,我们正从工业社会转向信息社会,知识更新的周期越来越短,知识陈旧率、淘汰率越来越高,有资料表明,近年来每七八年,世界知识总量就要翻一番。最近 10 年的发明创造超过了以往 2 000 年的总和。近 30 年来,数学新理论、新分支已经大大超过了 18、19、20 世纪的总和。预计未来 10 年数学的成就又将比现在的 10 年成倍地增长,全世界每年有多达 1 500 余种的杂志发表数以万计的数学论文,是数学科学正在迅速发展的有力佐证。

为了适应社会生产和科学技术迅速发展所带来的"知识爆炸"的形势,各国教育界纷纷研究对策。著名教育学家赞可夫提出的高难度、高速度的教学原则便是对策之一,但是这些原则在实际运用中并未获得成功。

面对 20 世纪数学的飞速发展,数学教育界在五六十年代爆发了席卷欧美国家的"新数学运动"。大量的现代数学内容进入了当时的数学教材,并为此付出了影响整整一代人的沉重代价,其中最令人痛心的是许多学生甚至连基本运算都不会了。虽然我国未卷入"新数学运动",但因有考试指挥棒等原因,造成教学内容偏深、偏难,以致一般学生"食而不化,负担过重",这种现象已经引起有关部门的重视。随着我国经济的持续增长,对教育的投入逐步增多,教育改革更加蓬勃发展,不久的将来教育领域必将严格遵照教育规律办事,数学教育领域当然也不例外。

最近,联合国教科文组织考察了世界各国教育,并提出长达 30 万字的长篇考察报告——《学会生存》,其中给"现代文盲"定义为"智力就是一种适应力,如果没有这种能力,知识再多,通过高技术的信息时代,也终是固守一隅、无力应变的现代文盲"。现代教育要求每个人终身都要受教育,所以每个人不仅要掌握知识,更重要的是要学会学习。

那么,使得数学教育与社会科技发展相适应的金钥匙在哪里呢? 如何扫除"现代数学文盲"呢? 我们知道,作为一般的数学思想方法,与实际生活中的思想方法有许多类似之处,波利亚的一个重要数学教学思想就是"与其给人以死板的知识,不如给人以生动、活泼的方法,以'点石成金'的策略、手段"。的确,"授之以鱼,不如授之以渔",数学思想方法是"渔鱼"的策略、工具,其教学是实现"教是为了不教"的重要途径。

学生有了"点石成金"、"渔鱼"的策略和方法,就会在高速发展的科学知识面前运筹帷幄,应付自如。因此,数学思想方法就是我们需要寻找的"金钥匙",是扫除"现代数学文盲"的有力武器。

§8.2 数学思想方法教学的原则

进行知识的教学总要遵循一定的教学原则,数学思想方法是数学知识的重要范畴,进行数学思想方法的教学,应符合一般教学原则,但根据数学思想方法的特性,还应该遵循其他一些原则。

8.2.1 数学思想方法的特征

与一般的数学知识相比,数学思想方法具有以下特征:抽象度高、隐蔽性强、难以表达。

数学深层知识比表层知识更富抽象特征。数学深层知识蕴涵于表层知识中,掌握了表层知识,仍可能对深层知识知之甚少。表层知识可以通过符号、定义、定理、公式、图形等方式明确表示,而深层知识虽然对某些特点可以用简单的语言进行描述,但难以对丰富的内涵与众多的运用方式进行明确的表述,这就给学习带来了困难。

8.2.2 数学思想方法教学的原则

数学思想方法的教学要遵循渗透性、反复性、明确性和实践性的教学原则。

1. 渗透性

数学思想方法是源于一般数学,但又高于一般的数学知识。因此,在教学中,应在学生掌握一般知识的过程中渗透其中蕴涵的思想方法,并在掌握了必要的基础知识的基础上,对相应的思想方法做出适当的概括。切不要单纯以某一个思想方法作为教学对象而展开教学,这样,学生不仅不能很好地领会思想方法的深刻内涵,反而使学生对所论及的思想方法的理解变得机械、僵化,甚至产生某些偏差。

2. 反复性

学生对某一个数学思想方法的认识、理解是有一个过程的。希望通过几节课就达到掌握思想方法的目的只能是不可及的奢望。一般说来,学生是在学习一般知识的过程中、在教师的启发下,对其中蕴涵的数学思想方法逐渐产生感性认识,经过多次反复,在比较丰富的感性认识的基础上逐渐概括成理性认识,然后在应用中,对形成的思想方法进行验证和发展,进一步加深对它的认识。也就是说,学生对数学思想方法的体会和掌握是在较长的学习过程中,经过多次的反复,逐渐提高认识的层次,从低级到高级,螺旋式上升的。

3. 明确性

以上两个方面反映了数学思想方法教学的特点,渗透是需要过程的。但是值得注意的是,如果一味长期、反复、不明确地渗透,而不在适当的时机加以明确,将会影响学生认识从感性到理性的飞跃,妨碍学生有意识地去掌握和领会。因此,在反复渗透的过程中,还要利用适当的时机,对某种数学思想方法进行概括、强化和提高,对其内容、规律和使用方法适度明确化。这应当是数学思想方法教学的又一个原则。

4. 实践性

学生对数学思想方法的认识和体会要在他们亲自参与数学活动的过程中进行。现在,人们已经普遍接受了数学的学习过程应该是"做数学"的过程这一观点,数学思想方法的体会和掌握也是如此。观察、实验、归纳、类比这些方法离不开学生的实践活动,而其他数学思想方法也只有让学生在实践过程中去体会、掌握。

§8.3　中学数学思想方法的教学

数学思想方法的内容是丰富的,目前在中学数学中强调哪些数学思想方法,应当如何教学呢? 我们认为要回答好这个问题,首先要澄清如下认识。

8.3.1　思想方法教学中的几点认识

1. 是"方法",还是"技能"

由于方法和技能都是解决问题的常用程序,因而方法一词在日常教学中常常与技能混为一谈。许多本应属于技能的具体操作,如公式法、配方法、割补法等也被纳入方法系列。我们认为,数学方法应该具有一定的抽象度,为分析、处理和解决数学问题提供策略,但一般不提供解决问题的程序。

2. 是"思想",还是"方法"

有些文章将数学教学中的一些常用方法称为思想,如将代入法、换元法等称做"思想",造成数学思想数量大、内容多,不利于在数学教学中运用。我们认为数学思想是数学的本质,是对数学规律的理性认识。这种认识更具普遍性,可以应用于更广泛的数学领域,更进一步讲,许多数学思想还可以渗透于许多行业中。而数学方法虽然也是理性认识,但因其概括性较数学思想弱,所以其迁移范围远不如数学思想广,而更多的是运用于某一数学领域。

3. 是"一般方法",还是"数学方法"

观察、类比、实验、分析、综合等虽然在数学教育中有着广泛的应用,但它们是科学认识的一般方法,在其他学科教育中都应予以重视。客观地讲,数学方法应该受数学内容的限制,更多的是在数学教育中才能予以落实并发挥其教育功能的。我们认为数学方法应该体现如下特征:运用数学方法可以包摄数学知识;数学方法也是分析数学问题、处理数学问题的概括性策略,如数形结合法、交换法和分类讨论法等。

我们认为,应该立足于中学数学教材,从中挖掘数学思想方法。只有这样,才能使中学教师在教学中"有法可依、有章可循"。而且,还要根据学生的接受能力选择数学思想方法,对于有些数学思想方法,特别是现代数学思想方法,虽然很重要,但因其在中学教学中体现不深刻,学生又难以接受,目前就不宜把它们作为重点列入中学数学教学中。

8.3.2 数学方法

在中学数学中应该重视的数学方法包括:数学模型法、数形结合法、函数法、分类讨论法、变换法等。

1. 数学模型法

概括地讲,数学模型是针对或参照某种事物系统的特征或数学相依关系,采用形式化的数学语言,概括或近似地表达出来的一种数学结构模式。

数学模型是数学抽象化的产物,是对现实原始的概括反映或模拟。其原形可以是具体对象及其关系,也可以是数学对象及其关系。中学数学中的数学模型一般作广义解释,即数、式、方程、空间等都可以作为数学模型。

纯数学舍弃了具体的现实内容,周旋于抽象的概念和推理之中,相对地脱离了实践。可是,纯数学只有以实践为基础,以变革现实为目的,走一条应用的道路,才能发挥它作为工具所具有的各种功能。而要将实际问题转化为数学问题,一个重要途径是将实际问题提炼成数学模型,构造数学模型就是将实际问题"数学化"。通过研究事物的数学模型来认识事物的方法称为数学模型法。

在中学数学中,数学模型比比皆是,按其功能可分为两类:概念型,指将客观事物或现象直接抽象成数学概念,如自然数、奇数、整式、代数式和空间等;方法型,指将客观事物或现象间的关系抽象成数学中的公式、运算法则等。概念型和方法型数学模型的建立,一般都需要借助于数学符号,如自然数集"**N**"、加法符号"+"、映射"$f:A \to B$"等。

在中学数学中,经常需要构造数学模型来处理数学问题,特别是构造有关公式、法则等解决问题。因此,在数学教学中,既要培养学生通过构造数学模型处理问题的能力,还要通过分析各种数学模型的关系,加深学生对数学模型的认识与理解。譬如,$x = \cos\theta$ 和 $y = \sin\theta$ 为两个数学模型,它们之间的联立则可得到另一个数学模型——圆。

2. 数形结合法

著名数学家拉格朗日(J. L. Lagrange)指出:"只要代数同几何分道扬镳,它们的进展就缓慢,它们的应用就狭窄,但是当这两门科学结合成伴侣时,它们就互相吸取新鲜的活力,从那以后,就以快速的步伐走向完善。"我国著名数学家华罗庚先生也指出:"数缺形时少直观,形缺数时难入微。"数和形作为数学的两个基本对象,是现实世界的数量与空间形式的反应,在解析几何中两者达到了有机的统一。这种统一曾为微积分、近世代数、泛函分析等学科提供了必要的工具。

在中学数学中,利用数形结合法可将代数与几何问题相互转化,也就是说,几何概念可以用代数语言表示,几何目标可以通过代数方法来达到。反过来,几何又给代数概念以几何解释,赋予那些抽象概念以直观的形象。在分析表层知识、处理数学问题时,应该善于运用这种方法。《浅谈初中数学思想方法的渗透》一文,谈及了"一元二次不等式及其解法"的教学步骤。

首先,教师和学生一起利用数形结合法,建立起一次函数、一次方程、一次不等式、一次代数式各概念之间的联系框架,如图 8.3.1 所示:

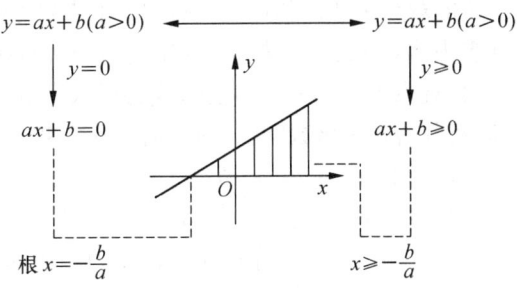

图 8.3.1

然后,提出:"能否按照研究一次式这样的方法来研究一元二次不等式的解集呢?"接着师生共同建立起二次函数、二次方程、二次代数式的联系框架,如图 8.3.2 所示：

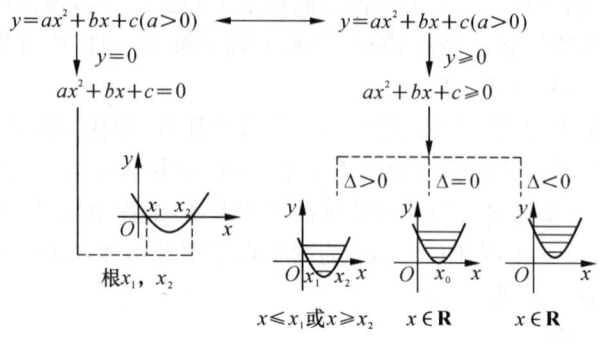

图 8.3.2

这一教学过程充分体现了数形结合方法的合理运用,不仅会避免学生机械记忆公式,还有助于培养学生的数形结合意识,将孤立的数学知识联系起来,并且有意识地利用数形结合的方法处理和解决数学问题。

3. 函数法

函数在中学数学中是以表层知识出现的。具体来讲,在中学数学中,有关函数知识分三次出现:第一次是在初中三年级,"函数及其图象"这一章中介绍了函数变量说,并对一次函数和二次函数的定义、图象和性质进行了具体研究;第二次是在高中一年级,在引进集合与映射等概念的基础上,用集合、映射的观点解释函数定义,给出定义域、值域和函数符号,并对幂函数、指数函数、对数函数、三角函数等初等函数进行研究;第三次是在高中三年级,微积分中对函数作了进一步的介绍。

函数在数学的发生、发展过程中起着举足轻重的作用。随着科学的进步,函数概念在逐步推广。在中学,函数也是一个包容性很强的概括性知识,因此函数法是中学数学中从运动变化的观点来认识和处理问题的一个重要方法。利用函数法可以分析中学数学的许多内容,如数、式、方程、不等式、数列、曲线与方程(隐函数)等,能有机地统一在函数观点下。同时,上述数、式、方程、不等式等问题在推演过程中遇到困难时,可以将其转化为函数问题,利用函数方法来处理和解决。

例如,已知 a、$b \in R$,求证:$a^2 + b^2 \geqslant ab + a + b - 1$。通过分析可知,只要证 $a^2 + b^2 - (ab + a + b - 1) \geqslant 0$ 即可,于是令 $f(a) = a^2 + b^2 - (ab + a + b - 1) = a^2 - a(1+b) + (b^2 - b + 1)$。这样就将不等式问题转化为函数问题,其判别式 $\Delta = -3(b-1)^2 \leqslant 0$,所以 $f(a) \geqslant 0$ 成立。

4. 分类讨论法

分类讨论法就是对问题进行分情况讨论的方法。当问题含有多种可能的情况,人们难以对它进行统一处理时,只能按其出现的各种情况分类进行讨论,分别得出与分类相应的结论,综合这些结论,便得到原来问题的解答。这种分析问题、解决问题的方法称为分类讨论法。在逻辑学中,可以从集合论的观点来认识分类讨论法。集合的分类,是指把一个非空集合分成若干非空子集合,这些子集合中任意两个的交是空集,所有子集合的并为原集合。由于任何概念的外延都是集合,所以集合的分类包含了逻辑意义上的概念分类。

在中学数学中,分类讨论法广为使用,几乎贯穿其全部教学过程之中。从横向看,在定义、计算题、合情推理与演绎推理、数学证明等方面都有广泛的运用;从纵向看,则运用于中学各年级的所有科目的数学教学之中。下面是中学数学中运用分类讨论法的几种常用情况:

第一,由定义引起的分类讨论。如 $|x| = \begin{cases} x & x \geqslant 0, \\ -x & x < 0。\end{cases}$

第二,由运算引起的分类讨论。如求 $\lim\limits_{n \to \infty} \dfrac{a^{n+1} - a^{n-1}}{1 + a^n}(a > 0)$ 的值。

第三,由性质引起的分类讨论。如求不等式 $\lg a^{\frac{3}{2}} < 1$ 的解集。

第四,由图形位置引起的分类讨论。如正三棱柱的侧面展开图是边长为 2 和 4 的矩形,求原三棱柱体积。

第五,由结论引起的分类讨论。如在 $\triangle ABC$ 中,角 A、B、C 所对的边分别是 a、b、c。若 $b = 2$,$c = 3$,$\sin A = \dfrac{\sqrt{15}}{4}$,求 a 的长。

5. 变换法

运用一定的措施和手段,把复杂的数学问题变换成与之等价的一个或几个较为简单的数学问题,从而使原问题得到解决的方法叫做变换问题的方法。一般来说,在用变换法处理问题时,既可以变换问题的条件,也可以变更问题的结论,还可以运用几何变换方法,对图形的形状、大小等加以变换。

在中学数学教学中,立足于运动、变化观点,恰当地运用变换法指导教学,有助于学生对表层知识的理解,有助于培养学生灵活处理问题的能力。

如,余弦定理: $a^2 = b^2 + c^2 - 2bc \cos A$。若已知三边 a、b、c,求 A,则可变形为 $\cos A = \dfrac{b^2 + c^2 - a^2}{2bc}$;若已知 b,c,A(其中 $b \neq c$),求 a,则可变形为 $a = \sqrt{(b+c)^2 - 2bc(1 + \cos A)}$ 或 $\sqrt{(b-c)^2 + 2bc(1 - \cos A)}$。于是余弦定理的应用范围便明显扩大了。

中学代数、三角所涉及的许多变换都可置于"变换"观点之中。如解析几何的恒等变换,方程、不等式的同解变换,命题及命题形式的等价变换,比例变换,放缩变换等;中学平面几何、立体几何中经常运用合同变换、相似变换处理和解决数学问题。

例如,在解决平面几何问题时,往往要寻找合同三角形,实际上是找一个合同变换,从而利用对应线段相等、对应角相等;共点线对应共点线等性质解决问题。再如,中学几何中的相似图形就是相似变换下的对应图形,如果△ABC∽△A'B'C',就说它们之间存在一个相似变换。合同变换主要是运用反射法、平移法、旋转法与中心对称法实现的;相似变换主要是运用相似变换法、位似变换法实现的。

8.3.2 数学思想

在中学数学中,含有四个最重要且基本的数学思想,即集合思想、数学结构思想、对应思想和化归思想。由于这四种数学思想几乎包括了中学数学的所有内容,而且结合中学生的思维能力和他们的实际生活经验,这几种数学思想有可能被他们理解和掌握。另外,这些思想对于学习高等数学来说,也是基本且重要的。所以,在中学数学教学中,突出这四种思想是很有必要的。

1. 集合思想

在实践中,人们经常把具有某种共同属性的事物放在一起,视为一个整体,对它们作统一的研究和处理。整体思想是人们认识事物、解决问题的一种基本想法。这种整体思想在数学中就是集合思想。集合是构筑数学理论大厦的基石,任何一个现代数学分支都是建立在集合基础之上的,集合思想可以体现于所有数学分支之中。

首先,有些数学模型本身就是集合,比如数系 **N**、**Z**、**Q**、**R** 等。其次,概念型数学模型都有其自身的内涵和外延。内涵是指这一概念包含某对象的一切基本属性的总和;外延是指这一概念的一切对象。这样任何一个概念型数学模型都可以视为一个集合 $\{x \mid p(x)\}$,其中 $p(x)$ 为其内涵,$\{x \mid p(x)\}$ 为其外延。最后,方法型数学模型都是针对某一类确定的数学对象的集合来进行的。例如,棣莫弗公式: $[r(\cos\theta + \mathrm{i}\sin\theta)]^n = r^n(\cos n\theta + \mathrm{i}\sin n\theta)$ 是适合于集合 $\{r(\cos\theta + \mathrm{i}\sin\theta) \mid r \geqslant 0\}$ 中的每一个元素,即只对复数的三角形式是适用的。得出类似于 $(\sin 20° + \mathrm{i}\cos 20°)^2 = \sin 40° + \mathrm{i}\cos 40°$ 的结论是错误的。

数形结合主要体现了代数与几何两大分支集合间的对应关系。如,函数 $y = x^2$ 与其图象的对应,实质上就是集合 $\{x \mid f(x) = x^2\}$(代数中的实数)与集合 $\{(x, y) \mid y = x^2\}$(几何中的点)的对应。函数是两个集合间的一种特殊对应,其定义域和值域都是集合。因此,运用函数分析、处理问题时,离不开集合思想的指导。

另外,分类讨论法的实质是集合的分类,变换法实质是将一个集合中的问题转为另一个集合中的问题。

2. 数学结构思想

"structure"(结构、建筑)这个词语,在拉丁语中不但用做建筑方面的意义,而且有隐喻性的用法,即部分构成整体的方法。19 世纪,它被广泛用来说明社会现象,但由于各派结构主义者对结构的理解和使用各不相同,甚至有时同一位作者,在不同场合也在不同意义上使用结构的概念,这就使得这个最基本的概念长期没有得到一个普遍认可的定义。著名心理学家皮亚杰通过对各派结构主义的综合考察,发现了它们之间的一些共同特点,对"结构"提出了一个为各派所能接受的定义。

皮亚杰认为,所谓"结构",就是指一个由诸种转换规律组成的整体。他指出整体性、转换性和自我调节性是结构所具有的三个基本特征。

在现代数学中,结构的思想是一种重要的数学思想。主导 20 世纪数学发展主流的法国布尔巴基学派的著名领袖 J·A·丢东涅(J. A. Dieudonne)奠定了现代数学的结构思想,该学派提出全部数学基于三种母结构,即代数结构、序结构和拓扑结构。

在中学数学中,进行数学结构思想的教学,绝不是根据上述布尔巴基学派的"结构"观点在中学教材中引用向量空间、矩阵代数、群、环、域等抽象概念。否则,就可能会犯"新数学运动"的错误。在中学数学中,强调数学结构思想主要是强调数学知识间的广泛关联性。这种广泛关联主要体现为两个方面。

第一,各种数学模型的建立。表面上看,它们可能毫不相干,甚至是互为对立的数学材料,然而利用数学结构的思想却可以把它们联系起来,统一在结构观点之中。

我们利用数学模型方法分析数学知识时,体现了数学结构思想。例如,方法型数学模型"＋"、"－"是两个互逆的数学运算,它们既对立又广泛关联。这种关联体现于它们可以被统一在一起,由于它们均是一级运算,均是一种对应法则等等。还有,一些概念型数学模型通过方法型数学模型的操作可以生成数学结构,如"1"通过"＋"和"－"的运算可以构成整数模型。

我们将函数作为一条红线串联数学知识时,也体现了数学结构的思想。我们利用分类讨论法分析数学知识时,会形成各种数学结构。譬如,在中学数学中,关于复数的分类如下:

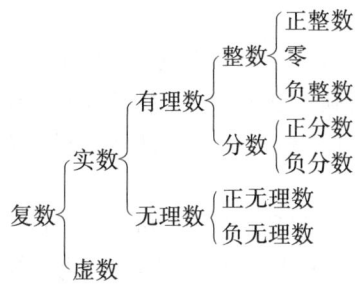

这一分类体现了各种数系结构间的从属及对应关系。

第二，知识间的相互转换性。数学表层知识之间可利用变换法相互转换。譬如，一个数学知识通过运算可以转换为另一个数学知识(如 $a-b$ 乘以 $a+b$ 则转换为 a^2-b^2)。再如，方程间可以进行同解变换，代数式间可以进行恒等变形，一个几何图形从一个位置通过平移可转换到另一个位置等等。实际上，数学知识间的转换均是通过某个变换(我们称之为转换法则)实现的。譬如，$3\times2=6$，在这里，乘法运算是一个转换法则。并且，转换法则对于某个(些)数学结构来说应该是封闭的，即此数系结构中的元素通过转换法则无论怎样变换均为此结构中的元素。譬如，整数对于加法运算就是封闭的，即任意两个整数相加所得的数仍为整数。

3. 对应思想

在实践中，人们总是根据事物的本质属性、外部特征和行为规则将事物分类，这些类(集合)的个体之间可以构成各种各样的对应关系，这种对应关系在数学中的具体反映就是对应思想。

在中学数学中，从初中全等三角形分析体现对应思想，到研究两个集合的元素之间的对应关系时，对应思想体现得淋漓尽致。具体来说，对应思想主要体现于用数学方法分析问题和处理问题的过程之中。

第一，运用数学模型分析问题和处理问题时，数学模型和其原型之间必然存在着一个对应。例如，用一笔画问题解决"七桥问题"是运用数学模型的典范，其中岛与数学中的点，桥与数学中的线，都建立了对应关系。

第二，数形结合法则体现了数与形的对应，如实数与数轴上的点一一对应、复数对应着二维平面上的点、函数的解析式与图象间存在着对应关系等。

第三，函数是一种特殊的对应，所以利用函数的分析法分析问题、处理问题也离不开对应思想的指导。

第四，分类讨论法实际上是集合的分类，原集合与其子集的元素之间存在着对应关系。

第五，变换法的实质是将集合 A 中的问题 P_1 转化为集合 B 中的问题 P_2，其中 P_1 对应 P_2 体现着对应思想。

4. 化归思想

事物之间的普遍矛盾构成了五彩缤纷、千差万别的世界；事物之间的普遍联系又使得事物之间可以转化。在实践中，人们为了节省物力、精力、财力等，总是将复杂问题简单化，实际问题科学化。这种转化思想在数学中的具体反映是化归思想。

在中学数学中，分析、处理和解决问题时，一般的想法是将较复杂的问题向易解决的问题方向转化，即化繁为简、化难为易、化未知为已知等。一般来说，化归思想主要体现于运用数学方法处理和解决数学问题的过程之中。例如:运用数学模型法将实际问题转化为数学问题,就体现了实际问题数学化的化归思想;利用数形结合法解决数学问题,一般是在化归思想指导下进行几何问题与代数问题之间的相互转化;利用函数法解决数学问题时,主要是将特殊问题转化为函数问题,即化归思想的具体体现。

　　以上仅是中学数学中一些重要的数学思想和方法,还有一些思想方法在中学数学中也有不同程度的体现,如优化思想、概率统计思想等。在教学中,依具体情况,也应予以渗透。

思 考 题

1. 什么是数学思想? 什么是数学方法? 二者之间有何关系?
2. 你认为进行数学思想方法的教学有何意义?
3. 为什么说数学思想方法是实现数学教学面向全体学生的重要教学内容?
4. 与一般的数学知识相比,数学思想方法具有哪些特征?
5. 数学思想方法教学的原则有哪些?
6. 在中学数学中主要的数学思想、方法有哪些?

第9章 数学课堂教学 情境的创设

数学教学中,创设优良的课堂教学情境,使学生能在这一情境中主动参与、愉快合作、高效能地学习,是数学教师应当潜心钻研的一项重要教学艺术。赞科夫曾针对性地提出过忠告:"不管你花费多少力气给学生解释掌握知识的意义,如果教学情境设计得不能激起学生对知识的渴求,那么这些解释就将落空。"①创设优良的教学情境,就是构建学生渴求知识、发展能力、陶冶情操的学习场,形成积极愉悦的学习氛围,实现既定的教学目的。

§9.1 数学课堂教学情境概述

数学课堂教学情境有其自身的含义,具体教学时,也需要根据实际情况创设相应类型的课堂教学情境。为此,本节对"什么是数学课堂教学情境、它有哪些常用的类型"等问题加以考察。

9.1.1 什么是数学课堂教学情境

建构主义学习理论认为,任何知识都有其赖以存在、生长和发展的背景,要想准确理解、掌握并灵活应用某一知识,就应当把握该知识的意义所在和适用范围,而仅从知识的外在表现和抽象形式很难真正理解知识的内涵,这就需要理解知识赖以产生意义的背景,也就是要在一定的情境下进行学习、理解知识。课堂教学中,为了让学生真正理解、掌握并灵活应用某一知识,就应该根据所学知识的特点创设相应的学习情境,即创设课堂教学情境。

数学课堂教学情境是一种特殊的教学环境,是教师为了使学生更好地理解抽象的数学知识、发展学生的数学思维能力,借助教学内容的背景材料以及知识本身的可塑性有目的地创设的数学教学环境。这样的教学环境可以充分调动学

---

① 赞科夫,杜殿坤译:《和教师的谈话》,教育科学出版社,1980

生的"情商",形成师生情感、欲望、求知探索精神的高度统一、融洽和步调一致的情绪氛围。基于此获取的知识,不但利于保持,而且易于迁移到新的问题情境中去。

数学知识一向具有枯燥乏味、抽象难懂的坏名声,给人以冰冷的外表的印象。造成这一状况的原因固然是多方面的,其中最主要的原因之一就是教学中缺乏对数学知识背景材料的充分挖掘和利用,没有借此创设出生动的学习情境。法国数学家 H·柳维尔(H. Liouville)说得好:"数学因她总是以抽象的方式来讨论问题而弄得声名狼藉,其实这个坏名声只有一半是数学自身该当的。"①的确,数学教学如果脱离了那些丰富多彩而又错综复杂的背景知识或者忽略了直观生动的语言描述,就将成为"无源之水、无本之木",只能给人枯燥乏味的感觉。因此,充分利用数学教学内容的背景材料和自身特点,创设生动的教学情境,是数学课堂教学的重要任务,不仅可以使学生容易掌握数学知识和技能,而且可以"以境生情",使学生更好地体验教学内容中的情感,使看似枯燥、抽象的数学知识变得生动形象、妙趣横生,从而提高数学教学的质量和效率。

从数学教学的实际需要出发,创设良好的数学课堂教学情境可激发学生的学习动机,建立平等合作、互相尊重的师生关系,给学生提供筛选信息、查询资料的机会,培养学生收集、处理和利用信息的能力,以及将知识迁移到不同情境的能力,发展学生外在的和潜在的数学学习能力。

9.1.2　数学课堂教学情境的创设类型

课堂教学情境创设的类型多种多样,形式不拘一格,其中可操作性较强的、常用的数学课堂教学情境主要有以下几种。

1. 问题情境

所谓数学课堂教学的问题情境,就是通过具体数学问题引起的悬念或探索活动激起学生的求知欲望,进而形成的一种教学情境。基于这种教学情境展开的数学教学活动过程,其基本特征是有一个由问题引出的情境、实验或悬念,启发学生去动手、动脑,并在数学活动过程中发现、产生新的问题,进一步思索、猜想、反思、寻求方法……使学生在思考、探究问题的过程中,建构灵活的知识基础,发展有效地解决问题的能力。问题情境教学的程式为:

问题情境——假设推测——探究验证——做出结论

许多抽象的数学知识都是基于一定的情境而构建和发展的,设计问题情境作为学生再创造数学活动的依托,也是一种返璞归真的策略,而且真实或模拟真

① R·E·莫里兹编著,朱剑英译:《数学家言行录》,江苏教育出版社,1990

实的情境也为学生建构知识搭建了"脚手架"。例如,学习"同类项"知识,教师发给每个学生一张写有不同单项式的卡片,然后提出问题:你能找出和你"同类"的朋友吗? 从而使学生在一种有趣的情境下解决问题。这种创造性设计问题情境的方式,是对数学教学内容充分思考的结果。

问题情境作为组织教学的启动器和动力源,将教学内容以问题的形式镶嵌在具体的情境中得以展开,无疑问题的质量决定了问题情境的教学效力。一般而言,问题情境中的问题与一般教学中的"问—答"式中的问题是有显著区别的:第一,"问—答"式中的问题只要求找出这个问题的答案;而问题情境中的问题是要唤起一个连环的数学探索活动;第二,"问—答"式中的问题一般不留出进一步展开的余地,具有"不可再生性",属于完整性或封闭性问题;而问题情境中的问题除了引出该情境下的系列活动外,往往有多种答案,甚至在学生的活动过程中派生出一系列相关的问题或诘问,因而具有明显的可再生性和一定的难以预测性,属于开放性问题。

2. 操作活动情境

所谓操作活动情境,就是指根据所要学习的数学知识或所要解决的数学问题的特点设计成需要学生自己主动参与的操作性活动,构建成生动活泼的现实活动场景,使学生在活动中掌握数学知识、探求问题的答案。主动操作活动,一方面可为学生架起由感性认识到理性认识的桥梁,激发学生的学习兴趣,帮助其理解新知识;另一方面丰富的成功体验可把客观上的"要我学"内化为主观上"我要学",改变学生消极被动的学习局面。例如,探求点的轨迹时,借助几何画板软件的动画功能,设计程序让学生亲自上机操作,追踪点的演变过程,这是一种基于计算机技术的数学实验性活动情境,学生在这种形象、逼真的操作活动情境中,会更容易把握数学知识的关键、领悟数学问题的实质。

数学课堂教学中的操作活动情境,需要教师的创造性设计。教师要热情投入,细心挖掘,才能在现实生活中找到活动的生长点,进而创设出有针对性、有价值的操作活动情境。例如,讲解"数学归纳法",借助儿童玩具多米诺骨牌的操作效应设计活动情境,以此加深学生对数学归纳法"归纳步"的理解;学习"平面直角坐标系",则可以用两根绳子,以某个学生为"原点",该学生所在的行与列分别作为 x 轴、y 轴,这样每个学生都有自己的坐标,当原点的位置变动时,各学生的坐标也相应变化,学生在这样的活动情境中,不仅兴趣盎然,而且更直观、具体地体会到了"坐标"的真正含义。实际上,只要认真思考,大多数的数学内容都可以创设出合适的数学活动情境。比如,几乎所有的几何知识的学习,都可以借助模型、实物,甚至自制学具摆出复杂图形的相对位置,通过平移、翻折、旋转、叠合等动手操作活动,使学生从中体会图形变换的特点,将抽象的知识转化为活生生的个人体验。久而久之,学生的识图、辨图能力就会增强,思维创造能力也会随之提高。

例如,在立体几何入门教学时,可以提出这样的问题引导学生参与操作活动:"用 6 根长度相等的牙签或火柴搭正三角形,试试你最多能搭几个正三角形?"对这样的操作活动情境,学生参与的兴趣是高昂的。但由于受平面思维定势的影响,大多数学生的实际摆放结果是:在桌面上摆出两个正三角形,还余下一根牙签。此时,教师不失时机地告诉学生最多可搭出 4 个,强烈的好奇心会促使学生积极探索摆法,当悟出可以不局限于桌面摆放时,也就不难在空间中搭出四个正三角形,然后教师向学生展示正四面体骨架模型,这样就以直观、巧妙的操作方式引导学生思维由平面向空间拓展,帮助学生建立起空间观念,引出立体几何研究的对象和目的。

需要注意的是,不能把数学课堂教学中的操作活动情境理解为纯粹就是动手操作,就是实验情境。恰恰相反,就数学内容的教学特点而论,动手操作所占的比例较之物理、化学等实验性学科而言,相对较低。数学是思维的科学,思维活动始终是数学教学与学习的主要活动,外在的动手操作活动必须与内在的数学思维操作活动结合起来,才是真正意义上的数学课堂教学中的操作活动情境。

3. 游戏情境

所谓游戏情境,就是结合教学内容创设游戏活动或模拟游戏活动情境,让学生在以不同角色参与游戏活动时学习新知识,运用新知识,并从游戏活动中得到启发,提出一些与所学数学内容有关的数学问题。由于数学游戏情境是将抽象的数学知识以学生所喜闻乐见的游戏活动形式出现,集趣味性与知识性于一体,所以能很好地提高参与者的热情与兴趣。通过数学游戏,可以为学生搭建一个供他们自主、独立地发现问题、实验、操作、表达与交流的平台,并获得知识、技能、情感与态度的发展。

具体到游戏情境创设的形式,没有固定的模式可循,需要根据具体数学内容的特点和现实教学场景,灵活设计可行性强的游戏形式。例如,设计成猜谜语的情境复习巩固一些重要的公式、定理;采用问题抢答的形式进行解题教学;借助擂台比拼开展纠错练习等等。

例如,讲授二项式定理时,教师设计如下的竞赛游戏情境:让学生展开 $(a+b)^5$,看谁速度快;然后教师用"杨辉三角"展开 $(a+b)^5$,并介绍我国数学家杨辉及《九章算术》,激发学习兴趣;板书定理,并推导证明;套用公式,熟悉结构;再次竞赛,作出评语。

这样的设计可激发学习兴趣,加深学生对二项式定理的记忆。竞赛游戏是一种引起学生对问题积极参与的情境,竞赛中,学生自我实现的需要表现得甚为强烈。在课堂教学中若能认真地组织学生开展竞赛游戏,它将唤起学生的内驱力,激发斗志,调动学生思维的积极性和主动性。既可开展速度竞赛——看谁解题速度最快,也可开展求异竞赛——看谁的解题方法最简洁、巧妙。再如,两角和与差的三角函数这一章的总结课可以设计为:把两角和与差的各种三角函数按一定顺序写在黑板上,让学生以问题抢答的游戏方式总结出两角和与差的各个三角函数之间的内在联系。

从数学的发展史来看,"数学好玩"也是数学发展的主要动力之一,人们从事数学活动,就是在进行某种趣味横生的游戏,同时,游戏激发了许多重要数学思想的产生,促进了数学知识的传播。

例如,在讲概率中的频数、频率的概念时,可以采取抛硬币的游戏。在讲圆周率 π 时,可以介绍历史上的蒲丰投针实验。法国数学家蒲丰在一张白纸上画满了许多等距离的平行线,又拿来一大把小针,针的长度都是平行线间的距离的一半,然后把小针一根根地往纸上抛,他一共扔了 2 212 次,其中与直线相交 704 次,$\frac{2\,212}{704} \approx 3.142$ 这个数就是圆周率 π 的近似值。而且投掷的次数越多,得到的值与圆周率 π 越接近。学生会感叹如此简单的游戏,竟然与古老而又神奇的圆周率有如此紧密的关联。

在课堂上还可以向学生介绍游戏对数学发展的促进作用。最典型的例子是概率论和图论。概率论直接起源于一个关于赌博的游戏,图论起源于欧拉关于哥尼斯堡七桥问题的研究。

当然,游戏的方法并不能代替一切,但如果在正规严肃的教学方法之外多为学生提供机会参加一些游戏,或在教学中加入一点游戏精神,那么课堂教学将会焕发光彩,更有生机与活力,学生将会成为数学王国里快乐的舞者,真正感受到"数学好玩"。

4. 现实数学情境

所谓现实数学情境,就是与现实生活密切相关的数学学习情境。事实上,发生在我们身边的很多事都可以用数学的眼光来分析,并作出正确的判断。学生认知最牢靠和最根深蒂固的部分就是生活中经常接触和经常用的知识,有些已经进入了他们的潜意识。如果教学中能和学生的这些知识作类比,那么将是非常受学生欢迎的,一旦接受也会被学生牢牢地掌握。因此,教师可以根据教材知识要点,创设以学生生活为素材或具有生活背景的虚拟教学情境。

例如,有关利息、利润知识的教学,就可以借助实际生活中的素材创设出适于学生学习的现实数学情境。可以开展模拟银行存款的活动,将班级分成几个小组,有的小组扮演银行角色,公布各档存贷款的利率;有的小组扮演储户或借贷户角色。储户向银行存款,借贷户向银行借款,并且提出相关的现实问题:向银行存或贷一定数量的款,并且知道存或贷多少时间,要银行计算每笔存款或贷款的利息。通过这种模拟现实生活中的情境学习（当然也可直接到银行体验真实情境，了解更详细的利息知识），学生能够加深对利息知识的掌握。

再如，在概率部分的教学中，教学的目标是通过研究客观世界中广泛存在的随机现象，发展学生的随机观念，并提高学生面对不确定现象的决策能力。在教学素材选取时，务必贴近学生的实际生活，力求素材的真实可靠性和趣味性，使学生产生愉悦的学习体验和积极的学习兴趣。例如，商场摇奖、摸彩等活动在现实生活中屡见不鲜，可以引导学生研究这些活动中获奖的可能性，以培养学生的鉴别能力和决策能力。又如，"你班上有 2 人生日相同吗？估计 50 人中有 2 人生日相同的概率是多少？"等问题，十分贴近学生的生活实际，又具有较高的操作性和迷惑性，学生通过亲身实践，必然感受到概率学习的趣味性。

当然，现实数学情境的创设也受着时间、空间、环境条件等因素的制约，数学课堂教学毕竟不同于现实社会生活，许多情境只能以模拟或资料介绍的形式出现，不可能有太多的时间和机会让学生走向社会进行调查、验证等亲身体验活动。但这并不等于说，创设现实情境进行数学学习没有太大的必要和可行性，恰恰相反，对一些典型的知识依托某些具体的、现实的背景材料创设学习的现实情境，常常能收到意想不到的教学效果，是很有必要加以关注和发展的。

5. 悬念情境

悬念在心理学上是指人们急切期待的心理状态，或者说指兴趣不断地向前延伸和急于知晓下文的迫切心理。悬念可以唤起学生的兴趣，集中学生的注意力，激发学生的探究欲望，产生"逼人期待"的教学魅力。

数学课堂教学中的悬念情境就是在教学过程中设置一种引起学生对数学知识、学习任务关注的情境，以启发学生想像，产生解决数学问题的兴趣和动力。通常的悬念情境主要是由疑问构成的，它是将教学引向高潮的重要手段。所谓"学源于思，思源于疑"，有疑才能激发学生认知上的冲突，点燃思维的火花。宋代教育家朱熹说："读书无疑需教有疑，有疑者，却要无疑，到此方是进矣。"又说："学贵有疑，小疑则小进，大疑则大进。疑者，觉悟之机也。一番觉悟，一番长进。"因此，精心设疑，留下玄机，是创设数学课堂教学悬念情境的基本指标。

创设悬念可选择在一节课的开头，通过提出有趣味性的问题，留下疑问和探索的余地，引起学生对即将学习的教材内容的兴趣。

例如，在进行"指数函数"教学时，可通过以下故事创设悬念情境：考古学家在新疆楼兰发现了一个著名的"千年美女干尸"，虽然经过上千年的风雨侵蚀，美女的骨骼、皮肤仍保留得相当完好。发掘初始，许多人对女尸存在的年代提出了质疑,认为没有足够的证据证明其经历的确切时间。对此,科学家必须拿出确凿的证据。那么,科学家用什么来推算女尸存在的时间呢?实际上,这和我们将要学习的指数函数有关。这就给学生创设了一个急于想了解的悬念情境,学生的好奇心被充分地调动起来,为随后学习任务的完成奠定了良好的基础。

又如,在学习复数的三角形式时,先让学生计算$(\sqrt{3}+i)^2$,$(\sqrt{3}+i)^3$,然后让学生思考:$(\sqrt{3}+i)^{100}$的计算结果是多少?这就与学生的已有观念造成了一定的认知冲突,使学生置身于矛盾之中,形成了一个渴望知晓的悬念。在此情境下教师不失时机地指出:如果学习了复数的三角形式,该问题就可以迎刃而解了,这就把学生带进了探索复数三角形式的学习情境。

创设悬念情境也可选择在一节课的讲解过程中或课的结尾,它具有"欲知后事如何,且听下回分解"之魅力,这样可以刺激学生的求知欲,迫使学生探索,培养学生独立思考的能力和质疑精神。

6. 猜想情境

丰富学生的学习方式、改进学生的学习方法是高中数学课程追求的基本理念,学生的数学学习活动不应只限于对概念、结论和技能的记忆、模仿和接受,独立思考、自主探索、动手实践、合作交流、阅读自学等都是学习数学的重要方式。而提高学生的猜想能力是培养创造性思维的一个有效途径。

所谓数学课堂教学中的猜想情境,就是为学生设计环境条件、创造机会,引导学生在熟悉的旧知识中尝试探索、猜测、发现新知识的情境。

牛顿说过:"没有大胆的猜测,就做不出伟大的发现。"事实上,数学及其他科学的发展的渊源之一就是猜想。数学猜想直接引导与影响着数学学习者的探究活动,这种猜想能使数学学习者意识到自己努力的方向,同时提醒自己不要变为符号的奴隶,而通过感觉和想像的活动去领悟推理链条中所隐含的整体性、次序性、和谐性,达到对数学推理链条的整体把握。因而,在数学教学过程中创设能够引导学生自觉进行感知、想像、归纳、类比等猜想活动的情境,是很有必要的。

数学课堂教学中,教师应经常创设情境让学生对问题的条件与结论、拓展的方向、解法的思路作出猜想,引导学生在充分理解题意的基础上敢于打破常规,标新立异,逐步培养学生自觉从事探究活动的意识。

数学猜想主要包括直觉猜想、类比猜想、归纳猜想、实验猜想等,教师要善于创设适当的问题情境,注意启发诱导,激发猜想兴趣,进行大胆猜想,并注重实践检验,对猜想做出正确评价,鼓励学生主动发现数学的规律,从而提高学生发现问题和解决问题的能力,使他们经历知识形成和发展的过程。

如学习"球的体积"一节时,可设计如下的猜想情境。

第一,提出问题:球半径为 R,则 $V_球 =$?

第二,提供图 9.1.1,目测体积:圆柱、半球、圆锥这三者之间体积大小关系,并用不等号连接 $V_{圆柱}$、$V_{半球}$、$V_{圆锥}$。

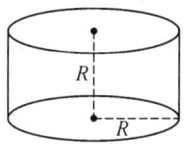 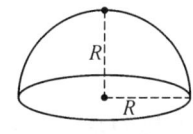 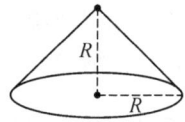

图 9.1.1

第三,猜测得出:$V_{半球} = \dfrac{2}{3}\pi R^3$。(猜想是发现的开始!)

第四,细沙实验——验证猜想。

第五,构造参照物,证明猜想。

第六,得出定理:$V_球 = \dfrac{4}{3}\pi R^3$。

这样设计,一改直接将结论抛给学生的做法,使学生都能进入角色,始终兴趣盎然。

7. 动态情境

数学课堂教学中的动态情境就是运用电影、录像、幻灯、图片等多媒体教学手段创设的特定情境,给学生以生动直观的感性认识。如:创设愉悦情境,引发学生主动思维;创设疑问情境,激发学生积极思维;创设议论情境,启发学生深刻思维;创设激励情境,促进学生敏捷思维;创设应用情境,培养学生创造性思维,明确数学来源于生活。

利用多媒体,可以在课堂教学的过程中针对不同的教学内容,综合运用声音、图象、视频、动画等手段创设情境,化不可见为可见,化静态为动态,化抽象为直观,化复杂为简洁,使得课堂变得绚丽多彩,大大优化了教学氛围,使师生之间的信息交流系统变得丰富而生动,将学生置身于这样一个和谐的教学情境,可以最大限度地调动学生的学习积极性,激发学生的学习兴趣,并且充分突出教学内容的重点、难点,达到进一步引导学生探索、学习的目的。

可以看出,数学课堂教学的情境创设是丰富多彩的,除了以上所谈到的七种情境以外,还有诸如构造性情境、研究性学习情境、师生互动情境、情感交融情境等。而且,各种情境之间也不是孤立的,而是存在着相互渗透、相互融合的现象。因此,既没有必要将各种情境的创设过于细化,也不应静止地、片面地看待各类情境。情境的创设本身是一项创造性活动,没有固定的模式可以套用,应当将其视为动态、发展的过程。

§9.2 数学课堂教学导入情境的创设

从数学课堂教学的展开过程来看,数学课堂教学的情境创设又可分为导入情境、活动过程情境、结束情境等类型。考虑到各类情境创设形式的交叉和重复性,仅就导入情境的创设问题作些探讨。

9.2.1 数学课堂教学导入情境的基本认识

数学课堂教学的导入情境就是在新的教学内容或教学活动开始前,创设一定的教学情境,引导学生进入学习状态的教学行为。它是数学课堂教学的序幕,也是最为重要的环节之一。"良好的开端是成功的一半",精彩的导入一开始就能把学生牢牢地吸引住。数学课堂教学的导入情境一般应遵循以下几个原则:

1. 目的性原则

教学导入情境必须紧扣将要展开的数学教学内容和教学目标设计,并充分考虑到学生的现有发展水平,具有明确的目的性。不可一味追求新颖、别致而偏离教学任务或脱离学生实际,使课堂教学的导入情境盲目、无序。

2. 针对性原则

教学导入情境必须具有明确的针对性,不仅要根据不同的教学内容设计相应的导入方式,而且要使导入情境简洁明快,尽快准确地切中主题。如果过多地在外围绕圈子,就会分散学生关注的焦点,从而降低教学导入的实际效果。

3. 激励性原则

教学导入情境必须具有较强的吸引力,能够激发学生积极参与、主动思考,引导着学生的注意指向。因而,不管是以问题、活动材料还是实验情境导入,都应遵循激励性原则,以便引起学生浓厚的学习兴趣和强烈的求知欲望。

4. 启发性原则

教学导入情境的主要目的是为整堂课的顺利进行做好铺垫,应当达到先声夺人、引人入胜的效果。因而,导入情境必须具有良好的启发性,能够向学生明示或暗示所要思考的方向和解决问题的办法。

5. 探究性原则

数学的学习主要应是学生自发探究的过程,教学导入情境应当为学生的探究活动创设一定的条件,使学生对所要学习的新内容有层次、分阶段地展开探究。也就是说,教学导入情境应在一定层面上遵循探究性原则,能够为后续教学过程的展开提供探究的素材和场所,使学生有机会对所要解决的数学问题进行一次数学勘探。

9.2.2　数学课堂教学导入情境的创设方法

数学课堂教学要体现引人入胜的艺术魅力,首先必须从引入教学开始。这就需要精心设计教学导入情境。导入情境创设的形式和方法多种多样,关键在于教师的创造性思考和灵活运用。

1. 故事导入情境,激发学生兴趣

一个好的故事融事、理、趣于一体,具有艺术的感染力,所以听故事是学生所喜爱的学习形式。数学的各部分内容都有漫长的发展历史,蕴含着许多动人的故事和丰富的背景知识,其中既有关于数学家的趣闻、轶事,又有关于数学知识发展阶段中的延拓和悖论,当然还有数学知识本身的美妙优雅。通过故事导入的情境,可以使学生对所学内容产生浓厚的兴趣,激起强烈的求知欲望。而且,很多数学故事还蕴涵着数学的思想方法,对培养学生的数学意识、数学观念大有裨益,同时又可以对学生进行思想品德教育,陶冶学生情操。

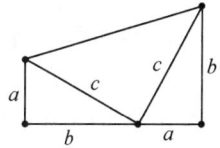

图 9.2.1

例如,讲解"勾股定理"时,可以讲解一些与之有关的故事。机器人"超人"曾于 2003 年探索了埃及金字塔,在其拍摄的图片中发现法老墓穴的内壁石块的搭配存在如图 9.2.1 所示的形状,该图其实蕴含着勾股定理的基本关系:$a^2 + b^2 = c^2$。美国第二十任总统加菲尔得也曾用此图证明过 $a^2 + b^2 = c^2$。

为了强调 $a^2 + b^2 = c^2$ 的重要性,激发学生对学习这一知识的兴趣,还可以讲解我国古代数学家在这方面的成就,以及科学探索寻找外星人时发射的信号里含有 $a^2 + b^2 = c^2$ 这一"文明人"都应识别的符号。

当然,数学课堂上讲故事,其目的在于引入教学,为达成教学目标服务,而不是为讲故事而讲故事。故事宜短忌长,故事本身要能说明问题,有时还需要教师的启发引导,才不致使学生的注意局限于故事本身。同时,故事的选取一要注意生动、幽默、有趣;二要注意寓意深刻,具有教育意义;三要提倡格调高雅,防止粗俗低下;四要与学生的认知水平、审美能力相适应。这样,故事导入情境才能真正引发学生的兴趣,达到引人入胜的目的。

2. 问题导入情境,激发学生兴趣

一个好的问题导入具有艺术性、趣味性和启发性,能激起学生的数学思维兴趣,使学生积极地投入到学习中去。实践证明:疑问、矛盾(认知冲突)和问题是数学思维的起搏器,可以使学生的求知欲望从潜伏状态转入活跃状态,有力地调动学生思考问题的积极性,是开启学生思维器官的钥匙。

问题导入情境创设的问题一般要有较强的吸引力和再生力,能够启发学生进一步思考,并能产生一系列的分支问题。这些问题往往又存有一定的悬念,与学生已有的观念造成某些方面的认知冲突,激起学生解决矛盾的强烈愿望。

例如,讲解二次函数的最值问题,从一个实际问题出发:若利用花圃旁的一堵长为 20 m 的墙,用 100 m 的篱笆围矩形花圃,怎样设计可使花圃的面积最大?请与同学们交流你的设计方案,并计算出最大面积。

该问题看似一般,实际上很有探究的价值。按照思维定势,面积最大的设计应是围成正方形的情况,而实际并非如此,由于墙体长为 20 m,而围成正方形时的边长为 $\frac{100}{3}$m,不可能取到。这就使学生产生一定的认知冲突,急于探究、交流合理的设计方案,寻找其中的规律所在。

问题导入情境一定要注意从学生的生活实际、年龄特征和认知水平出发,所提问题要有梯度、有层次、有思考的价值并能激发学生思考的欲望。既不可浅到学生不需多思就可随口作答的程度,又不可深到学生思索了许久却答不上来,从而导致冷场的程度。而且,要注意将问题放在故事情境中提出,更能增强问题的吸引力。

3. 活动导入情境,激发学生情趣

针对所要学习内容的特点,设计相关的活动教学情境,让学生在活动中提高探究数学问题的热情,激发起强烈的学习情趣。由于活动情境能够揭示数学知识的发生发展过程,既可以激发学生的思维活动,又可以活跃课堂教学气氛,使学生的思维活动和情绪与教学的进程交融在一起,能够产生很好的教学效果。

宽泛一些来看,活动情境导入的形式可以包括动手实验、直观演示、角色互动等生动活泼的操作性活动。比如,学生观察演示实物、图表、投影;利用几何画板、Flash 等软件追踪、描绘点的轨迹;做一些与教学内容有关的实验等等,都是行之有效的活动情境导入形式。

例如,"球的体积"公式的教学,可以通过做实验导入:取一个半径为 R 的半球容器,再取半径和高都是 R 的圆桶和圆锥各一个。把圆锥放入圆桶内,再将半球容器装满水,然后倒入圆桶内,可以发现圆桶恰好被水装满。从而得出:

$$V_{半球} = V_{圆桶} - V_{圆锥} = \pi R^3 - \frac{1}{3}\pi R^3 = \frac{2}{3}\pi R^3,\ 于是\ V_{球} = \frac{4}{3}\pi R^3$$

这样,从实际活动情境中得出了球的体积公式,那么怎样从理论上给出这一公式的证明呢?从而自然地引出所要学习的主要内容。

由于活动情境导入立足于学生的参与性活动,让学生"未入其文,先动其情",能够达到"示之以形的形象性和动之以情的情感性"的交融统一,往往能产生师生之间、生生之间强烈的情感共鸣和一定的理性思考,学生在导入教学中积蓄的情感,也会转化为他们探求知识的强大动力。但是,教师在设计活动导入情

境时必须清醒地认识到：活动情境的设置是手段而不是目的，是为实现数学教学目标服务的，时间安排不宜过长，以免冲淡了主题，本末倒置。

除了以上典型的导入情境之外，还有一些常用的导入方法，如复习旧知识引入新知识的温故导入，简明扼要的练习导入，类似知识启导的类比导入，甚至根据即时情境灵活变通的随即导入等等，只要运用适当、巧妙，都不失为好的或比较好的导入形式。但无论哪种具体的导入情境创设，运用中最关键的还在"激情"二字，要能使学生以饱满的热情投入整堂课的学习活动。

§9.3　数学课堂教学情境创设的案例分析

创设数学课堂教学情境必然要考虑教学环境、物质条件、师生关系等因素，这是教学情境创设的共性问题，但更主要的则是分析、研究具体的数学教学内容，根据教学内容的特点确定教学情境创设的形式和策略。

下面对一些具体数学内容的教学情境创设的案例作些分析和探讨。

例 1　随机事件概率的教学。

随机事件概率的教学，需要讲到一个抛硬币的例子，抛硬币次数很多时，出现正面的频率值是稳定的，接近常数 0.5。可以对该内容设计类型完全不同的情境。

一种是，针对这一教学内容的实验性特征，借助 Flash 创设一个抛硬币的实验情境。只要输入抛硬币的次数 n，Flash 中的硬币便会以很快的速度依次出现正面或反面的情况。同时计算出正面向上的次数 m_1，反面向上的次数 m_2，以及正面向上的频率 $\dfrac{m_1}{n}$。既可以由教师演示，也可以组织学生分组活动，当依次输入 $n = 100$，$1\,000$，$10\,000$，$\cdots$，并当 n 很大时，出现正面向上的频率接近常数 0.5。这种 Flash 活动情境形象逼真、生动有趣，学生不仅乐于参与，而且能够真切地感受到"频率接近概率"这样一个事实。

另一种是，根据"抛硬币"活动的易于操作性和趣味性，创设游戏情境。教师可先在黑板上画一张表（见表 9.3.1）：

表 9.3.1

抛掷次数 n	正面向上的次数 m	频率（$\dfrac{m}{n}$）

然后让全班同学做一个游戏：同桌两人一个抛硬币，一个作记录，协作完成黑板上所示的表格，并且让一组同学到黑板上去完成表格。在做游戏的过程中，教师应注意强调：要尽量使实验的条件一样，如抛的高度、力度等。

评析 上述两种情境，一个利用多媒体设置动画来创设情境，另一个则通过"做游戏"活动来创设情境。如果组织利用恰当，两种情境都能够活跃课堂气氛，提高学生参与的积极性和主动性，从而产生良好的教学效果。

作为概率部分的第一堂课，培养学生的学习兴趣，激发学习积极性非常重要！相比较而言，用 Flash 创设情境的最大优势在于 n 的值可以取足够大，如 $n = 1\,000, 10\,000, 100\,000, \cdots$ 等等，而且实验节约时间、可操作性强，效果显著。当 n 值很大时，学生可以发现出现正面的频率值是稳定的，总是接近常数 0.5，在它附近摆动。而采用游戏创设情境时，学生抛的次数 n 局限性很大。不能很好地说明当 n 值很大时，硬币出现正面的频率值在 0.5 附近摆动。采用做游戏创设情境的好处是全班学生都自己动手参与了，很好地调动了学生的学习积极性。并且学生对"做实验时条件要一致"这一点印象较深刻。

情境创设应注意灵活变通，可以把这两种创设情境的办法结合起来，先让学生采用做游戏的方式，对抛硬币的实验产生亲身体会，然后用 Flash 创设的实验情境更方便、更直接地感受"n 越大频率越接近于概率"的事实。

例 2 等可能事件的习题课。

等可能事件的习题课中，有一道很容易出错的问题：一个口袋中有 10 个球，其中 9 个相同的白球，1 个黑球。10 个人依次摸走一个球，第一个人摸到黑球的概率为 p_1，第二个人摸到黑球的概率为 p_2，……，第十个人摸到黑球的概率为 p_{10}。求 $p_1, p_2, \cdots, p_{10}$。可以通过创设一定的实际情境帮助学生跨越这一障碍。

第一种情境是，同学们都知道抽签摸奖这回事，假如 10 个小球代表 10 张签，摸到黑球表示中奖，那么让 10 个人依次去摸奖，抽签摸奖有先后，对每个人都公平吗？下面我们来计算这 10 个人摸到奖的概率 $p_1, p_2, \cdots, p_{10}$。再进一步分析如果摸奖有先后，对每个人是否公平？

评析 这样通过创设学生感兴趣的、很贴近生活实际的问题情境，把摸球的问题转换成贴近生活的摸奖先后是否公平的问题。设置这样的问题情境以后，增加了趣味性，满足了学生的好奇心，能够起到立竿见影的效果，利于集中学生的注意力和思考力。从而激起了学生的学习兴趣和强烈的求知欲。相反，如果在教学中，没有设置教学情境，就很难激发学生的思维。

紧接着，教师通过追问进一步启发学生的思考：10 个人摸到球后，依次按顺序把这 10 个球放好（作草图）。第一个人摸到黑球的概率为多少？在学生得出

正确的回答 $\frac{1}{10}$ 后,教师又继续创设第二种情境:假如 10 张签中有 1 张是有奖的,那么每个人中奖的概率是多少?

生 1:$\frac{1}{10}$,这是等可能事件,因为基本事件总数为 10,事件 A 第一个人摸到黑球有 1 种可能。

生 2:这相当于一个 10 不同的元素的排列问题,基本事件总数为 A_{10}^{10},事件 A 第一个人摸到球的可能性有 $A_1^1 \cdot A_9^9$ 种,$p_1 = \dfrac{A_1^1 \cdot A_9^9}{A_{10}^{10}} = \dfrac{1}{10}$。

评析 两种解法都正确,重点解释第二种方法,与旧知识点结合起来,把陌生的问题简化成学生熟悉的排列问题。

师:p_2、p_3、$\cdots$、p_{10}?

生:p_2、p_3、$\cdots$、p_{10} 可同样用生 2 的方法求解。

师:此类抽签,每个人抽的奖的概率是相同的,与抽签的次序是无关的。

接着老师创设第三种情境:假如 10 张签中有 2 张是有奖的,那么每人中奖的概率是多少?

学生会比较容易从前一个问题中得到类似的解答。基本事件总数仍为 A_{10}^{10},第一个人摸到奖的可能性有 $A_2^1 \cdot A_9^9$ 种。$p_1 = p_2 = p_3 = \cdots = p_{10} = \dfrac{A_2^1 \cdot A_9^9}{A_{10}^{10}} = \dfrac{2}{10} = \dfrac{1}{5}$。

评析 教师创设了构造情境,前一种情境是后一种情境的一座桥梁。有了前者的解答作铺垫,学生会更容易理解第三种情境问题的解法。

教师再创设第四种情境:5 把钥匙开 1 把锁,其中只有两把可以打开这把锁。问第三次把锁打开的概率是多少?

学生较容易想到这与抽签问题是同类型问题。$p_3 = \dfrac{A_2^1 \cdot A_4^4}{A_5^5} = \dfrac{2}{5}$。

评析 有了前面的铺垫,第四个情况问题迎刃而解。教师在分析该题时,创设了较多的问题情境,以促使学生去质疑问难、探索求解。因此,数学教学要以问题为载体,这样才能抓住课堂教学中思维这个"魂",也就能抓住课堂教学的根本。

在数学学习中,学生的思维既不是自发的,也不是靠教师下达指令就能激发的。问题才是思维的动力,只有有了恰当的问题情境,才能促使学生认真地思考。因此,在数学课堂教学过程中,教师必须精心创设问题情境,激发学生积极思考的动力。

思 考 题

1. 什么是数学课堂教学情境？为什么要创设课堂教学情境？

2. 试阐述创设良好数学课堂教学情境的意义和作用。

3. 数学课堂教学情境的创设主要有哪几种常用的类型？试举一例说明其中某一种类型。

4. 什么是数学课堂教学的导入情境？有哪些常用的创设方法？一般应遵循哪些原则？

5. 为新课"等腰三角形的判定"创设两种简要的导入情境，并比较两者的优缺点。

6. 为"等差(比)数列前 n 项求和"的第一节课创设一个比较完整的课堂教学情境。

第 10 章　数学课堂教学的提问

提问是中学数学课堂教学中广为采用的教学展开方式,也是符合中学生的年龄特征的,良好的课堂提问可以产生一系列积极作用。我国古代教育文献《学记》早就总结了"善问"的经验:"善问者如攻坚木:先其易者,而后其节目;及其久也,相说以解。不善问者反此。善待问者如撞钟;叩之以小者则小鸣,叩之以大者则大鸣,待其从容,然后尽其声;不善问者反此。"这里既强调了教者的提问,也强调了教者的答问。从教的角度来看,提问和答问是一种教学艺术,并不是随意地展开的,教师教学提问和答问艺术水平的高低,直接影响着课堂教学的效率。

§10.1　数学课堂教学提问的功能

提问作为数学课堂教学的重要环节,承担着促进思维、激发兴趣、检查学习、巩固知识的重任,同时又是增进师生交流、激励主动参与、实现预期目标的基本手段,其主要功能集中在以下几个方面。

10.1.1　激励参与功能

德国著名教育家第斯多惠(F. A. W. Diesterweg)说:"教学的艺术不在于传授本领,而在于激励、唤醒和鼓舞。"而提出问题正是落实激励学生参与学习的重要手段。

数学教学中提出的问题不仅要具有明确的活动指向性,而且要具有足够的吸引力,从而使学生自然生成一种问题探索活动的心向,主动、自觉地参与寻求新的知识。通过思考问题,学生的注意力会集中在所学习的内容上,必然提高各种参与活动的水平,逐渐使学生成为自我激励、自我引导的学习者,并在自我监控和反思的过程中,渐次发展为独立自主的探索者和学习者。例如,在学习"估算"时,教师拿一张报纸,面对大家,对折 1 次、2 次、3 次,笑道:"你看报纸厚度只有 0.08 毫米,3 次对折后的厚度是 $0.08 \times 2^3 = 0.64$ 毫米,还不到 1 毫米。假如对折 50 次,那么它的厚度是多少?"并启发引导:"会不会高过桌子? 会不会高过屋顶? 会不会高过教学楼? ……"对这样的问题,学生会兴趣盎然,积极参与思考、讨论。在适当的时候,教师宣布结果:"比珠穆朗玛峰还要高!"学生对此会惊讶不已,迫不及待地想知道是如何计算的,教师抓住时机进一步问到:"如何计算呢?"这种形式的提问,就能把枯燥无味的数学内容变得妙趣横生,有效地激发学生根据提问进行积极思考,为学生创造出思考和探索问题的情境条件。

可以说,数学问题规定着教学的方向和特点,学生的学习在具体的问题解决过程中进行,突出了自主活动、智力参与、个人体验等"主动性学习"的特点。这就要求教师教学中要精心设计问题,有意识地提出问题,充分发挥课堂提问的激励参与功能,激发学生的学习兴趣,以创造生动活泼的情境,使学生带着浓厚的兴趣去积极思维、参与活动。

10.1.2　建构灵活的数学基础知识

课堂教学中的数学问题一般都是教师围绕所要学习的定理、定义、法则、公式等基础知识结合一定的情境而设计的,本身涵盖了丰富的信息,并对数学的基础知识赋予了生动的意义。学生在思考、探索问题的过程中,要提取、分析、整理相关信息,一定程度上亲历了知识的发生发展过程,对知识的概括出自个人化的深层次理解。这样的知识由于融入了个体特定数学活动场景中的特定心理体验,对数学学习者本人而言是鲜活的、有生气的,是能够灵活迁移的。

例如,对于幂函数及其性质的教学,可以综合考虑各种函数的特征,设计出能涵盖所有不同类别的图象,并给出相应的打乱顺序的函数解析式,然后向学生提出问题:"你能将它们对号入座,并归类分析吗?"这种结果不惟一的问题,学生可以根据自己的理解得出不同的结果,对幂函数的认识也就深刻得多。

不少数学知识在内容和形式上有类似之处,它们之间有密切的联系。对于这种情况,教师可有针对性地设置提问,利用学生已掌握的知识和思维方法为学生自主建构知识搭建"脚手架",实现知识之间的有效迁移。

例如,在学习"一元一次不等式的解法"时,首先提问:解一元一次方程的步骤是什么?接着提问:能用"解一元一次方程的方法"来解不等式 $2x-1>3$,$3(x+1)<6$ 吗? 这样的提问,能够促使学生迫不及待地将已经获得的知识和技能从已知对象迁移到未知对象上去。

10.1.3　发展数学思维能力

培养学生的逻辑推理能力向来被看作数学思维训练的主要标志,但这种思维训练又很容易滑向机械模仿式的操作训练。教师的提问可在一定程度上弥补这种缺陷,能够引导学生积极思考,开拓思路,学会良好地构思和有效地表达自己的看法。这种提问可以起到示范、启发作用,教会学生如何发现问题、提出问题。学生在分析问题和解决问题的过程中,学会如何进行比较、分析、综合、抽象、概括、演绎和归纳,从而学会思考问题的方法,发展数学思维能力。

教学中提出的数学问题,虽然不同于通常意义上的、适合数学家或数学专业人员做研究工作的"非常规"问题,但这种问题也要求学习者本人在思考、解决问题时,具备一定的创新意识和批判反省的思维能力,并在提出假设、探寻途径、反思结论的过程中,提高创造性思维、批判性思维以及自我反省思维等高层次数学思维的能力。

例如,分解因式:$x^6 - 1$。可首先向学生提出问题:你能从不同的角度分解该因式吗?学生思考问题的焦点会集中在 x^6 上,探寻出以下结论:

$$x^6 - 1 = (x^3)^2 - 1 = (x^3 - 1)(x^3 + 1)$$
$$= (x-1)(x^2 + x + 1)(x+1)(x^2 - x + 1)$$
$$x^6 - 1 = (x^2)^3 - 1 = (x^2 - 1)(x^4 + x^2 + 1)$$
$$= (x-1)(x+1)(x^4 + x^2 + 1)$$

这种启发学生多角度地思考问题,无形中开拓了学生的思路,发展了思维能力。进一步地,又可以提出问题:"为什么同一式子会出现两种不同的结果? 是不是其中一个等式不成立?"籍此培养学生的批判反省思维能力。引导学生排除"其中一个等式不成立"的想法后,启发学生大胆猜想:$x^4 + x^2 + 1 = (x^2 + x + 1)(x^2 - x + 1)$。从而提出问题:$x^4 + x^2 + 1$ 能不能分解因式,如何分解? 这就促使学生的思维活动进一步往高层次上发展。

再如:已知 P 为圆 $x^2 + y^2 = 4$ 上的一个动点,点 Q 的坐标为 $(4, 0)$,试求线段 PQ 中点 M 的轨迹。一般来说,学生解决这种问题是不困难的,但顺便提出下列问题:

第一,如果点 M 不是 PQ 中点,而是任意的定比分点,该如何处理?

第二,如果定点 Q 不在坐标轴上,而在圆内、圆外、圆上,该如何处理?

第三,已知曲线不是圆,而是其他二次曲线或任意曲线 $f(x, y) = 0$,该如何处理? 学生通过自己的思维和实践解决上述问题,进而提出下面的问题;

第四,已知点 P 在已知曲线上,而点 M 按某种规律 $M = f(P)$ 随 P 点运动而运动,求 M 点的轨迹。

这样,逐步精心设问,使知识纵向串联,"一花引来万花开,一题问出万题来",有助于培养学生的发散性思维和创造性思维。

10.1.4　强化反馈功能

学生在回答问题的过程中,需要检索、组织所学习的知识及相关的数学思想方法,从中选取用于解决问题的工具,通过针对性地不断探索、思考,使得所学的知识和技能在新的问题情境中得到巩固和强化。而从教师的角度来讲,通过提问可以检查学生是否掌握已学过的知识,及时得到反馈的信息,了解学生的认知状态,诊断学生在理解知识和掌握技能方面所遇到的困难和问题,从而对教学过程进行调整,并给学生以相应的指导。这种类型的提问,几乎每堂课,甚至每一段落都能凸显它的强化反馈功能。但提问要力求有新意,不应局限于简单的回忆、再现和确认。

例如,对于立体几何中确定平面的一个公理、三个推论,学生学习后并不难记住它们的内容,但记住未必就能掌握,会背未必就是真正理解。可以提出以下的问题获得较为准确的反馈信息:已知四点,无三点共线,可确定几个平面? 三条相交于一点的直线,可确定几个平面? 一条直线和这条直线外的、不在同一直线上的三点可确定几个平面? 这样的提问不仅涵盖了所要检查的所有内容,而且有一定的新意,学生会乐于思考,能够较好地实现问题的强化反馈功能。

再如,学生在学习了基本不等式 $a^2 + b^2 \geqslant 2ab$ 和 $\dfrac{a+b}{2} \geqslant \sqrt{ab}$ 以后,为了了解学生的实际掌握情况,并巩固强化所学知识,进一步提出更深入的问题让学生探索和研究,使学生经常处于"愤悱"状态。如:第一,从这两个基本不等式出发,还可以再发现哪些有关实数 a, b 的不等式?

第二,若 $a、b \in \mathbf{R^+}$, $a > b$,试排列下面六个量的大小顺序:

$$a,\ b,\ \sqrt{ab},\ \frac{a+b}{2},\ \frac{2}{\dfrac{1}{a}+\dfrac{1}{b}},\ \sqrt{\frac{a^2+b^2}{2}}。$$

第三,如图 10.1.1,设四边形 $ABCD$ 为一梯形,其中 $AB = a$, $CD = b$, O 为其对角线的交点。试证明:

(1) a 与 b 的算术中项 $\dfrac{a+b}{2}$ 由梯形的中位线表示;

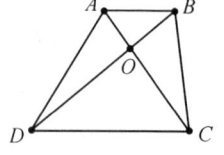

图 10.1.1

(2) a 与 b 的几何中项 $\sqrt{ab}$ 由平行于两底且使梯形 $ABLK$ 与 $KLCD$ 成相似形的线段 KL 表示;

(3) a 与 b 的调和中项 $\dfrac{2}{\dfrac{1}{a}+\dfrac{1}{b}}$ 由平行于两底且过点 O 的线段 EF 表示;

（4）a 与 b 的均方根 $\sqrt{\dfrac{a^2+b^2}{2}}$ 由平行于两底且将梯形 $ABCD$ 分为面积相等的两个梯形的线段 MN 表示。

通过这样一组问题，不仅了解到学生对两个基本不等式的实际理解、掌握情况，而且巩固强化了相关的知识和技能，提高了综合运用的能力。

§10.2　数学课堂教学提问的类型和特点

提问可以根据不同的要求进行分类，比如，根据提问的功能可以分为：激趣型提问、联想型提问、悬念型提问、过渡型提问、发散型提问、猜想型提问、反馈型提问等；根据提问的方式可以分为：总括式提问、引导式提问、比较式提问、点拨式提问、归纳式提问等；根据对问题的认知水平可以分为[①]：回忆型提问、理解型提问、分析综合型提问、评价型提问等。这里仅就与最后一种方法相关的类型作些探讨。

10.2.1　回忆型提问

问题的设计立足于学生已经学习过的定义、定理、公式、法则等基础知识和基本技能，要求学生回答时对需要识记的内容进行再现和确认。这种问题一般是本节课新授内容的基础和预备知识，与新授知识有着密切的联系，为学习新知识做准备，所以这类提问实际上是美国心理学家奥苏伯尔所称的"先行组织者策略"式的提问。

由于这类问题只要求学生对先前学过的知识进行再现和确认，不需要学生作深入的思考和探究，因而认知层次属于较低水平，但这类提问却是必不可少的。其中，使用最多的是一种"类比式"提问，即将与新学知识相同或相似的命题先提问学生，诱发学生用简单的、形象的、难度较小的命题去阐明复杂的、抽象的、难度较大的命题。

需要注意的是，回忆型提问往往对学生的思维深度要求不高，但在目前的数学课堂教学中却占有相当大的比重。对中学数学课堂教学的实际观察表明：高密度的提问是当前中学数学课堂教学的突出特征，提出的各种问题平均每堂课为 40 个左右，约占时间 25 分钟左右（每节课 45 分钟），但是提问中记忆型问题

---

① 奚定华：《数学教学设计》，华东师范大学出版社，2001

居多,平均约占 75%,很少有思考性强、探索要求高的问题,对培养学生的创造性、批判性的品质十分不利。因此,课堂上对回忆型提问的数量应有所控制,特别是对那些只需回答"是"与"否"的问题以及教师的随意性提问,更应该有所限制。或者注意根据问题的特征灵活变通,适当增加学生思维活动的成分,将问题引向较深的认知层次上来。

例如,在学习"球及其性质"时,教师可以引导学生按下面的层次展开问题对话。教师提问:我们知道圆的割线在圆的内部是一条线段,球被平面所截的截面又是什么? 学生回答后,教师接着用教具演示说明,并且意味深长地指出:"看来,球截面在球中的地位类似弦在圆中的地位。"教师进一步提问:在圆中,圆心与弦的中点的连线与弦有什么位置关系? 由此,我们猜想球中有什么类似的性质? 在圆中,半径 r 与半弦长 l 之间存在什么关系? 由此,我们猜想球中有什么类似的关系? 在圆中,弦心距 d 的变化与弦长有什么关系? 当 $d = r$ 时,弦长等于什么? 由此,我们猜想在球中有什么类似的性质? 你能说明吗?

有时候,在对待一些较难处理的问题上,教师为了克服难点、化难为易,而有意识地将一些较高层次的探索性问题分解为一个个较低认知水平的"小步子、低难度"问题,有利于清除教学障碍,但同时也使提问流于浅层次的认知水平,不利于培养学生的探究意识和创造精神。

10.2.2 理解型提问

所谓理解型提问就是指学生对提出的问题不能仅靠死记硬背学过的知识得到答案,而需要将问题所涉及的知识和方法进行归纳、类比、分析、综合等内化处理活动,对摄取的信息重新加以组织,并能用自己的语言对数学问题加以表述、分解和解释。显然,这种问题的回答需要学生较深入的思考活动,需要较深刻地把握所学的数学概念、定理的本质特征,学生回答问题的过程又是对新知识、新方法的深化理解。

例如,为了使学生深入理解双曲线的定义——在平面内,到两个定点 F_1、F_2 的距离之差的绝对值是常数(小于 $|F_1F_2|$)的点的轨迹称为双曲线,可以提出以下的理解型问题:

第一,将定义中的"小于 $|F_1F_2|$"改为"等于 $|F_1F_2|$",其他条件不变,点的轨迹有什么变化?

第二,将定义中的"小于 $|F_1F_2|$"改为"大于 $|F_1F_2|$",其他条件不变,点的轨迹有什么变化?

第三,将定义中"差的绝对值是常数(小于 $|F_1F_2|$)"改为"差是常数(绝对值小于 $|F_1F_2|$)",其他条件不变,点的轨迹有什么变化?

第四,若这个常数等于零,其他条件不变,点的轨迹又是什么?

通过这样的一系列追问,学生的探索活动将趋向深入,对双曲线概念的本质特征的理解也将落在实处。

理解型提问中,常常需要将一些基本的问题作一些变化,使问题涉及的信息量、需要的思维活动增多,从而提高问题回答的认知水平,这也常被称为"变式性提问"。变式的方法多种多样,常用的是将问题的条件或结论作些隐藏或变化,从而使问题所涉及的数学知识的本质特征不至于被轻易把握。这样,可以使学生回答问题的过程变成探索规律、辨析关系、理解概念本质特征的过程。

例如,学习了"多边形的内角和"之后,提出问题:

一个凸多边形除一个内角外,其余各内角和为 1 700°,能否求出这个内角的度数?

你能选用边长为 1 分米,且各内角相等的三角形、四边形、六边形、八边形拼出几种无空隙、无重叠的平面图形吗?

上述第一个问题虽然不能直接使用公式多边形内角和等于 $(n-2) \times 180°$,但仍然不属于变式理解型问题;而第二个问题则是对所学知识的变式使用,需要学生深入理解多边形内角和的来龙去脉和本质特征,属于理解型问题。

10.2.3　分析综合型提问

分析综合型提问涉及到两个相对立的思维过程,即分析和综合。由于分析和综合联系紧密,常常在思考问题的活动中交织在一起发生,所以将这两个提问类型放在一起讨论,以便对比。

分析型提问要求学生在回答问题时,能够把问题的整体分解为部分,把复杂问题分解为简单问题,分清条件和结论,找出条件和结论之间的因果关系,将高起点、复杂性问题分解为低起点、小步子、简单性问题,从而化归为基础性问题,便于各个击破、寻求答案。综合型提问则是把所学知识的各个部分、各个方面、各种要素联结成整体,找出其联系和规律性的提问。两种提问均需要学生运用新获得的知识结合过去学过的知识解决新的问题。无论是分析或综合的过程都对学生有较高的要求,需要学生对相关的数学知识和思想方法有较为深入的理解和掌握并具备一定的灵活应用能力。

例如,余弦定理的教学,围绕问题"在 $\triangle ABC$ 中,已知 a、b、$\angle C$,如何求边 c"展开探索。首先分析问题的要求和特点,将问题特殊化,把复杂问题转化为简单问题。提问:如果 $\angle C = 90°$,你能求出边 c 吗?对于解直角三角形,学生是不难利用以前学过的知识得到答案的。接着提问:如果 $\angle C \neq 90°$,你能否借助 $\angle C = 90°$ 的处理方法求出边 c?学生应当能够想到将原三角形分解为两个直角三角形。进一步提出分析型问题：怎样分成两个直角三角形？学生可能会提出分别从 A、B、C 三点向对边作垂线，不妨过 A 点作 $AD \perp BC$ 如图 10.2.1，把 $\triangle ABC$ 分成 Rt$\triangle ABD$ 和 Rt$\triangle ACD$。进一步提问：在 Rt$\triangle ABD$ 中，怎样求 c 呢？学生能够分析出需要求 AD、BD；同样地提问：在 Rt$\triangle ACD$ 中，怎样求 AD、CD 呢？这样，通过一系列的提问，使学生一环套一环地分析出余弦定理的得出过程。

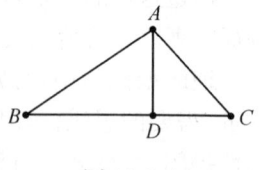

图 10.2.1

上述的提问倾向于分析型问题，在探索出余弦定理后，可以进一步提出综合型问题。例如：就余弦定理而言，$\angle C$ 是锐角和钝角的情况，有何不同？你还能用其他方法推导出余弦定理吗？正弦定理和余弦定理有什么区别和联系？等等。这些问题能够提高学生综合运用数学知识思考问题、解决问题的能力。

10.2.4 评价型提问

评价型提问就是要求学生通过分析、讨论、鉴别、评判等活动，对一些数学现象和解决问题的思想方法及策略，或者对老师、同学的不同观点和不同问题解法的对错和优劣进行比较、判断和评论的提问。这类提问一般是在学习新的概念、定理、公式和法则后进行，倡导学生大胆地发表自己的见解，有效地表达个人对数学知识和思想方法的观点和看法，是对学生综合能力的考察和检验。

例如，对于排列组合问题："某生产小组生产了某种产品 100 件，其中有 2 件是次品，现在要抽取 5 件进行检查，其中至少有 1 件次品的抽法有多少种？"为了使学生警惕一种常犯的错误，可先给出下述解法：由于从 2 件次品中抽出 1 件有 C_2^1 种抽法，再从余下的 99 件中抽出 4 件有 C_{99}^4 种抽法，因此共有 $C_2^1 C_{99}^4$ 种不同的抽法。然后提出评价型问题让学生做出判断和评价：这种解法是否正确？为什么？

如果学生有能力评判出这种解法的正误，并且能够说清楚其中的道理，那就说明他们对这类排列组合问题真正搞懂了。而且，这样的评价型问题对于培养学生的批判性思维能力和缜密思考的习惯是大有好处的。

§10.3 数学课堂教学提问设计的原则和要求

数学课堂教学提问的设计是一门艺术。要保证提问的有效性，需要教师认真钻研提问的技巧,提高教学提问的艺术水平。为此,有必要对提问设计所应遵循的原则和要求作些分析和探讨。

10.3.1　数学课堂教学提问的设计原则

1. 目的性原则

数学课堂教学的提问是为实现数学教学的各项具体目标服务的。因此,设计提问情境时,必须紧紧围绕教学任务所规定的各个层次的教学目标进行,从认知、情感、动作技能三维目标出发,力求提问具有明确的指向性和适度性。尽量避免靠灵机一动(尽管有时这也是必需的应变技能)提出问题,减少提问的随意性。具体设计时可以从以下几个方面加以考虑:

第一,明确教学的重点、难点和关键,本着突出重点、克服难点、抓住关键的宗旨设计具有针对性的问题。例如,学习"等腰三角形的判定"时,首先应明确教学的重点是"等腰三角形的判定定理",教学的难点是"利用等腰三角形的判定定理解决一些较为复杂的问题",教学的关键则是明确"等角对等边的含义"。为此,设计问题:我们已经知道,在一个三角形中,等边对等角;反过来,在一个三角形中,如果有两个角相等,那么它们所对的边是否相等?(定理的探索)在定理的条件中若去掉"在一个三角形中",即如果在两个三角形中分别有一个角,它们是相等的,那么这两个角所对的边是否相等?(定理的辨析)

已知 $\triangle ABC$ 中,$AB = AC$,$\angle A = 36°$,你能不能把 $\triangle ABC$ 分割成两个等腰三角形?能分成更多的等腰三角形吗?(定理的应用)

第二,在新旧知识的联结点处设计问题。例如,在复习"配方法及其应用"时,应在配方法与一元二次方程、二次三项式的因式分解以及二次函数等知识的联结点上设计出如下问题:如何用配方法推导出一元二次方程 $ax^2 + bx + c = 0 \, (a \neq 0)$ 的求根公式?如果 x_1、x_2 是该方程的两个根,你能求出 $x_1^2 + x_2^2$、$x_1^3 + x_2^3$ 的值吗?用配方法求解二次函数 $y = -\dfrac{1}{2}x^2 - 2x + 3$ 的图象的顶点坐标、对称轴方程和此函数的最大值。在用配方法解一元二次方程和求二次函数的顶点坐标时,有哪些不同点?

第三,在教学概念容易混淆处设计问题。例如,为了使学生正确理解正棱锥的概念,可以设计以下的提问:

一个棱锥的各侧棱相等,各侧棱与底面所成的角也相等,试判断这个棱锥是不是正棱锥? 为什么?

一个棱锥的各侧面与底面所成的角相等,各侧面上的斜高也相等,试判断这个棱锥是不是正棱锥? 为什么?

一个棱锥的各侧面上的斜高相等,各侧面的面积也相等,试判断这个棱锥是不是正棱锥？为什么？

一个棱锥的各侧面的面积相等，各侧面在底面上射影的面积也相等，试判断这个棱锥是不是正棱锥？为什么？

一个棱锥的各侧棱与底面所成的角相等，各侧面与底面所成的角也相等，试判断这个棱锥是不是正棱锥？为什么？

2. 启发性原则

提问不仅要具有明确的活动指向性，更要具有足够的吸引力，从而使学生自然生成一种问题探索活动的心向，激发起学生的求知欲望和兴趣。这就要求设计提问时要遵循启发性原则，针对学生原有认知结构和新知识产生的矛盾，提出对学生来说既不是完全未知，又不是完全已知的问题，让学生借助已知去探索未知，启发学生进行多样性的思维活动。

一般来说，启发性的提问具有一定的思维深度，需要通过猜想、归纳、类比、抽象、概括、分析和综合等思维活动才能获得有效解决。

例如，在学习"二面角"时，不直接讲解二面角的平面角定义，而是先提出问题：怎样用平面内的角来度量二面角？

启发学生找一个能正确反映二面角大小的平面内的角。通过思考、讨论，归纳出学生的以下几种思路：思路一，在二面角的棱上任取一点，过这一点作一个平面和这条棱垂直，这个平面和二面角的两个半平面相交于两条射线，得到一个角；思路二，在二面角的一个面内任取一点，过这一点作另一个平面以及棱的垂线，连接两个垂足，得到一个角；思路三，在二面角的棱上任取一点，过这一点分别在两个半平面内作垂直于棱的两条垂线，得到一个角。

针对上述探索结果，进一步提问：这三种角有什么区别和联系？哪个角是要找的角？

学生思考、归纳后，指出：三种方法得到的角都是要找的角，其本质是相同的，即都可以用来度量二面角，但思路三最好，以它作为二面角的平面角定义。

可以继续深入一步提问：为什么这样定义？为什么要作棱的垂线？

对这种问题的回答就要涉及到角的大小的惟一性问题，通过这样一环一环的启发引导，学生就能较深刻地把握二面角的平面角定义的本质。

3. 层次性原则

提问要遵循层次性原则，所提问题既不能过难，也不能过易，要根据学生的年龄特征、个体差异和能力大小，既安排认知水平较低的问题，又安排认知水平较高的问题，体现出一定的层次性。具体来说，可从以下几个方面设计层次性问题。

第一，识记、类比式问题。所提问题基本上属于回忆型问题，学生参照已经学过的概念、定理、公式、例题或思想方法，就可以解答出来。

例如，学习"多边形的内角和"之后，提出问题：二十二边形的内角和是多少度？若多边形的内角和是 3 600°，它是几边形？学生只需参照学过的内角和公式 $(n-2)\times180°$，即可给出解答，这就属于识记、类比式问题。

第二，变式性问题。所提问题是在已经掌握的类似或相近问题的基础上加以改造、变换和重组而来的，没有现成的模式可以套用，要求学生对已有的处理方法适当变通，在较高的层次上思考、探索出问题的解答。

例如，"函数"概念的教学，在通过实例引导学生抽象出函数的基本特征后，提出问题：

圆的面积 $S=\pi r^2$，试判断 S 和 r 是不是函数关系？如果是函数关系，请指出式中的自变量和函数。

用总长为 60 m 的篱笆围成矩形场地，求矩形面积 $S(\mathrm{m}^2)$ 与一边长 $a(\mathrm{m})$ 之间的关系式，并指出式中的常量和变量，自变量和函数。

这样的问题不仅突出了函数定义中的关键词——变化过程、两个变量、惟一和对应，而且要求学生在理解概念的基础上适当变通，属于变式性问题。

第三，灵活应用性提问。所提问题需要学生在理解所学知识的基础上，深入思考、灵活变通、综合应用，才能找到问题的答案。

例如：学习"二次函数的性质及其应用"时，设计通过建立二次函数的数学模型解决生活中的最值问题：某建筑物的窗户如图 10.3.1 所示，它的上半部是半圆，半径为 x，下半部是矩形，制造窗框的材料总长（图中所有的线条长度和）为 14 m。问：当 x 等于多少时，窗户通过的光线最多，此时，窗户的面积是多少？

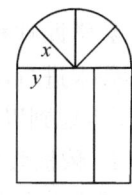

图 10.3.1

这种问题需要学生灵活应用二次函数的相关知识以及将生活知识"数学化"的建模方法才有可能获得解决，属于灵活应用性提问，这是一种高层次的提问。

当然，适当的时候也可以根据情况设计更高层次的探究、创造性提问，以培养学生的创造意识和能力。

4. 系统性原则

整节课或一个阶段的提问要成体系、有序、环环相扣，体现出系统性原则。要按教材和学生认知发展的顺序，设计紧密相连、层次分明的问题链，各个问题之间密切相关，做到由浅入深、由易到难、由表及里、环环相扣。

在数学问题解决的课堂教学中，常常可以设计出以下的问题链：

第一，引导、点题式提问。本节课要解决的问题是什么？

第二，以前是否见过类似的问题？能否联想到这类问题的处理方法？如何进行分析与探索？告诉了什么条件，结论有什么特点，条件和结论之间有什么联系?

第三,问题能不能分解为一些简单问题? 能否将其特殊化?

第四,怎样给出证明? 有哪些不同的证明方法?

第五,从中发现了什么规律? 能否推广到更一般的情形?

第六,如果条件改变,结论会发生什么变化? 等等。

例如,解分式方程 $\dfrac{x+2}{x-2}+\dfrac{16}{x^2-4}=\dfrac{x-2}{x+2}$ 可以设计以下的系统提问:

第一,解分式方程的大体思路是什么?

第二,这个分式方程的三个分母有什么特点?

第三,怎样将它转化为你已经会解的整式方程?

第四,为什么方程两边同乘以 $(x+2)(x-2)$?

第五,分式方程与整式方程的解法有什么区别和联系?

第六,分式方程产生增根的原因是什么?

这样的提问一环扣一环,前面的提问是后继提问的基础,而后面的提问是前面提问合乎逻辑的发展,使学生层层深入地领会解分式方程的有关问题。

10.3.2 数学课堂教学提问的设计要求

数学课堂教学提问的设计除了应遵循一些基本原则以外,还应根据教学的实际要求进行,教学要求是课堂提问设计的客观依据。具体来说,设计教学提问时,要考虑到以下几个主要方面的要求。

1. 依据教学需要,在关键之处设问

课堂教学提问并非越多越好,一味地多提问容易滑向"滥问"的泥潭。提问要根据教学任务、教材内容的特点和需要,问到点子上,问到关键处,才能发挥提问的效力,提高课堂教学的质量。

首先,问到教学内容的关键之处。所谓教学内容的关键之处是指那些对学生的数学思维活动有统领作用,牵一发而动全身的地方。在这些地方设计问题,既能突出一节课的教学重点和教师的意图,又能点明学生的思考方向,将教学推向高潮。

例如,"椭圆标准方程"的教学,教师引导学生根据定义"平面内,到两个定点的距离的和等于定长(大于两定点间的距离)的点的轨迹叫做椭圆",建立坐标系,设出点的坐标,写出动点满足的轨迹方程等一系列准备工作后,开始一个较繁难的工作,即化简方程:

$$\sqrt{(x-c)^2+y^2}+\sqrt{(x+c)^2+y^2}=2a \quad ①$$

此时,教师千万不能越俎代庖,直接讲解出化简的方法及过程。认为化简过

程不是主要的,关键是给出标准方程的形式让学生分析其特点并能熟练应用。这就会导致学生深入理解椭圆标准方程的思维过程轻易滑过。

实际上,如何化简并构造出 $\frac{x^2}{a^2}+\frac{y^2}{b^2}=1$,恰是本节课的关键之处,务必设置具有启发性的问题以突出重点。可以设置问题:① 式有什么特点?你能将它化简吗?看似两个极普通的问题,却提在了关键处,并给学生指明了思考的方向。学生既有可能考虑到:将一个根式移到右边 → 两边平方 → 再移项 → 再平方;也有可能想到:两边同时乘以左边根式的共轭根式 $\sqrt{(x-c)^2+y^2}-\sqrt{(x+c)^2+y^2}$。这样在关键处设置的提问能使学生感到"有想头",自然就乐意去探索,从而为学生理解 $\frac{x^2}{a^2}+\frac{y^2}{b^2}=1$ 奠定了坚实的基础。

其次,问到学生认知矛盾的焦点处。学生认知矛盾的焦点就是指学生认知过程中最感困惑的地方,往往也就是教材的重点或难点之处。在此处创设情境、设疑提问,注意找出新旧知识的"接触点"与"结合部",容易激发学生积极思考、探究学习的兴趣。

例如,"等腰三角形"的教学,可根据学生的认知规律设计如下的提问:等腰三角形的两边分别是 2 cm 与 3 cm,那么第三边是多少? 等腰三角形的两边分别是 7 cm 与 2 cm,那么第三边是多少? 为什么第一个问题有两个答案,而第二个问题只有一个答案?

这样的提问问到了学生认知矛盾的焦点处。在一个边长分别是 2 cm 与 3 cm 的等腰三角形中,第三边既可能是 2 cm,也可能是 3 cm,等腰三角形及其两边之和大于第三边的条件均能满足,这就是思维的"结合部";但是在边长分别是 7 cm 与 2 cm 的等腰三角形中,第三边只能是 7 cm。否则,如果第三边是 2 cm 的话,那么 $2+2<7$,将违背三角形两边之和大于第三边的规律,这就是思维的"接触点"。这样通过新旧知识的联系与矛盾有效地促进了学生对等腰三角形的理解。

再次,问到貌似无疑实则蕴疑之处。貌似无疑是学生的思维活动停留在浅层面的反映,并不是真的没有问题,只不过学生还没有发现深蕴其中的问题。如果能不失时机地在该处提问激疑,就能使学生的思维活动更深入,对问题的理解更接近本质,有助于培养学生发现问题、解决问题的能力。

例如,圆周角的定义的内涵:圆周角的顶点在圆上,角的两边分别都和圆相交。学生对它的理解表面上可能会感到没有什么需要注意的疑难之处,实际上并不见得就把握得深刻。可以借助不同的图形提出问题,激起学生的疑问,促使其深入钻研,透彻地理解圆周角的定义。先展示出图 10.3.2:

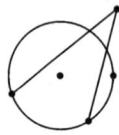 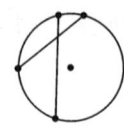 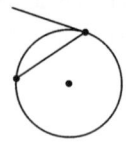 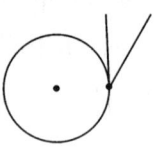 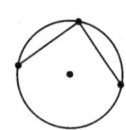

图 10.3.2

提出问题:试判断上述图形中的角是不是圆周角? 为什么?

学生在对每种图形仔细分析思考的过程中,就会对圆周角可能存在的疑问逐渐消除,也就能更深刻地理解圆周角的内涵。

2. 组成简明合理的问题结构

从整体来看,提出的问题应当简明而有效,形成简明合理、层次分明的问题结构。

首先,设置的问题要合理。提问的内容应当有良好的"问题域"(即问题涉及的知识范围),问题域过大或过小,都会影响到提问本身的实际意义与价值的大小。

例如,解方程 $\dfrac{x+1}{x+5} = \dfrac{1}{2}$,有位老师不经过合理设计,随口问到:如果 $\dfrac{x+1}{x+5} = \dfrac{1}{2}$,$x$ 必须怎么样? 这种提问既可以理解成是要解此分式方程,又可以理解成左边式子有意义的 x 的取值范围,还可以理解成分数 $\dfrac{1}{5}$ 的分子与分母同时加上某一自然数 x,原分数 $\dfrac{1}{5}$ 可以变成比它大的分数 $\dfrac{1}{2}$。这种不合理的问题,没有明确的指向性,容易引起学生的思维混乱。

其次,设置的问题要简明。提问必须具体、明白、表达清楚,不拖泥带水,要有利于学生理解其意义,能够迅速地把问题传输于头脑中,强化刺激思考问题。如果一个问题冗长繁琐,学生听了后半句,忘了前半句,便很难把握问题的实质,也就无从思考回答。而且,问题冗长、拖泥带水,也容易使学生产生厌烦心理,思考的积极性受挫,提问的效果也就可想而知了。

例如,"正弦、余弦的诱导公式"的教学,一位教师在引导学生探究出 $-\alpha$,$180°\pm\alpha$, $360°\pm\alpha$ 等各类角的正、余弦公式后,为了使学生概括出其一般规律,设计了这样的问题:回顾一下,刚才研究 $-\alpha$, $180°\pm\alpha$, $360°\pm\alpha$ 这些角的三角函数关系时,我们使用了哪些思想方法,这些思想方法的本质是什么?(教师同时用投影仪回放出探讨过程)尽管学生刚才参与研究活动的热情很高、效果很好,但被突然问及"思想方法"、"本质"等抽象的词语时,个个一脸茫然,其"困惑状"足以说明该问题的含混、唐突。事实上,"思想方法"、"本质"很难具有明确的思考指向性,学生根本就不能明白问题的本意,何谈探寻问题的答案!这样的提问形同虚设,容易使本可以让学生去思考、发现的东西顺势滑过。其实,上述问题只要稍微改变一下提问方式,加上一些必要的"提示语",就可以弥补这种不足。如,将问法更明确一些,改为:"刚才研究角的三角函数关系时,遇到较大的角、负角等,是如何处理的?"学生就有可能通过回顾探索的过程,悟出转化成较小的角、正角等"转化"的思想方法,也就有可能讨论、归纳出诱导公式的一般规律。

3. 设计恰当的问题难度和坡度

设计恰当的问题难度是指教师的提问要遵循量力性原则,尊重学生的认知规律,从学生的认知能力、已有知识和经验的实际水平出发,并注意到不同层次学生的实际差异。提出的问题既不可太过浅显易答,无多少思考价值,也不可太过深奥、玄妙,艰涩难懂,脱离学生的实际认知水平和接受能力,让人听了感到一头雾水,不知教师所云,同样失去思考的价值。

例如,"抛物线标准方程"的教学中,一位教师这样设计问题:首先借助"几何画板"的动画功能演示了"到定点距离等于到定直线距离的点的轨迹"之后,提出问题:"你能用什么方法通过描点画出抛物线吗?"应该说,该问题设置得很有创意,抓住了抛物线的本质特征,为学生提供了一次良好的探索机会,有助于深化学生对抛物线及其相关内容的理解。但在学生对"到定点距离等于到定直线距离的点的轨迹即为抛物线"的含义还几乎没有什么进一步认识时,提出这样的问题显然有些唐突,偏离了学生的实际认识水平。学生的表现也印证了这一点,大多数学生一脸茫然,对教师的问题可谓是"一头雾水",更不要说从哪个角度尝试探索了。

问题的设计应有一定的坡度,符合学生认知的"最近发展区",以产生"跳一跳,摘桃子"的效果为宜,要让学生通过思考、讨论、交流后能够尝试回答。设计恰当的问题坡度,一方面要照顾知识本身,另一方面又要照顾不同智力与知识水平的学生,多采用由表及里、由浅入深、层层递进的阶梯式提问方法。同时,在提问过程中向学生提供一定的相关信息资料,为学生思考问题搭建合适的"脚手架"。只有这样,学生才能在教师的启发下,参与探究,拾级而上,答疑解难,获得良好的学习效果。

思　考　题

1. 数学课堂教学提问的功能是什么? 课堂提问有哪些基本类型,各具有什么特点和作用?

2. 举例说明设计数学课堂教学提问应遵循的原则。

3. 如何理解"教学提问的层次性"？结合某一课题的教学，设计具有层次性的提问链。

4. 你认为数学课堂教学中教师提问有哪些误区？教师在设计教学提问时须注意哪些问题？

5. 举例说明如何在解题教学中进行提问。

6. 选一课堂实例，分析教师在教学中运用了哪些提问方式。有何优缺点？可作何改进？

第11章 数学课堂教学的语言

数学课堂教学的语言既是数学思维的工具,又是师生表达和交流信息、情感的工具,它是由数学学科独有的数学语言和一般课堂教学所需的交流语言两个基本部分组成的。一堂高质量的数学课必然要求教师具备扎实的数学教学语言基本功。

本章主要介绍数学课堂教学语言的构成及其功能,数学课堂教学语言使用的基本要求,数学课堂教学语言的操作技能等三个方面的内容。

§11.1 数学课堂教学语言的构成及其功能

数学课堂教学语言作为开展数学教学活动的基本工具,其使用的质量直接影响着教学的效果,而要想提高数学课堂教学语言的使用效率,必须对其构成成分及其功能有较全面的认识。

11.1.1 数学课堂教学语言的构成

概括地说,数学课堂教学语言是由数学语言和教学语言两个基本成分构成的。这两个基本成分又至少涉及以下几个方面:数学课堂里的自然交流语言,数学教科书的语言(包括图像资料和其他表达方式),数学的非形式表达语言和数学的符号形式化语言等。当然,在具体数学课堂教学过程中,这些成分不是孤立存在的,而是交互发生作用的。

1. 数学语言

数学语言是数学研究和交流活动中为了方便和准确描述某个概念或判断,而专门使用的一种语言,是表达空间形式和数量关系的一门科学化语言。符号与公式是数学语言的特色之处。正是一些符号、公式的使用,使得数学语言具有简约、清晰、严谨、抽象、精美等特点。

数学语言与自然语言联系密切,是自然语言精确化的结果。正如著名英国物理学家狄拉克(P. Dirac)所说:"数学语言的精确化,给自然语言补充了适当的工具来表示一些关系,对这些关系用自然的字句是不精确的或者过于纠缠的。"

数学语言与自然语言的本质区别之一是变元的使用。由于使用了各种变元,数学语言能够很好地表示一般规律。例如,勾股定理借助变元 a、b、c 表示成 $a^2 + b^2 = c^2$,就把一般规律突显出来了。数学中有许多类似的、规律性的东西(如法则、公式、定理等)都是从个别的、具体的内容中抽象出来,只保留那些共性的形式化了的部分,变元的使用能准确地表示这些形式的部分,体现了数学语言的科学性和优越性。

数学语言是自然语言的发展与扩充,同样含有语义与句法两部分内容。语义是指数学符号、表达式、数学术语的数学含义,也就是数学语言所表达的实际内容。例如,$3x + 2 = 0$,$\cos(\alpha + \beta)$,Rt$\triangle ABC$ 各有相应的数学含义。分析数学语言应当首先分析其语义的内容;数学语言的句法是指语言的结构,即数学语言符号间的关系。句法只考虑数学符号、公式的形式,而不考虑这些符号、公式具体代表什么内容。比如,$(a + b)c = ac + bc$ 表明的是一种普遍适用的运算规则,而 a、b 的和只能记为 $a + b$ 或 $b + a$,记为 $+ab$ 则是不符合数学的句法规定的。

数学语言的教学应注重从语义和句法两方面去分析。如果只强调语义,学生能够做到概念清楚、公式使用准确,但却难以将其迁移到新的情境中去解决问题;而如果只强调句法,则会使学生不能理解数学语言表达的确切含义,只能形式地记忆公式和结论,不能把实际问题转化成数学问题。

2. 教学语言

教学语言是课堂里教师传播知识、师生交流信息的基本工具。宽泛一点讲,教学语言包括口头语言、肢体语言、板书语言以及软件程序语言等要素。其中又以口头语言最为重要,它是讲授教学内容、完成教学任务的关键语言因素,其他语言成分则是为强调某些信息、增强语言的感染力、提高传输信息的质量等服务的,处于辅助的地位。

教师的教学口头语言是丰富多彩的,从教学过程的展开来看,大致包括引导语、提问语、阐释语、应变语、结束语等。各类用语都有相应的功能和使用特点,教师在使用中应准确把握,提高用语的艺术性。引导语是指一节课的开始或一个问题情境的引入用语,它的基本功能是阐明将要完成的任务,唤起学生学习知识、探究问题的欲望和兴趣;提问语是指教学过程中随时发问、层层展开教学内容的用语,它是启发学生思考问题、集中注意力的重要手段;阐释语是指教师向学生传授知识和技能时进行叙述与解释的语言,它是使用频率最高,运用最广泛的教学语言;应变语是教师根据课堂里的具体情况,灵活调整、处理突发或预料之外事件的用语,是教师随机应变、驾驭课堂教学的机智语言;结束语是对教学的主要内容进行概括、总结的用语,既可以是一节课内容的归纳,也可以是对某个问题或关键地方的整理、强调。

教学语言是教师最重要的教学基本功,教师的语言修养越好,就越容易对学生产生良好的感染力,从而使教学生动、有吸引力。准确而优美的教学语言还可以帮助学生养成正确的用语习惯,使思维更严密、更有逻辑、也更具有灵动性。正如苏霍姆林斯基所说:"教师的语言是一种什么也代替不了的影响学生心灵的工具。……高度的语言修养是合理利用教学时间的重要条件,在很大程度上决定着学生在课堂上脑力劳动的效率。"[1]

11.1.2　数学课堂教学语言的功能

数学课堂教学语言的功能是多方面的,首先数学语言作为一种科学化语言,本身所具有的符号形式化特色,不仅有助于丰富学生的语言文化素养,更具有重要的思维功能;其次,教学语言不仅是教师输出信息的最重要工具,也是师生进行情感交流的主要手段。

1. 数学语言的教育功能

数学语言作为世界通用的语言,所提供的科学表达方式,在发展国际交流方面以及国内各学科之间的相互理解方面具有相当重要的文化价值。这就是说,数学语言是作为一种基本的文化素养在教育中发挥作用的。

数学语言的这种教育功能不是体现在解题训练上,而是体现在数学语言的思想性上,即数学语言能够简明扼要地表达思想。大到数学公理化方法、代数思想、解析几何观点、概率统计观点、微积分体系等宏观数学思想,小到函数观点、向量表示、参数方法、恒等变换、同解变形等数学观念,无不渗透了人类长期的文明努力,蕴含着丰富的思想文化。而所有这些都集中体现在数学独到的符号语言上,所以,学习数学语言可以得到思想的升华。

2. 数学语言的思维功能

数学语言具有重要的思维训练功能。数学思维需要借助数学语言,而数学语言又可深化数学思维,进而数学思维又可创造发展数学语言。正是在这种循环往复的相互作用中,数学语言发挥着重要的思维功能。

推理活动是数学学习的特色之处,而数学语言则是数学推理的基本工具,数学推理链条中的每一个环节都需要借助数学语言将新命题与认知结构中已有的相关命题和概念重新组合,以特殊方式连接起来,并通过相互作用使学习者对新

---

① 苏霍姆林斯基,肖勇译:《教育的艺术》,湖南教育出版社,1983

命题从逻辑意义上的认同过渡到心理意义上的认同。

数学语言的严密逻辑体系从深度和广度两个方面去解释隐藏在表象后面的客观规律和思想要素，能够集中、加速和强化人们的注意力，使人的思维方式严格化；能训练心智使之能正确而活跃地思考；能增进人们认识与理解事物的敏锐性和渗透性；能启发人们对新问题进行有效地分解与组合，发展分析问题与解决问题的基本功。所有这些方面几乎都是不必言说的。美国西点军校课程设置曾三番五次地加以整改，但数学是其雷打不动的必修基础课之一，正是看中了数学语言的逻辑体系对培养学员的缜密思考、敏锐洞察、运筹帷幄本领的独到之处。

3. 数学教学语言的传播、交流功能

数学教学语言是传播数学教学信息的主要载体，没有教师的教学语言，就没有数学课堂教学。虽然数学课堂教学的展开过程涉及多方面的因素，但语言无疑是最根本的决定性因素。数学概念、命题、法则甚至数学思想方法都要靠教师的语言加以传播，即便是一节以学生自主探究活动或以现代化教学手段为主的数学课，也不可能离开教师的语言引导、启发环节，这就是说，数学教学语言的传播功能是数学课堂教学赖以实施的根本保障。

数学教学语言在履行其传播信息功能的同时，无疑也肩负着交流思想、情感的功能。教学过程中教师感人的语言描述，能使学生获得强烈的情感体验，留给学生的记忆是长久的，甚至是终生难忘的，这正是语言情感交流的功效。优秀的数学教师总是能够在教学过程中充分发挥语言的交流优势，倾心投入，开启自己思想与感情的门扉，奏出课堂教学的最强音。庄子说："不精不诚，不能感人，故强哭者虽悲不哀，强怒者虽严不威。"要发挥数学教学语言的思想情感交流的优势，就不能矫揉造作，故作姿态，而应真情投入，用真挚语言与学生产生共鸣，才能达到交流的胜境。

数学课堂教学过程中的语言交流不只是教师单向的语言表述，还包括学生之间的讨论、争辩，学生向教师的质疑、提问、观点阐述等等。

总之，数学课堂教学环境犹如一个小社会，语言是维系这个社会各分子之间联系、交流的纽带，发挥着社会活动中各角色互动的启导功能。

§11.2 数学课堂教学语言使用的基本要求

在数学课堂教学中，不同教学方法对语言有特殊的要求。比如讲解法要求语言精炼、准确、系统性和逻辑性强；谈话法要求语言简明扼要、生动形象。不论运用哪种教学方法,数学课堂教学的语言都应把握一些基本要求。

11.2.1　科学性

数学科学的逻辑严谨性要求数学课堂教学的语言必须注重科学性,也就是必须具备语言的逻辑性、严谨性和准确性。

语言的逻辑性、严谨性和准确性是指数学课堂教学的语言要有确定性,不含混不清;符合无矛盾性,不前后矛盾;具备条理性,不杂乱无章;总体上要做到全面、周密。

数学的每个概念都有确切的含义,每个定理都有确定的条件。在课堂教学中对于概念的讲解,定义、规律的表述必须准确无误。要准确地阐明概念的内涵和外延、定理的条件和结论、法则的内容和适用范围。为了使学生不发生疑问和误解,教师首先要对概念的实质和术语的含义必须有透彻地了解,比如"整除"与"除尽"、"数位"与"位数"等不能混为一谈;在讲解"圆锥的体积等于圆柱体积的三分之一"时,必须注明"同底等高"的条件。

有时候,教学语言停顿不当或有一字之差,意思就会改变,例如,把 $2x^2$ 读作 $2x$ 的平方,就会变成 $(2x)^2$;而把 $(2x)^2$ 读作 $2x$ 平方,又会误认为 $2x^2$。又如,表达式 $x - \dfrac{1}{y}$ 在语气上读作"x 减 y,分之一"则变成了 $\dfrac{1}{x-y}$;反之,如果读成"x 减去,y 分之一"就不致出错。

数学语言的逻辑性、严谨性和准确性还体现在语言的叙述要合乎逻辑,因果关系不能颠倒,分析和综合要合理,绘图、板书要工整规范,提出问题要清晰明确,不能模棱两可,更不能信口开河把似是而非的东西传给学生。此外,教师还必须用科学的术语来授课,不能用生造的土话和方言来表达概念、法则、性质等,比如,不能把"垂线"讲成"垂直向下的线";不能把"最简分数"说成"最简单的分数"等。

11.2.2　启发性

数学课堂教学的语言应力求具有启发性,就是要从知识的联系与发展中提出能引起学生积极思考的问题。这些问题要能举一反三,留有思考余地,语言要明确、精炼,富有感染力,能够调动起学生的学习积极性和主动性,促使学生的想像力得到发展,创造性地理解知识。

数学课堂教学的语言要达到"启而能发,发而能导,导而不乱"的效果,必须注意提高数学教学语言使用的艺术性,从内容到语气都应能够激发起学生的思维兴趣。除了要求语言清晰、准确、有条理之外,还应快慢得当,声调要有轻重缓急,抑扬顿挫,有节奏感。而且,还应巧妙运用热情、鼓励、表扬性语言,比如,在提问时,适当运用"说说看"、"大胆谈谈自己的看法"、"说错了没关系"等鼓励性语言来增强学生的信心,优化提问氛围,促进学生思考。

比如,教师在教圆的概念时,提问:车轮是什么形状? 又问:为什么要做成圆形? 如果做成正方形或椭圆形呢? 学生们可能会感到好笑:做成正方形车子不能前进,做成椭圆形前进时会忽高忽低。教师继续追问:为什么圆形就不会忽高忽低呢? 从而引出圆形车轮上的点到轴心的距离相等。这样,学生对圆的概念的理解建立在教师启发性语言的引导和暗示下,较直接给出圆的定义更具有感染力。

11.2.3　简洁、规范

数学课堂教学的语言应力求简洁、规范,用语要简明扼要,规范明晰;不可啰唆,含混不清,使学生听起来一头雾水、不知所云。

语言简洁就是在课堂上要用最精炼的语言表达最丰富的内容,要提高语言的质量,要突出重点,抓住关键,分化难点,并充分使用数学术语、式子、符号来表达有关的内容。教学语言要干净利索,简洁概括,有的放矢;要根据学生的年龄特点,使用容易接受和理解的话语,准确无误,用最短的时间传递最大的信息量。

语言简洁的同时还必须确保语言科学、准确规范。语言规范要求教师吐词清晰,读句分明,坚持用普通话教学等。有的教师口头禅太多,分散了学生的注意力,破坏了教学语言的连贯和流畅,浪费了课堂有限的时间,影响了学生表现自己的积极性。

11.2.4　通俗、形象

数学课堂教学的语言应通俗易懂、形象生动。教学时要注意从学生的年龄特征和接受能力出发,用最透彻、最清楚的语言讲解。

教学语言既非书面用语,又非一般的口头用语,看似枯燥无味的数学,实则里面蕴藏着生动有趣的东西。在保证讲授内容本身科学的前提下,教师有时还需要列举生活中的实例,引用形象的比喻,简明扼要的口诀,脍炙人口的名言以及充满时代气息的语言,把教学内容讲得生动、通俗,使学生能更容易、更深刻地理解知识;数学教学偶尔出现几句诗情画意的语言,效果更是不同凡响,幽默可以激活课堂气氛,调节学生情绪;教师要善于借助幽默的语言去创造有利于师生情感沟通的课堂气氛;幽默还能开启学生的智慧,提高思维的质量,课堂教学的幽默应和深刻的见解、新鲜的知识结伴而行。

有时候,为了增强数学教学语言的表现力,还要善于运用表情和手势等"姿态语"。比如,教学时注重调整课堂上的视线投向,尽量用和蔼可亲的目光去捕捉学生的视线,让目光洒遍教室的每一个角落,使每个学生特别是数学"学困生"

时刻感到老师在注意自己,这样无形中就达到了控制课堂的效果。在课堂教学中,手势使用得当,可以增强语言力度,强化要传授的数学知识,给课堂增添亮色和活力,当然手势的使用应保持自然、适度。

值得注意的是,教师的语言不可片面地追求生动通俗。应避免低级、粗野,做到文明、规范、高雅,注意将幽默与无聊的插科打诨和耍贫嘴区别开来,不能人为地穿插一些与教学无关的笑料,不可滥用幽默讽刺挖苦学生,如果有意或无意地贬损了学生人格,挫伤了学生的自尊,那就会产生极大的负面效应。

当然,数学课堂教学语言使用时应把握的这些基本要求也不是一成不变的,需要根据具体的课堂教学环境灵活掌握,以有助于营造一个生动活泼的学习局面为目的。

§11.3　数学课堂教学语言的操作艺术

数学课堂教学语言的操作是一门艺术。只有运用美的、富有艺术魅力的语言去传道、授业、解惑,才可以有效地化解数学教学中的诸多矛盾,使学生与教学环境保持平衡,最大限度地调动学生学习的主动性,并在最大限度上给学生以美的熏陶。

11.3.1　数学课堂教学中的几种语言艺术

从数学课堂教学活动的展开过程着眼,主要的教学语言大致有:引导语、提问语、阐释语、应变语和结束语等。各类用语都有自身的特点和相应的使用艺术。

1. 引导语的艺术

引导语除了指一节课的导入语、一个问题的开始语之外,还包括一项数学探究活动、一项数学实验活动或者一个疑难问题思考方向的指导用语等等。它的基本任务是激发学生主动参与、自主探究学习的欲望和兴趣,使学生对将要学习、探究的内容产生好奇感,进入预定的教学轨道。

引导语使用的艺术性体现在引导方式的技巧和语言的引人入胜上,尽量避免用语的平淡无奇。一般可以设计成故事、谜语、悬念等引导方式,并注意语调的启发性和趣味性。例如,在讲解"等比数列前 n 项求和"的问题时,一位教师通过这样的引导语激励学生参与:先在黑板上写下"锡拉"和"锡塔"两个人的名字。教师充满期望地问道:"有哪位同学听说过锡拉和锡塔的故事吗?"同学们相互对望着,一片茫然。这时,教师微笑着讲道:"锡拉是古代印度的皇帝,锡塔是传说中六十四格国际象棋的发明者。皇帝要奖励锡塔的发明,金银财宝,由他自己任意选择奖品。锡塔说道:'民以食为天,我就要些麦子吧,万望陛下恩准。'皇帝心想:这个傻瓜,放着贵重的金银珠宝不要,仅要些不值钱的麦子,我岂有不准之理。于是,说道:'好吧,随便你要多少吧!'锡塔说:'只要在六十四格棋盘上,第一格放一粒,第二格放两粒,第三格放四粒,第四格放八粒,以后每格放的粒数都是前一格粒数的两倍,给到六十四格里应有的麦粒数就行了。'皇帝听完哈哈大笑道:'这个要求也太低了。'立刻吩咐侍卫官按锡塔先生的要求,计算出麦粒数量,马上兑现。可等到计算完毕,皇帝却大吃一惊。原来,全印度所有仓库的麦子全拿出来也不够锡塔所要的数量。那么,锡塔所要的麦子的数量到底是多少呢? 计算结果是:需要用长 8 米,宽 5 米,高则相当于地球到月球距离的两倍的大仓库才能装得下。"此时,学生已是个个面露惊讶,急于想搞清其中的玄妙。教师则不失时机地诱导:"同学们想不想知道这个巨大的数字是怎样算出来的呢? 其实,大家都有能力独立探究出这个结果的得来过程! 我给大家几分钟时间思考,产生了结果、想法或遇到什么疑难请告诉我。"

这样的引导语抓住了学生的兴奋点,做到了引导有方,具有较高的艺术境界,必然能充分调动起学生参与的热情和信心,使教学尽快进入胜境。

2. 提问语的艺术

提问语在数学课堂教学的展开过程中扮演着极为重要的角色,它是教学走向深入的阶梯,触发学生思维火花的引信。好的提问不但可以激发学生积极思维,创造活跃的学习氛围,而且有助于沟通师生间的情感。

提问语要通俗明白。提问的目的是让学生思考并回答问题,一定要使学生能听得懂,明确对问题思考的方向。一个不明不白的问题对学生产生的困惑和对学习兴趣的抑制是可想而知的。因此,提出问题的语言必须通俗易懂,简洁明白,尽量少用或不用一些学生不易领会的术语。

提问语要生动有趣。在保证问题清楚明白的基础上,还应尽量使语言的使用生动有趣,增强问题的吸引力和语言的感染力,必要时可以借助数学相关软件呈现学生感兴趣的图形与符号语言。需要注意的是,数学课堂教学中常常出现这样一种现象:教师提出了一些好的问题,却往往没有留下思考的空间,而是习惯性地自问自答,从而使学生错失许多思考问题的机会。

3. 阐释语的艺术

阐释语是教师向学生传授知识和技能时进行叙述与解释的语言。要使学生领会新知识和疑难问题,阐释语的高效能非常关键。阐释语使用的艺术性效果体现在:既能把数学概念、原理等知识性的东西解释清楚,又能把怎样做的方法、要领说明白。在这个过程中,学生兴趣盎然,精神饱满,欣然接受教师的陈述,并不感到厌倦和疲劳。

使用阐释语除了要注意规范、明了、准确、流畅、通俗易懂等基本用语要求外,还要特别注意阐释语的生动形象性,以便增强阐释语的美感,产生良好的感染力。这就需要根据具体数学内容的特点巧妙设计,使用富有趣味性的阐释语。例如,对一些难以理解的数学概念、命题,可以借助生活中的一些形象的比喻加以解释说明,使晦涩难懂的数学语言变成通俗易懂的日常用语。比如,"映射"概念的教学,就可以借助生活中的车牌号与车子的对应、子女和家庭的对应、学生与学习成绩的对应等事实来增强解释的形象性。再如,将求"差向量"作图的过程和结果用歌诀表示为:求差并起点,连接两终点;欲问何方向,箭头指前者。这样就把求作"差向量"的特点提炼出来了。

4. 应变语的艺术

应变语是教师根据课堂教学的实际情况,随机应变、灵活调整的教学用语。由于数学教学过程是一个动态的师生互动过程,并不总像"镜子"一样反射预设的教学轨道,其中的不确定因素很多,具有明显的非线性发展的"自组织"特性[1]。因此,教学中常常会发生一些始料不及的情况。这就要求教师要敏锐地发现问题,适应千变万化的课堂场景,灵活及时地用应变语去驾驭课堂教学。

应变语的使用艺术体现了教师的教学智能水平,要求教师要有敏捷的思路,善于顺着学生思考问题的轨迹,抓住问题的关键所在,从而使用有效的应变语化解眼前的困境,引导到正常的进程中。比如,一次数学课上,教师正在讲解"数学归纳法"的"奠基步"和"归纳步"的推理关系时,突然一位同学由于看武侠小说太过投入而叫出声来,将全班同学和老师的目光都吸引了过去。对此,教师既不能不问,也不宜采取粗暴的方式一通批评了事。这位教师很注意应变的艺术,若无其事地说:武侠小说的构思也有推理的成分,但那种推理是无法与数学中的推理相比的。比如,其中常见到这样的描写:某侠士一跃窜出三丈多高,待其将落未落之时,又用左脚尖轻点右脚面,窜出一丈有余。这都是作者不懂推理逻辑性造成的,照他这样推理,如果再用右脚尖轻点左脚面,还可窜出一丈有余,如此下去,只要带足了干粮,总有一日会到达月球,还要劳命伤财地制造登月飞船做什么。这时候,在全班同学的哄堂大笑中,那位同学不好意思的承认了错误,主动将武侠小说交给了老师。这种善意而幽默的批评,效果绝不会弱于粗暴的训斥和干涉。这就是应变语的艺术效果。

5. 结束语的艺术

结束语是对教学的主要内容进行概括、总结的用语,既可以是一节课内容的归纳,也可以是对某个问题或关键地方的整理、强调用语。结束语的作用在于帮助学生梳理新学的知识和思想方法,以便达到随时消化、理解、巩固、强化的效果。结束语如果只对所学内容作一些简单的重复,停留在一般性地泛泛归纳上,

---

① 大卫·吕埃勒著,刘式达等译:《机遇与混沌》,上海教育出版社,2001

就达不到结束语的真正作用。

艺术性的结束语首先要求语言简洁、明了、清晰,注意强调和突出关键所在,起到提纲挈领的作用;其次,结束语应当具有一定的启发性和趣味性,能使学生感受深刻、回味无穷。为此,结束语的形式可以活泼多样、不拘一格。比如,可以用评判式、歌谣式、悬念式等等。

例如,"三角函数坐标定义"的结束语:将角移入坐标面,顶点原点同一点;始边横轴两重合,终边依角落象限;终边之上取一点,该点原点得线段;线段长短与坐标,三角函数来相关;横纵坐标比线段,比值就是正余弦;横纵坐标两相比,正余切值即出现;纵标前比正弦切,横标前比余弦切;两两相比共六式,另外两种不细研;横纵坐标带符号,线段恒正有长短;三角函数值正负,观察终边看象限。

再如,"同角三角函数基本关系"的结束语:同角三角函数间,基本关系莫等闲;正余弦方和为1,正余切乘值依然;弦割正余两结合,乘积为1不会变;正割正切取平方,其差为1仍同前;正弦余弦两相比,得到正切不用看;余切同理能得到,恰等余弦比正弦。

良好的结束语需要钻研与开发,要切中教学内容的特点和教学的实际情况,用得恰到好处,不可生搬硬套,一味追求新鲜有趣,搞不好就会不伦不类,反而会弄巧成拙。

总之,数学课堂教学语言是多种表现手法的综合运用,需要教师广博深厚的知识修养和专业功底,作为一名数学教师,必须有意识训练、强化语言素质,在教学实践中不断探索,不断总结,完善自己的教学语言,达到数学教学语言的科学性、艺术性的辩证统一。

11.3.2 数学课堂教学中语言表达的技巧

在数学课堂教学中,不仅应重视各类数学教学语言内容的艺术性,还要讲究语言表达技巧的艺术性。

1. 语言操作艺术中的发音技巧

数学教学中,教师的语言应力求标准、清脆、圆润、悦耳,吐字必须清楚、完整、准确。有人认为:数学学科毕竟不同于语文学科,对教师的语言要求可以淡化,只要能把数学知识讲解清楚就行,至于发音是否标准,用语是否规范,不必关注。其实,这是一种误解,不仅不利于提高数学教师的语言艺术,而且会直接影响到数学教学的质量和效率。如果教师发音不准,咬字不清,或偏用鼻音,或只用口腔,不仅声音听起来很乱,使人不舒服,影响语言内容的表达,而且这样长时间将气息压迫在喉咙上,久而久之就会导致声带负担加重,咽喉处于疲劳状态,出现声音沙哑、嗓子疼痛的现象,影响身体健康。所以,数学教师也必须注重掌握正确的发音技巧,根据语言学的发音原理,勤于锻炼,逐步提高。

首先,要学会正确吸气,使用好发音的动力部分。就是说,讲课时应尽量多吸一点气,吸得深一些,气息量多了,就可以避免因气息不足而加重声带的负担。

其次,要正确调动自己的共鸣腔——胸腔、口腔、鼻腔、咽腔和颅腔,形成一个音色优美的"立体声组合音响",不能偏于任何一个"音箱",要让"五腔"都被调动起来,发挥其各自的功能,使之畅通,正如中医学所讲:"通则不痛、痛则不通。""五腔"畅通,说话轻松,又可防止咽喉息肉的产生。

第三,要正确使用舌、齿、唇,有意识地放大它们的使用幅度,要坚持经常性地矫正自己发音方面的欠缺,以增强语言的表达效果。

2. 语言操作艺术中的语调技巧

数学教学语言的操作艺术性很大程度上体现在语调的使用技巧上。语调是教师课堂教学中最常使用的语言行为。良好的语调也是吸引学生注意力、活跃课堂气氛、提高教学效果的重要因素。数学教学语言操作中的语调应力求洪亮、自然、优美、适度、富有节奏感,注重产生抑扬顿挫的语言效果。

教师要掌握好语调的调节。首先,语调要高低相间、强弱相伴、长短相随,做到抑扬顿挫、错落有致。要根据数学教学内容和教学语言内容的具体特点适当变换语调类型,该突出的重点、亟待克服的难点处,都应注意提高音调。语调一般可归纳为:高亢、沉郁、短促、平缓四种类型。任何一节数学课都应当根据具体情况综合使用各种类型的语调技巧。如果整节课教师自始至终用沉郁或平缓的语调,很容易使学生精神不振,注意力分散,甚至感到昏昏欲睡;如果整节课都用高亢或短促的语调,又会使学生精神紧张,引起烦躁。所以,语调的使用要根据教学中的语言内容恰如其分地选用。

其次,语调应有"营养",富有音韵感,使学生感到亲切、柔和、有磁性,这样的语调能够强化数学教学语言内容的吸引力。

再次,语调使用中节奏的急缓快慢直接影响着学生的思维活动,影响着该节课的教学效果。教学过程中,教师应根据教学的语言内容以及学生在学习中的情绪状态,机智灵活地调整自己的语言节奏,做到快慢得当、急缓适宜,既不可滔滔不绝、一口气说到底,不给学生留下思维的空间;也不能慢吞吞,让人心急,令人生厌。

3. 语言操作艺术中的自控技巧

数学教学语言的自控性是指教师在教学中善于控制自己的语言,能够自我意识到自己言语信息输出的情况,并及时准确地调控自己言语的速度、节奏和韵味等。教学语言失控,一般表现为语无伦次、词不达意、重复啰嗦、杂乱冗繁等现象。还有的教师为表现自己的博学多才,常常借题发挥,天马行空,以致越扯越远,失去控制,既剥夺了学生的主体地位,使学生无法主动地参与到学习中去,又影响了教学目标的达成。

要防止以上情况的发生,就必须掌握数学教学语言的自控技巧,在新课程理念指导下开展教学。具体应注意以下几个方面:

第一,要认真备课,精心设计数学教学语言的内容及表达技巧、方式。一般而言,糟糕的数学教学用语多半是由于准备工作不充分,没有认真思考教学语言的展开方式和组织策略,心中无数,也就容易出现语无伦次、疲于应付的局面。而如果根据数学教学语言内容的特点,充分估计到教学进程中可能形成的语言环境,精心设计引导语、阐释语、提问语、结束语等教学语言的表达方式,对一些关键环节的关键用语做到胸有成竹,这样,教学时就能随时得到自我暗示,做到有备而讲,运用恰当。

第二,要认真设计学生的学习,让自己少讲、精讲,让学生多讲。要精心设计学生的讨论题目,设计学生自主、合作、探究学习的方式,发挥学生作为学习主体的作用。同时,有针对性地设计一些相应的提示语、启发语,这样,既可以腾出时间和精力引导学生探究,发现学生在学习中存在的问题,并帮助他们及时改正,又可以减少教师因满堂灌而带来的教学语言失控现象。

第三,课堂上时常提醒自己,特别是注意易于失控的环节。如心情好时借题发挥,扯得太远,心情不好时忽略主题,纠缠于某一环节;讲得顺心时随意引申,讲得无味时偷工减料。

第四,培养自我监听能力。对自己的教学语言应做到心中有数,要有意识地去监听自己的语言输出情况,必要时可录音,课后及时反思并找出问题所在。即使是最优秀的数学教师,在课堂教学中也难免出现语言失误。例如,语音失误、语意失当、言不达意等等。重要的是用心去监控、调节自己的语言使用方式,不断提高语言使用技巧。

思 考 题

1. 数学课堂教学语言有什么功能?数学课堂教学语言由哪几部分构成?

2. 数学课堂教学语言大致分为几种类型?它们各自的特点及相应的运用艺术是什么?

3. 数学课堂教学语言的运用应遵循哪些基本要求?

4. 数学课堂教学语言的表达有哪些技巧?运用这些技巧时应注意哪些问题?

5. 请对一堂数学课的课堂教学语言进行研究与分析。

6. 就数学课堂教学语言的运用选一个专题进行调查研究。

第12章 数学课堂教学的结束

数学课堂教学的结束是课堂教学的重要一环。从目前的教学现状看,人们往往重视课堂导入及讲解的设计,而相对忽视了结束的艺术,故常常造成虎头蛇尾,影响整个教学过程的效果。如果说巧妙的新课导入能引发学生学习的兴趣,燃起智慧的火花,开启思维的闸门的话,那么恰到好处的课堂教学结束则能起到画龙点睛、承上启下、回味无穷的作用。它可以给学生留下难忘的回忆,激起学生对下一次课堂教学的强烈渴望。

§12.1 数学课堂教学结束的意义

课堂教学的结束也叫课堂结尾,意指课堂教学的某个环节即将结束时,对教学内容进行必要的、系统的归纳、小结,借此对学生的思维进行整理,帮助他们完成由感性认识向理性认识的飞跃。它有利于学生将知识信息归档存储,便于知识的迁移运用并转化为能力。

12.1.1 什么是数学课堂教学结束

具体地说,教师完成一项教学任务时,通过重复、强调、概括、总结、学生实践等活动方式,对所教授的知识进行及时的系统化和巩固,使新知识稳固地纳入学生已有的认知结构中,这就是课堂教学中的结束技能。即在完成一个教学内容或活动时,对知识进行归纳总结,使学生对所学知识形成系统、转化升华的行为方式。

结束技能不仅应用于一节课的结尾,课上任何相对独立的教学阶段,都需要应用结束技能。数学课堂教学中的一个概念、一个定理、一个公式、一个例题讲完之后,都应使用结束技能。

学生认识一个新的数学事实,是在原有的认知结构基础上,反复经过再认、重组、强化,才能在学生头脑中建构起对新的数学事实的正确认识。基于此,一节课的教学中,对任何一个学生主动建构起的新的认知结构,进行最后一次固化,最后一次重复建构活动,就是一节课的结束技能。结束技能要求:明确教学重点,提示知识要点;形成知识系统,使学生理解升华;及时巩固,强化学习;结束形式多样,增强学生兴趣。

12.1.2　数学课堂教学结束的意义

对任何一件事的阐述,像写文章、演讲一样,总有引入、中心和结尾三个部分。对某个数学事实的教学给以简练、明确、完美的结束是十分重要的。它具有以下几个重要意义:

第一,通过结束技能,强调教学中某个数学事实和规律与学过的相关的数学知识的关系,进一步使新的数学知识与旧知识系统化,巩固新建构的数学知识。

第二,引导学生总结数学证明与计算的思维过程,总结数学思想方法,促进学生对数学思想方法的重视、提高和发展学生的数学思维能力。应明确,数学的抽象性常使部分学生对数学思想方法需要反复理解。运用结束技能,常可引起学生对数学思想方法认识的升华,特别是对概念、定理的认识以及解题方法的认识,常常通过总结得到提高。

第三,概括一个单元、一节课的知识结构和内容,使学生对所学重点、关键内容在头脑中重复、理解、记忆,也是对学生学过的知识的强化过程。心理学研究表明,记忆是一个不断巩固的过程,通常是由瞬间记忆到短期记忆,再到长期记忆。对逻辑性很强的数学问题的理解,也是不断深化的,这种转化过程的实现,较基本的手段就是及时小结,周期性复习总结。

第四,教师引导学生参与评价、总结等活动,可以使学生主动认识、领悟所学内容,体会并总结解题方法和数学思想方法,从而培养学生良好的个性品质。当学生意识到自己已经掌握了某一知识后,就会产生兴趣,引起对数学的情感和爱好。这就会对学生的学习生活产生激励、强化、教育作用,有利于学生对数学学习毅力和勤奋踏实作风的发展。

第五,重申所学知识的重要性,指出某范围内数学知识的关键,某数学定理、公式使用时的注意事项。

第六,促进学生形成总结归纳的习惯,养成主动分析的习惯,促进学生对数学思想、数学方法的认识和理解。

由此可见,成功的课堂教学结束,不仅可以对教学内容或教学活动起到系统概括、画龙点睛和提炼升华的作用,而且能拓宽延伸教学内容,激发学生旺盛的求知欲望和浓厚的学习兴趣,对直接提高课堂教学效率、影响日后的学习效率将产生重要的作用。因此,精心设计结尾是课堂教学中一个不可忽视的重要环节。

§12.2　数学课堂教学结束的类型

数学课堂教学结束的方式是多种多样的,但务必简洁明了,切中肯綮。它犹如写文章,要体现卒章显志,余音绕梁,三日不绝的艺术魅力,不可虎头蛇尾,更不可画蛇添足。根据内容与课型的不同,课堂教学结束技能分为教师主导和学生为主的两种方式。

12.2.1　以教师为主导的总结方式

它是由教师或由教师指导学生对课堂学习内容及时进行小结,由博返约,纲举目张,使得学生较快速地获得规律,领悟窍门,加深记忆,便于运用。它更多地体现了教学主导原则,体现了教师的引导作用。

1. 系统概括

系统概括是指教师对一节课的主要内容和数学方法完整、系统地总结、概括,这种结束方式,易给学生完整全面的感觉,而且结束所用的时间容易控制,使用方便快捷,教师意图能顺利贯彻,因此被教师广泛采用。下面我们对几种不同类型的内容的总结进行说明。

第一,对新课内容的结束技能。课上一般把从问题提出,概念的确定,解决问题的途径,到获得结论这一过程的主要步骤、主要的数学方法作为概括的主要内容。例如,高中解析几何中"曲线交点"一节课的小结可概括为:求两曲线的交点,可通过两曲线方程组成的方程组求解得出,其解就是两曲线的交点;通过对两曲线方程组成的方程组及其解的研究,可得出它们之间相交(方程组有解)、相离(方程组无解)等几何性质;研究曲线特点,可通过表示它的方程来解决,反之也一样。这就是解析几何中数形结合的方法,也就是解析几何的本质,同学们要不断地认真领会,并掌握它。

很多数学知识,都是在旧知识的基础上得到的,因此概括小结,要对新、旧知识的关系加以总结。很多数学知识,实际也是对前面知识的推广、拓展,在课堂总结中必须指明,这样会使学生对旧知识认识更深刻,对新知识掌握更清楚。

系统概括在结束技能中,也可将课堂中的重点部分作为结束总结的一部分内容。有时,强调重点也是一种系统总结。例如,在解析几何"曲线与方程"一节课中,教师要举一些具体的例子,对曲线和方程的关系给以讲解。但这节课的总结,完全不必涉及具体曲线,可只强调重点内容:曲线上的点的坐标都是某个方程的解;以这个方程的解为坐标的点都在曲线上,这样的方程叫做曲线的方程,这条曲线叫这个方程的曲线,这两条缺一不可。

第二,习题课的结束技能。数学及数学学习的特点,决定数学课例题多,习题课、练习课也应适当安排。这是使学生掌握基本知识应用的重要过程,是举一反三,掌握数学方法、解题方法的重要手段。习题课的结束方法,通常有两种:一是某个例题教学之后的概括总结。主要是对题目的分析,解题的方法和步骤的总结。通过这一过程,养成学生相应的习惯;二是对一节习题课的结束总结。应主要阐明对题目的分析方法,概念、公式及定理的应用方法,题目的类型及不同类型题目的解题方法,解题的步骤等。

对习题课的结束教学,从当前中学数学教学情况看,我们认为应特别重视对题目条件和结论的分析。因为中学数学中大部分题目是综合法就可解决的,因此分析条件更应重视。只有这样的总结,才能在解题方法上起到举一反三的作用,才能解决学生一见到没有做过的题,就晕头转向的情况。

第三,复习课的结束技能。复习课本身就是某一章、某一节或一段数学知识的梳理和归纳,使分散的知识系统化、条理化,从而有利于学生的记忆、理解、掌握和应用。因此,复习课的结束技能的运用是比较困难的。过于概括,会使学生认识不深刻;过于细致,等于对本内容的再重复。通常根据平时学生的情况,在总结中,可概括指出重点,指出这段知识掌握或应用的注意事项,还可加入对学生要求的内容。例如,高中二次函数的复习课,课上要复习二次函数的定义、图象和性质;二次函数与一元二次方程的关系,二次函数与二次不等式的关系;极值问题,并配以适量的练习进行巩固训练。

第四,数学方法教学的结束技能。数学方法包括数学解题方法和数学思想方法,如果教师注意引导学生在数学思想方法、数学解题方法的指导下分析问题,会使学生的数学解题能力有较快的提高。共性总是寓于个性之中,虽然数学问题千变万化,解题方法也是多种多样的,但具有普遍性的规律总是存在的。教师帮助学生及时地总结,掌握这些方法,必然对学生的数学水平的提高大有裨益,而方法的总结,常常在结束技能之中明确展示在学生面前。

第五,利用列表、画图进行总结。这种方式形象、明确,方便记忆,可增强学生的感性认识。

2. 分析比较

为了使学生对课堂所学内容的本质特征有一个明确的认识,课到结尾处,教师将新知识的各个部分以及新知识与原有知识进行比较分析,明确它们的内在联系或相同点,找出它们各自不同的本质或不同特点,以起到更准确、深刻理解知识的作用。这是一种类比的分析方法,它培养人们的联想能力,它是产生灵感的思维工具,帮助人们探索事物的规律,提出设想,是一种用发散思维解决问题的方法。作为结束部分的教学,进一步引导、强化这种思维方法,当然是十分必要的。

第一，对概念的分析比较。将新概念与原有概念、并列概念、相对的概念、近似易混淆的概念进行分析比较，找出他们本质的特征和不同点。

同样，对同一、交叉、对立、互逆的概念，当讲完后者，都应与前面的进行比较。这样的结束教学，会使学生在比较中理解深刻，记忆清楚。

第二，对数学结论的分析比较。一个数学事实，常以定理、公式的形式给出。在结束的教学中应进一步强化对定理的认识，利用比较分析是非常有效的。例如，当讲完相似三角形判定定理之后，教师就应把相似三角形的判定定理与全等三角形的判定定理进行对比。首先应指出全等三角形是相似比为 1 的相似三角形。将判定定理一一进行比较，特别是"两个角对应相等，两个三角形相似"对应到全等三角形判定定理是"两角与夹边对应相等，两个三角形全等"。

第三，对数学方法的分析比较。数学方法蕴涵在数学知识中，进行数学知识的教学时，常无暇顾及数学方法上的点拨，因此数学方法的教学常在结束教学中进行。凡遇到较典型的数学方法，都应在总结中进行分析比较。方法的总结，可在运用方法之后立即总结，也可在一节课的结束部分进行。具体总结方法时，通过例题解法的分析更易被学生掌握，如从分析条件开始的综合法、从分析结论开始的分析法，还可将这两种方法在解题应用中进行比较，以加强认识。

12.2.2 以学生为主体的总结方式

以学生自己活动方式进行总结，更能体现教学主体原则，体现数学教学是数学思维活动的过程。

许多教师都会发现，教师对数学事实和数学方法的总结，其效果不如学生自己总结好，虽然学生们对教师的总结常给以很高的评价。学生自己经反复的分析所给出的总结，可能在语言、内容、条理等方面并不那么尽善尽美，但从以后的效果分析，却是比较理想的。我们认为，教师的认知结构要成为学生的认知结构，单有对概念、定理等方面的理性认识，或再加上例题的感性认识，而没有学生思维中的建构活动，没有学生对原有认知结构在新知识面前的重组、同化等过程，学生对知识的掌握还是肤浅的。有些知识，只有学生自己进行总结，才会促进学生新知识结构的形成，并得以强化。

1. 学生回忆、思考这节课的主要内容

在一节数学课上所讲的概念、定理及法则等都是学生必须掌握的基本知识。课上经教学、学生思维，有可能掌握不扎实，即使学生掌握得很好，也还需进行反复的建构，这些新的认知结构，才能被固化，下面给出一节课的由学生总结的几种方式。

一种方式是，教师给同学们几分钟时间自己在纸上总结，巡视之后教师再给以概括；另一种方式是，教师请学生发言总结的同时，在黑板上加以概括总结；还有一种方式是，同学们分组讨论，之后代表发言。黑板上应留下教师对学生总结的板书。

2. 学生对某概念、公式和定理的特点及使用方法进行总结

例如，二次曲线中"椭圆"一课，结束时可要求学生从方程看椭圆的特点：顶点坐标、焦点坐标、准线方程、长短轴以及 a、b、c、e 的关系。对这样一节课，教师可以要求学生对由"哪些条件可以求出椭圆方程"进行研究、讨论。这样的总结方式，实质上是促使学生再一次建构这节课的知识结构，也是对学生头脑中新的认知结构的固化过程。学生这样总结，实际上也是对知识应用的方法的总结，有利于培养一种应用能力。

3. 学生对一节课的解题方法的总结

这一总结也包括对某一例题解题方法的探讨。这样的总结，难度是较大的，而又必须要求学生进行这种练习，因为它常可以提高学生举一反三的解题能力。这种总结在练习课、习题课上更为重要。如高中讲"不等式的解法"一节课时，曾有学校做过这样一个对比实验：一个班由教师总结，当然很有条理、很全面，用时约 3 分钟。另一个班，由学生每四人组成一小组总结，自然条理差些，每个小组总结也不全面，小组代表发言，用时 6 分钟，下课后还有学生在讨论。当日下午利用自习课一小段时间，请同学做几个练习，由老师总结的班正确率为 71%，由学生自己总结的班则为 86%。

学生对解题方法的总结，因不同的学生知识点和熟练程度不一，因此对同一个问题，学生的总结常常不一致。但学生自己总结出来的规律、方法等是学生自己抽象出来的，认识更深刻、更便于迁移。

4. 学生观察、分析题目作为总结

教师给出一组包含这节课知识点的题目，不要求学生具体解出，而要求学生观察、分析解法。这不但使学生掌握所讲数学知识及应用，而且还会渐渐学会分析问题、提高归纳能力和解题能力。

5. 学生活动作为总结

在课堂教学即将结束时，教师可以根据教学内容组织全班或小组进行教学实践活动，如知识竞赛、操作比赛、小组讨论等，这是在结束教学中培养学生发散思维、创造性思维的一种方法。

§12.3 数学课堂教学结束的技能及其应用

一个好的课堂教学结束，要求能够在较短的一段时间内把教学的内容、知识结构、思想方法等采用叙述、罗列、列表、图示等方法加以浓缩、概括、强调要点，使学生对教学内容有一个清晰的整体印象。这些都要求课堂结束要具备一定的技能，并讲究一定的艺术，其艺术性大致表现在系统、完整而又简明扼要上。

12.3.1　教学结束技能的构成要素

要成功地运用教学结束技能，使教学结束能对教学内容起到系统总结、提炼升华、拓展延伸的作用，就要精心设计结尾，使其具备以下要素。

1. 心理准备

多数教学活动，学生都应有思想准备，才能主动参与。教学的某个阶段，教师明确提示，对这一段知识、方法要进行概括、总结。教学中教师对某部分数学知识，常先以主问题形式明确教学目标，当这段内容教过之后，要求学生思考主问题解决的途径和方法。这些都为学生主动参与总结提供了心理准备的机会。

2. 概括要点

一节数学课，总有一到两点中心内容，每个定理、公式的内涵，每个例题解法的要点等，都是教学结束所必须明确的。每段数学教学的结论、关键内容，都必须使用结束技能进行概括，使学生对教学要点清楚、明确。

3. 沟通知识

任何数学知识的教学，在导入部分总是从提出问题、提出疑问、提出矛盾开始，当问题得到解决之后，就要把悬疑的问题与刚获得的结论之间的关系总结清楚。新的数学知识，常与以前学过的有关旧知识有某种联系又有某种深化，建立这种新旧知识的联系，以及它们的区别，是教学结束的重要要素。例如，当我们讲了函数概念之后，就必须将其与映射的关系、研究对象、它们的区别总结清楚。这种沟通常使学生的认识得到深化。

4. 知识深化

前面指出的概括和沟通不同知识的关系，本质上也是对知识的深化。我们这里还应指出，一个定理的证明，一个例题的解决，都是在某种数学方法的驱使下进行的。给出的具体推导思路，教师很清楚，学生一旦掌握它的方法和思路，数学素养就会从本质上得以提高。数学方法及解题思路是总结的重要内容，是使学生知识深化的重要教学方法。培养学生的数学精神，培养学生的数学思想方法、研究方法、推理方法和看问题的着眼点，是数学的重要教育目标。对具体的数学知识，对已经解决的数学问题的思路和方法，经常进行回顾、提炼、总结，才更易于达到教学目标，这也是对数学问题认识的理性的深化。

5. 深化拓展

数学中的推论是重要的数学事实，它是定理、公式的拓展。结束技能要素中的拓展与深化，则是对课上讲的结论，包括数学定义、定理、公式等的适用条件的分析，使学生对它们的认识进一步深入、引申、拓宽。这也是培养数学素养的问题。例如,讲完三角函数半角公式后,教师必须使用深化的结束技能。首先,让学生研究一下正负号的意义及应用方法;其次,可提出如果把 x 换成其他变量的函数,会有什么结果,如 $x = 2\alpha$, $x = 4\alpha$, $x = \dfrac{\alpha}{2}$ 等。

6. 组织练习

教师组织各种类型的有效练习,可促进学生巩固、深化所学的知识。这种练习,通常是要学生动笔做的,练习的题目,必须是针对本课所讲的内容,针对定理、概念和数学方法的较单一或简单的题目,而不是在方法和计算上过于繁难的题目。这种练习,应是多数学生经过思考,就能动手做对的题目。

7. 分析评估

通常有两个方面:其一,对本课讲过的不同证明方法和不同的解题方法的优劣进行分析、评价,新课的数学方法与过去学过的类似的方法不同的特点及关系的分析,它们的使用范围与学生掌握程度的评价;其二,教师给出一些不同类型、不同解法的题目,不要求学生具体解出,要求讨论分析解法,分析题目的特点,指出对策。这样的分析对提高学生的分析能力十分必要,这种结束的方式是具有实效的。作为结束技能要素中的分析评估,所涉及的方面应是较广泛的。如,对教师讲解的某例题过程、方法的分析,对同学板演的评价等。

8. 布置作业

教师有选择地、适量地布置各种类型的作业,这是一节课的最后的教学内容。作业要起到巩固本课的知识和方法的作用,要适当联系旧知识,要给学生一些适度的创造性思维的题目。布置作业中,有些题目还可以给以提示。作业中还应考虑对学生学习心理上的信心、兴趣予以强化,数学作业对学生心智技能的训练,同样是对学生良好个性品质的培养。

12.3.2 教学结束技能的应用

一般地说,要充分发挥课堂教学结束技能的作用,圆满地完成课堂教学结束的任务,使之体现其科学加艺术的特点,搞好课堂教学的结束工作,必须遵循以下基本要求。

1. 及时性

数学课堂教学中,任何一个相对独立的问题结束时,都应及时小结、巩固。它包括定义、定理以及例题讲完之后,都必须进行总结。特别是例题的总结,不但使例题作用得以巩固,而且能使学生养成做完每一个数学题都进行总结的习惯,这种习惯对提高学生数学素养是很有效的。

及时总结,就要立即回顾。对一个数学问题,总结会使学生自觉不自觉地进行概括、抽象和简化原问题。这种及时性的建构的重复,及时强化记忆、认识数学事实和数学方法,就会减少遗忘,提高教学效果。

2. 概括性

总结绝不是对原有问题一丝不差的再重复,总结也绝不是面面俱到的简化。总结中对讲述的数学事实要精炼、具体,才能使学生印象深刻。数学方法的总结要明确、具体,语言简练。总之,概括性的总结,语言要少而精,只有如此才能使一节课或一段数学知识的主要精髓被学生抓住,才能使学生头脑中已经建构起来的认知结构的核心进一步固化。

概括性总结绝不能用"今天我们讲了一个定理、两个例题,希望同学们好好复习"之类的方式进行总结,而应该把这个定理的要点和两个例题中所涉及的思想方法加以明确提炼,只有这样对学生才具有实质的意义。

3. 强化动机

学生如能对某些数学知识进行简单的概括,是一种认识上的固化和升华。同时,通过总结,应使学生体会到获得知识的成功感,成功地解决问题的愉快感,从而产生解决类似问题的信心。讲过三角形相似问题之后,就会出现关于等积的问题,几何图形中的 4 条线段 a、b、c、d,证明 $ad = bc$。总结时,学生指出将积化为比例后,再用比例式来寻找相似三角形,从而达到问题解决,此时学生的愉悦感使教师也常常受感染。总结这种强化作用,久而久之会使学生的学习及学习目的,从动机的增强直到产生质的提高。

4. 获得性

每节课的导入,实际上等于向学生提出问题,教学过程是对问题的解决,只有前后呼应,用总结给出确定回答,才能使一节课浑然一体,完整而圆满。学生从知识和情感上收获明确,只有这样才能达到本节课的教学目标。

5. 紧凑性

结束课程,要突出重点,在内容和时间上的掌握要紧凑。如果教师总结用时过多,内容又面面俱到,必定不能突出重点和关键,反而妨碍学生记忆和理解。

紧凑性的另一个问题是教师不能打了下课铃后还在进行总结。打了下课铃之后,一般学生思维已经分散,这时学生学习的效果很差。教师教学中要留给总结较充分的时间,教师完成结束部分教学后,应还有时间留给学生进一步回忆这节课所学的知识,亦即进一步建构这节课学生应有的认知结构。个别课堂上,教师如时间没掌握好或由于其他原因,使课堂内容讲不完,则可减少教学内容,但不能没有总结时间。

6. 多样性

结束要因教学情境而异,忌千课一律,即使是某种情境下很好的结束形式也不能堂堂课照搬,刻板单一也会令人索然无味。故结束的形式要多样,以增强学生的兴趣,使之觉得回味无穷。

值得注意的是,数学教师要不断从学生实际出发,不断创造出符合学生认知特征的结束部分的教学方法。

思 考 题

1. 什么是数学课堂教学结束?
2. 数学课堂教学结束的意义是什么?
3. 数学课堂教学结束的类型有哪些?
4. 教学结束技能的构成要素有哪些?
5. 教学结束技能的应用有哪些基本要求?

第 13 章 数学课的备课与说课

数学课的备课与说课都属于数学课堂教学工作的准备环节,也都是为了优化教学行为、教学资源、教学内容,提高课堂效益。两者既有密切的联系,也有明显的区别。充分认识备课与说课的基本特点,是做好数学课堂教学工作的基础性准备。本章介绍数学课堂教学中备课与说课的基本内容、特点及其实施策略,并以相应的案例加以说明。

§13.1 数学课的备课

什么是备课? 所谓备课就是教师在上课前所做的一系列准备工作。它是教师充分学习数学教学大纲(课程标准)、钻研教材、了解学生的过程,也是教学全过程的基础。在这个过程中,教师需要弄懂弄通"为什么教、教什么、怎样教、学生怎样学"等基本问题。并在此基础上,创造性地设计出目的明确、方法适当的教案。备课是否充分,对数学课堂教学的质量与效率起着决定性的作用。

13.1.1 备课的基本要求

备课的关键是"吃透两头",即一头吃透教学大纲(课程标准)和教材;另一头深入了解学生的实际情况。在此基础上,确定相应的课型并选择合适的教学方法。

1. 钻研教学大纲(课程标准)和教材

教学大纲(课程标准)以纲要形式规定了数学教学的目的、任务、教学内容、教学原则等方面的要求,不仅是编写教材的直接依据,而且是教师教学的参照标准。因此,应当首先学习、钻研教学大纲,把握它的精神实质,自觉地以此指导数学课堂教学。

数学教材是数学课堂教学的物质载体,呈现的都是规范性的结果知识,具有概括性强、简明扼要的特点，但不能充分体现知识的发生、发展过程。这就要求教师在备课时，必须深入钻研教材，挖掘知识的背景材料，了解知识的发展过程，再结合学生的心理特点和发展水平，对教材作适当处理，使知识的呈现方式和顺序更符合学生的认知发展过程。苏霍姆林斯基说过："教师越是能够运用自如地掌握教材，他讲述就越是情感鲜明，学生听课花在教科书上的时间就越少。"可见，深入钻研教材在备课中的重要作用。

具体来说，钻研教学大纲（课程标准）和教材主要解决好以下几个问题：

第一，精读大纲（课程标准）和教材，确定教学目的。精读大纲（课程标准）和教材时，首先要明确所要准备的教学内容的基本要求。如，基本知识与基本技能的掌握程度，能力发展的侧重点，知识所蕴含的思想性教育要求等等。精读时，对教材中的定义、公理、定理、公式、法则等要逐字逐句地推敲，抓住揭示其本质属性的关键词语，搞清彼此之间的逻辑结构，领会教材的科学性；理清知识之间的网络结构关系，把握教材的系统性；揣摩定义、法则、计算公式和概念的引入和表述，例、习题的特点和安排意图；探讨和挖掘知识背后隐藏的辩证内容，如运动、变化、发展、对立统一、偶然与必然等等；明确教材的知识体系，分清主次，沟通知识间的联系，估计知识的难易程度。

在精读大纲（课程标准）和教材的基础上，认识到了教学内容、知识要点和能力的基本要求，可以确定相应的教学目的，并用概括、简练的语言将数学知识、数学能力、思想教育等方面的教学要求加以叙述。

第二，权衡各教学内容的主次地位，确定重点、难点和关键。教学的重点就是在教材中贯穿全局，在学习中对学生的认知结构起决定作用，并在进一步学习中起基础作用和纽带作用的教学内容。一般来说，教材中的定义、定理、公式、法则以及它们的推导过程和典型应用，基本技能的培养与训练，知识体系所蕴含的思想方法，解题的基本思路和要领等，都可确定为教学的重点。例如，"勾股定理"是平面几何的一个重点，在讲解这一部分内容时，又以 $a^2 + b^2 = c^2$ 的得来和推导过程为重点。

教学的难点主要是指学生理解、掌握或运用上会产生困难的部分，难点内容也是造成学习成绩差距的分化点。一般来说，教材中内容过于抽象，知识结构比较复杂，概念的本质属性较为隐蔽，需要应用新的观点和方法加以理解，或学生缺乏必要的感性认识的知识都可能是成为难点的因素。例如，从高中数学教材的整个知识结构来看，函数概念的理解，不等式的证明，排列与组合的应用题，与空间图形有关的证明，数学归纳法的理解与应用等都属于难点内容。要克服难点，应注意充分利用已有的知识，通过新旧知识之间的联系，利用对比或类比，在已有知识的基础上充分酝酿，逐步渡过难关。

教学的关键是指对掌握某一部分知识或解决某一个问题能起决定作用的知

识或思想方法,它往往也是突出重点、克服难点的突破口。掌握并抓住了关键,教学就能进行得比较顺利。例如,数学归纳法的理解,关键是在"奠基步"的基础上,理解为什么可以假设 $n=k$ 成立,从而推出 $n=k+1$ 成立的道理。

第三,钻研例题、习题,精心设计练习题。解题是中学数学教学的重要内容,中学数学教学的重要任务就在于加强解题能力的训练,不仅能解决一般的问题,而且能解决需要某种程度的独立思考、判断力、独创性和想像力的问题。[1] 因此,必须钻研习题,精选练习。

对教材中的习题,教师都要细心演算并分析,明确各部分习题的目的、要求、难度层次及与教材内容联系的紧密程度,并研究解题的各种方法,分析学生解题中可能出现的错误等等。在此基础上,根据练习的目的性、阶梯性、典型性、多样性和针对性的要求进行创造性的练习题设计,力求做到:练习的内容紧扣教学目标;题目有层次,能够适应不同层次学生的需要;练习题的数量及各层次的比例适当。

2. 深入了解和分析学生的实际情况

学生现有的认知状况和思维发展水平直接影响数学课堂教学的效果。因此,备课时必须深入了解和分析学生的现有认知状况和思维发展水平等基本情况。了解学生的认知状况,主要从两个方面进行:其一,知识储备情况,即学生已有的认知结构中所具备的与所要学的新知识有关的概念、法则、原理、思想方法等知识的掌握情况,如是否清晰、稳定、可辨别程度、可迁移性等;其二,思维发展水平,即学生现有的可接受能力,涉及到观察力、记忆力、想像力、推理能力等方面,要防止数学知识与问题的呈现超出学生的"最近发展区"。

而且,学生的个性差异决定了每个学生的认知方式的不同,如有的学生善于知识经验的概括与整理,有的学生则习惯于知识的堆积;有的学生善于独立思考与钻研,有的学生则能够细心听讲并提问。这就要求教师备课时要充分估计到学生的数学认知特征,尽可能使教学内容易被学生理解和接受。

了解学生的渠道很多,可以通过课堂提问、练习、板演、讨论、测试、完成作业情况及数学探究活动的情况等方面搜集信息,也可以通过课堂观察、个别谈心、兴趣小组活动等获得反馈信息,最好是为每个学生建立长期的成长记录袋,对学生的了解就会更加深入,且具有连续性。

3. 确定相应的课型并选择合适的教学方法

认识到教材的特点和要求、掌握了学生的学习现状之后,接下来就要根据这些信息确定相应的课型并选择合适的教学方法。

数学课的类型,就是指上课的性质。课型的划分,主要的依据是看它完成课

---

[1] 波利亚著,刘远图等译:《数学的发现》(第一卷),科学出版社,1987

堂教学的哪一方面的任务。如,有的课主要是学习某一个或多个概念或原理;有的课偏重于解题或练习;有的课是复习某一阶段的学习内容;有的课则是检测学生的知识掌握和能力发展情况;也有的课要照顾到多个方面的任务。常用的数学课型主要有:数学概念及原理的教学课、数学解题的教学课、数学思想方法的教学课、综合课、练习课、复习课、测验课等。

确定了相应的课型之后,就要根据课型的特点考虑选择切实可行的教学方法和手段。数学课常用的教学方法主要有:讲解法、谈话法、练习法、操作演示法、引导发现法等。但在一节数学课的教学中常常同时采用多种方法,例如,"勾股定理"的教学,就可以设计成教师讲解、学生操作演示及引导发现相结合的教学方法。但无论采用哪种具体的方法,都应贯彻"启发式"教学思想。为了更好地发挥教学方法的功能,还应注意使用相应的教学手段,如直观教具的使用,多媒体教学课件的演示等以感性材料为主的手段,以及以概念、判断、推理等为主的趣味性逻辑思维训练材料。

13.1.2 制定教学工作计划

做好了备课的一些基础性准备之后,就可以投入到具体的备课编写程序。一般来说,备课的工作程序是按由大到小、由粗到细的过程进行的。由大到小是就备课的范围而言的,即先进行总体备课,写出学期教学工作计划;再进行单元备课,写出单元教学工作计划;最后进行每一节课的课时备课,写出每堂课的教案。由粗到细则是就备课的深度而言的,总体备课是对整个学期的大概安排,相对粗一些,单元备课需要对本单元的内容再次加以熟悉,相应细致一些,而课时备课则具体到每一堂课内容的细化研究,钻研得更为深入。每一堂课的教案是备课的重点,将在本章第 2 节专门探讨。而学期教学工作计划与单元教学工作计划具有较多相似之处,下面略作介绍。

1. 学期教学工作计划

尽管教学大纲(课程标准)对每学期的教学进度、教学内容、教学要求、课时安排等都作了相应的规定,但如何结合学生的实际情况实现这些目标和要求,是需要教师在认真调查研究和仔细考虑基础以后具体制定出切实可行的工作计划的。因此,每学期开始,教师应纵观全局,科学地编写出本学期的教学工作计划,以保证整个学期的教学工作能够有条不紊地进行。学期教学工作计划一般包括下列几个主要方面的内容。

第一,本学期的教学目的及要求。掌握哪些方面的数学知识、技能和思想方法、达到什么程度;发展哪几个方面的能力、达到何种水平;情感、态度、价值观等要实现哪些转变等等;都需要做出相应的规定。

第二,所任课班级学生的基本情况分析。借助学生的评语记录本,前几个学期学生的学习成绩统计表,以及与相关教师交流,与学生座谈等手段,掌握学生的知识水平、能力发展、平时表现等基本情况。

第三,提高教学质量的措施。根据所掌握的学生的知识水平、能力发展、平时表现等基本情况,以及本学期的教学目的及要求,大致制定出切实可行的提高教学质量的具体措施。如,根据学生学习中存在的问题,确定课堂教学中关注的重点,课后作业的检查到位,发展探究能力的研究性学习活动计划等等。

第四,教学进度表。具体写出教学的进度安排,包括每课时的内容、单元检测、阶段总结、复习考试以及学生的阅读、反思性周记的要求等等。

第五,研究性学习活动安排。每学期要为学生安排几次合适的研究性学习活动,以便发展学生的探究、创新能力,以及将所学的数学知识与实际生活联系起来的数学建模能力。为此,需要组织数学兴趣小组,制定出相应的活动计划。

对学期教学工作计划的各个环节作了初步的安排之后,就需要填写教学进度及活动计划表,以备存档和参照执行。这种表格并没有固定的模式,各地、各校教学进度及活动计划表可能会有所不同,但不管形式如何,都会包括:周次、日期、章节题目、课时分配、教学内容、探究活动、执行情况这几栏主要内容。

其中,"探究活动"一栏是必要的。一方面每节课要设计一定的探究活动内容,以培养学生主动学习的习惯;另一方面,每学期要有几次研究性学习活动,都要在此栏中反映出来。

"执行情况"一栏则是留给教师监控和反思自己的教学活动过程用的,以便及时弥补教学中出现的问题,也为以后的教学积累经验。

2. 单元教学工作计划

单元教学工作计划与学期教学工作计划的制定程序和要求基本类似,只不过单元教学工作计划内容更翔实,更具体。制定单元教学计划,可以使教师对本单元的教学有一个整体规划和安排,从而把各单元教学形成前后一致的、完整的体系。

单元计划的内容主要包括:单元教学目的和要求,本单元教学内容的特点和地位,学生对本单元内容的了解情况和相关知识结构的认知发展水平,单元教学的课时划分,每一课的具体内容,课的类型,例题、习题的配备,教具的准备,本单元教学中安排学生的相关研究性学习活动,单元测试、考查,等等。

一般来讲,单元教学工作计划由教师本人根据学期教学工作计划和本班学生的实际学习情况拟定,并由教师本人灵活掌握,且在实施过程中可以根据实际教学情况适当调整,但最好通过同年级备课组集体讨论产生,尽量使同年级所有班的教学进度保持一致。

§13.2 数学课教案的编写

编写教案是上好数学课最重要的环节，也是备课信息经过思维加工后输出的过程。编写教案的过程需要教师的创造性劳动，一份优秀的数学教案是设计者的数学教育思想、数学基本素养、智慧、经验、动机、个性以及教学艺术性的集中体现。

13.2.1 数学课教案的编写要领

数学课教案应该反映出数学课堂教学全过程的概貌。由于每堂课的具体任务不同，课型不一，同时，也由于各个教师的教学经验和驾驭课堂的能力不同，教学过程千差万别，因此，没有一个统一的教案编写模式。但是，不管编写哪一种教案，必须掌握教案编写的一些基本要领。

1. 教案编写的原则

第一，科学性原则。对教材相关知识准确理解，避免出现知识上的错误。一方面，看是否透彻地理解了所要教的数学知识和思想方法，若还有把握不准的地方，务必查阅相关资料或向有经验的教师请教；另一方面，对教学内容涉及到的其他学科知识，即便可能不是本节课的教学关键，也要理解这些知识的内涵和相互关系，一定不能想当然地认为理应如此。

第二，创新性原则。编写教案是一种个性化的创造性劳动，一定要根据个人的经验和能力以及对各种备课信息的掌握，认真设计、巧妙构思适合自己的教学范本，避免千篇一律。其他教师的教案，即使是优秀教师的教案范例也有它适用的范围和情境，只能作为一种参考。个人的创新是编写教案的最重要原则。

第三，操作性原则。编写教案的目的是在课堂教学中方便使用，不是摆花架子，追求美观、好看。要从课堂教学中的可操作性着眼，以简驭繁、具体明确。当然，在具备可操作性的基础上，认真设计、书写，规范、美化教案，也是编写教案时应当追求的目标之一。优秀的教案既可以作为宝贵的资料保存，也可以作为一种艺术品欣赏。

第四，变通性原则。由于数学课堂教学是一个动态的变化发展过程，并不总像镜子一样反射教案预设的轨道，可变性、偶然性因素很多，编写得再精细的教案在具体实施过程中也会有所出入，存在着临场发挥的问题。因此，编写教案要遵循变通性原则，不要把教学的程序设计规定得太死，对一些知识的呈现、一些问题的处理可设计多种方案或估计出多种可能，留有一定的余地。特别是新教师，由于教学经验不足，对教案依赖性更强，在教案中把各个环节的处理步骤规定得过死过细,施教时很容易被束缚手脚,造成照本宣科的后果。

第五,探究性原则。当前,数学课堂教学正致力于学生学习方式的转变,即由学生被动听讲的记诵式学习方式向主动参与的探究式学习方式转变。这就要求在编写教案时,应当体现出探究性原则。具体来说,一要根据数学教学内容的特点设计相关的探究学习情境和展开程序;二要留出学生自主探究的时间,并注明需要引导和注意的地方;同时,还要在教案上留出一些页边空白,用于记录教学过程中学生的实际探究情况的反馈信息,并在课后反思概括的基础上存档积累,以备后用。

2. 教案编写的内容

教案的编写虽然因教师、学生、教学方法的不同会有所差异,但有几项基本要求,无论是新教师还是经验丰富的老教师,无论对待哪一部分知识的教学,都必须有所体现,这就是教师编写教案的基本内容。

一般来说,编写教案的基本内容可分为以下十个大项:课题(说明本节课名称,并指明属第几课时,必要时可指明它的特点和地位);课型(说明课的类型,如新授课、复习课、概念课、解题课等);教学目的(说明本课所要完成的基本任务,与教学目标、教学要求意义基本相同);教学重点(说明本课要突出解决的重要内容和关键性问题);教学难点(说明本课的学习中容易产生困难和障碍的知识点);教学设计(说明如何突出重点、克服难点的总体设想,包括板书设计、技术手段等);教学方法(说明教学时采用的主要教学方法以及使用过程中的注意点和关键点);教学用具(说明要使用的实物、仪器、软件等用具,并要安排如何准备);教学过程(教案的主体内容,涉及知识的呈现程序、探究活动的安排等各个环节。具体可分为:复习引入、情境创设、内容讲解、探究活动、练习巩固等);小结与作业(对本课的主要内容作些强调、梳理,布置相关的作业)。

当然,这样十个大项的编写次序和形式不是绝对的。有些可以合并编写,例如,小结与作业可以纳入教学过程中;有些则可以单列出来以突出其重要性,例如,探究活动的安排可以单独作为一项,以便指明探究学习情境的创设方式、展开手段、引导策略、注意事项等等。

在所有教案编写的内容中,焦点自然集中在教学过程的设计上。因为教学任务的完成主要靠教学过程来实现,它要求教师根据既定的教学目的,结合学生实际,优化使用教法,设计出具体的数学教学活动的"施工"蓝本。

3. 教案编写的详与简

编写的教案一般还有详案与简案两种类型,主要是指一节课的教学过程是详写还是简写。详写的教案是依据编写教案的基本内容,逐项完整全面地书写下来。以新授课为例,详写的教案除了具备各项内容外,还要在教学过程中写出如何复习旧知识、引出新知识,提问哪几个学生;如何逐步启发诱导,怎样设计引导性问题;课堂巩固练习以何种形式进行,哪种层次的同学板演或展示;探究学习情境如何设计,可能会出现哪些问题,甚至各个环节大概需要多少时间都应有所考虑。简案则是在对教学内容和教学过程的各个环节做到胸有成竹的基础上,简明扼要地写出提纲式的教案,只将每项的最关键内容和师生的主要活动列出来,起到提示的作用。

一般来说,新教师教学经验还不够丰富,最好写出详细教案,这样对课堂教学的每一个环节都有自己周密的思考,有利于把握数学课堂教学各要素的特点,逐步积累经验,尽快提高教学能力。

对于经验丰富的老教师来说,由于驾驭课堂的能力强,则不一定要写出详细教案,可以把较多的精力花在优化课堂教学的研究工作上,在更高的层次上提高数学课堂教学的效率。

下面我们以一堂课的详细教案对上述要求加以理解。

课题:两角和与差的余弦公式。

课型:新授课。

教学目的:引导学生经历探索两角和的余弦公式的过程,培养学生主动参与探究数学的意识和能力;使学生掌握两角和与差的余弦公式,并能应用公式解决一些较简单的问题。

教学重点:两角和与差的余弦公式的形式及其使用。

教学难点:两角和的余弦公式的得来过程。

教学方法:启发引导、探索发现法。

教学过程:

1. 创设问题情境

前面我们学习了任意角的三角函数,也知道了一些特殊角的三角函数值,如:

$$\sin 0° = 0,\ \sin 30° = \frac{1}{2},\ \sin 45° = \frac{\sqrt{2}}{2},\ \sin 60° = \frac{\sqrt{3}}{2},\ \sin 90° = 1;$$

$$\cos 0° = 1,\ \cos 30° = \frac{\sqrt{3}}{2},\ \cos 45° = \frac{\sqrt{2}}{2},\ \cos 60° = \frac{1}{2},\ \cos 90° = 0。$$

但如果要求 $\cos 15°$,应该怎样进行?

2. 尝试阶段

学生思考、讨论、归纳得出方法一:查数学用表,得出 $15°$ 的三角函数值。

教师启发性提问——能否用我们已经学过的特殊角进行转化呢?

学生转化得到方法二:进行转化,用我们以前学过的特殊角进行代换。因为 $15° = 45° - 30°$,所以 $\cos 15° = \cos(45° - 30°)$。

教师启发性提问——$\cos 15°$ 与 $\cos 45°$ 和 $\cos 30°$ 有无联系？（能否用其表示）

部分学生猜想——$\cos(45°-30°)=\cos 45°-\cos 30°=\dfrac{\sqrt{2}}{2}-\dfrac{\sqrt{3}}{2}=\dfrac{\sqrt{2}-\sqrt{3}}{2}$。

教师进一步启发性提问——以上猜想是否正确？能否得到一般结论：$\cos(\alpha-\beta)=\cos\alpha-\cos\beta$？

教师引导学生思考讨论—— 检验 $\cos 15°=\cos 45°-\cos 30°$ 是否正确。

可采用的方法很多，较好的一种选择是教师先引导，学生再判断，进而得出结论：$\cos(\alpha-\beta)\neq\cos\alpha-\cos\beta$。

由特殊到一般：$\cos(\alpha-\beta)\neq\cos\alpha-\cos\beta$。

3. 探索阶段

提出问题：怎样利用化归思想将 $\alpha+\beta$ 的三角函数表示成 α 和 β 的三角函数。

分析问题：学生已经有了处理任意角的三角函数问题的方法，如诱导公式的推导，在研究同角三角函数和诱导公式的时候，经常采用直角坐标系中的单位圆及三角函数线。要寻找 $\alpha+\beta$ 的三角函数与 α 和 β 的三角函数的关系，不妨从单位圆开始。

在教师的启发和学生的合作下，在直角坐标系中画出单位圆，并作出角 α 和 β，如图 13.2.1 所示，这样角 $\alpha+\beta$ 也出现了，由单位圆的特殊功能可以直接得出角 α、$\alpha+\beta$ 起始边和终边与单位圆交点的坐标：$P_1(1,\ 0)$；$P_2(\cos\alpha,\ \sin\alpha)$；$P_3(\cos(\alpha+\beta),\ \sin(\alpha+\beta))$。

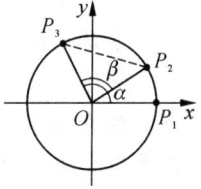

图 13.2.1

现在问题的关键是建立包含 $\cos(\alpha+\beta)$ 的等式，如何将点 P_1、P_2 的坐标联系起来，似乎很难找到这样的等量关系。

在 $\triangle OP_1P_2$ 中应用余弦定理可以建立一个等式，但目前学生还没有学过余弦定理，因此只能另找解决方法。

教师引导：图 13.2.1 中出现了角 α 和角 $\alpha+\beta$ 的正余弦，但现在的关键是角 β 的正余弦还未能体现出来。

在这样的启发和引导下，学生自然想到，需要将角 β 在图中体现出来，于是以 OP_1 为始边作 β，终边与单位圆交点为 $P_4(\cos\beta,\ \sin\beta)$，得到图 13.2.2。

教师进一步启发，现在需要建立起包含 $\cos(\alpha+\beta)$ 的等量关系。

因为图 13.2.2 中 P_1、P_2、P_3、P_4 的坐标可以用角 α、β、$\alpha+\beta$ 的正余弦表示，所以要建立角 α、β、$\alpha+\beta$ 的正余弦之间的关系，自然联系到 P_1、P_2、P_3、P_4。只需建立 P_1、P_2、

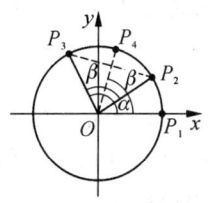

图 13.2.2

P_3、P_4 四点之间的关系,此时很容易发现 $|\,P_1P_4\,|=|\,P_2P_3\,|$,再将 P_1、P_2、P_3、P_4 四点的坐标用角 α、β、$\alpha+\beta$ 的正余弦形式代入,就有:

$$\sqrt{(\cos\beta-1)^2+\sin\beta^2}=\sqrt{[\cos(\alpha+\beta)-\cos\alpha]^2+[\sin(\alpha+\beta)-\sin\alpha]^2}$$

化简得 $\qquad\qquad \cos\beta=\cos(\alpha+\beta)\cos\alpha+\sin(\alpha+\beta)\sin\alpha$

此时,探讨过程出现了疑惑:以上推导好像得不到 $\cos(\alpha+\beta)$ 的表达式。此路似乎不通,通常学生在这种情况下就会望而止步,甚至放弃之前的一切工作,重新回到起点。但科学的道路是需要坚持、回顾与反思的。

教师进一步引导:上式得不到 $\cos(\alpha+\beta)$ 的表达式,但同学们仔细观察等式的形式,可以发现 $\cos\beta$ 可以用角 α 和角 $\alpha+\beta$ 的正余弦表示。角 β 能否用角 α 和角 $\alpha+\beta$ 表示?

显然,$\beta=(\alpha+\beta)-\alpha$,上式又可以写成

$$\cos\beta=\cos[(\alpha+\beta)-\alpha]=\cos(\alpha+\beta)\cos\alpha+\sin(\alpha+\beta)\sin\alpha$$

结合上式左端的形式,令 $\alpha+\beta=\theta$,则有 $\cos(\theta-\alpha)=\cos\theta\cos\alpha+\sin\theta\sin\alpha$。将 α 用 $-\alpha$ 代换可得到:$\cos(\theta+\alpha)=\cos\theta\cos\alpha-\sin\theta\sin\alpha$。由角 α 和角 β 的任意性,可知角 θ 和角 α 也是任意的,这样便得到了两角和的余弦公式。

4. 反思阶段

在得到图 13.2.1 后,为了将角 β 的正余弦在图中体现出来,我们直接作出了角 β,但在推导过程中遇到了障碍。反思一下,最终目的是要寻找 $\cos\beta$、$\sin\beta$。能否作其他的角,使它能用角 β 及角 $-\beta$ 有关的正余弦表示呢?

启发学生利用诱导公式,很容易联想到角 $-\beta$ 和角 β 进行转化,从而作出终边为 OP_4 的角 $-\beta$,其中 $P_4(\cos\beta,\sin(-\beta))$,这样得到图 13.2.3。

有了以上关于 P_4 的处理经验,学生很容易发现在图 13.2.3 中 $|\,P_1P_3\,|=|\,P_2P_4\,|$。于是有:

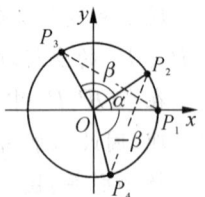

图 13.2.3

$$\sqrt{[\cos(\alpha+\beta)-1]^2+\sin(\alpha+\beta)^2}$$
$$=\sqrt{[\cos(-\beta)-\cos\alpha]^2+[\sin(-\beta)-\sin\alpha]^2}$$

化简整理得:$2-2\cos(\alpha+\beta)=2-2(\cos\alpha\cos\beta-\sin\alpha\sin\beta)$,所以

$$\cos(\alpha+\beta)=\cos\alpha\cos\beta-\sin\alpha\sin\beta$$

这一式子充分说明了两角和的余弦 $\cos(\alpha+\beta)$ 与角 α、β 的三角函数 $\cos\alpha$、$\cos\beta$、$\sin\alpha$、$\sin\beta$ 的关系。即两角和的余弦公式 $\cos(\alpha+\beta)=\cos\alpha\cos\beta-\sin\alpha\sin\beta$。

这个公式对于任意的角 α、β 都成立。但要注意:$\cos(\alpha+\beta)$ 是两角 α 与 β 和的

余弦,它表示角$(\alpha+\beta)$终边上任意一点的横坐标与原点到这点的距离之比。

这种方法是教材给出的推导两角和与差余弦公式的方法,但如果一开始就向学生传授这种方法,学生很难理解为什么要"以 OP_1 为始边作角$-\beta$",有了常规想法作β后,再给出教材的推导过程,让学生经历知识的建构过程,更能体现学生学习的主体性,培养学生的探究意识和探索能力。

5. 拓展阶段

即知识的再应用,这个阶段包括对 $\cos(\alpha+\beta)=\cos\alpha\cos\beta-\sin\alpha\sin\beta$ 形式的分析和总结,以及通过代换得到 $\cos(\alpha-\beta)=\cos\alpha\cos\beta+\sin\alpha\sin\beta$,本文着重分析两角和与差余弦公式的推导过程,体现知识的建构和形成过程。因此对于公式的扩充和应用只作简单介绍。

6. 小结

概述两角和与差的余弦公式的内容及其形式,归纳公式推导的基本思想。布置本节课的课内课外作业。

§13.3　数学课的说课

数学课的说课是数学课堂教学研究的一种重要形式,它能把数学教学的理论与实践有机地结合起来,集备中说、说中评、评中研、研中学于一体,是优化数学课堂教学设计,共享教学资源,提高数学教师教学能力的一种重要途径。

13.3.1　数学课说课的含义

要充分认识数学课说课的含义,需要弄清什么是说课,以及说课与备课、上课等之间的关系。

1. 什么是说课

数学课的说课是指教师在对数学教学的某个内容认真备课的基础上,面对同行、数学教学研究人员,系统地解说自己对本节内容的理解和教学设计观点,阐述自己准备采用的教学方法、策略,特别是突出重点、克服难点的总体设想及其理论依据,然后由听者评析,达到相互交流、共同提高的目的。

数学说课活动由解说和评说两个基本部分组成。其中,解说是重点,旨在阐明教什么、怎么教、为什么要这样教、这样教的理论依据何在等等。评说则是针对解说而进行的评议、交流和研讨。

数学说课作为一种数学教学研究活动,具有以下几个特点。

第一,简易性与可操作性。数学说课的简易性与可操作性是由以下几个因素决定的:数学说课不受时间、地点、人数和数学教学进度的限制,简便而灵活;

数学说课的内容及其要求明确、具体,规范而可操作;数学说课在数学教学中最接近教师的数学教学理论应用,是一种简单易懂的带有普遍意义的数学教研活动,具有可验证性和广泛参与性。

第二,交流性与共享性。数学说课是一种集思广益的活动,无论是数学教学的同行还是数学教研员都会在评议说课中加深对该部分数学内容的认识,思考如何优化教学过程的设计,从而达到切磋教学技艺、交流教学经验的目的。自然地,也就无形中实现了数学教学信息资源的共享和运用。

第三,群体性与研究性。由于数学说课一般由众多教师、同行参与,而且对说课的内容各自也都有了一定的研究,所以数学说课实质上是一项群体性的研究活动。

当然,数学说课也有一定的局限性。首先,看不到数学教师临场发挥、随机应变的教学机智,摸不透学生掌握数学知识形成能力的实际效果;其次,对数学学习重点的把握、难点的突破,可能说起来处理办法合理、可行,但在实际教学中未必有效,反之也如此。因此,在开展数学教学研究活动中,不能简单和孤立地看待教师说课的好坏,应把数学说课评价和数学课堂教学评价结合起来进行。

2. 数学说课与备课的关系

数学说课与数学备课作为数学教学环节的两种活动,既有相同之处,又有不同之处。

第一,相同之处在于:主要内容相同。说课与备课都是针对某一节待教授的数学内容进行的课前准备工作,尽管会根据说课的具体情况,通过适当增减内容而重新调整备课,但其涉及的主要内容是相同的;主要做法相同。说课与备课时都要认真学习数学课程标准,钻研教材,了解学生,选择合适的数学教学方法,设计教学过程。

第二,不同之处在于:概念内涵不同。数学说课属于数学教研活动,要比备课时思考、研究的问题更深入,也更全面;而数学备课则是如何完成数学教学任务的方法步骤,是将客观的数学知识结构转化为学生认知结构成分的具体实施方案,属于数学教学活动。对象不同。数学备课的结果是要展示给学生的,也就是要面对学生上课,是与学生的交流;而数学说课则是要面对其他教师或同行,阐明自己备课的内容、过程与方法等总体构想,是与教师的交流。基本要求不同。说课教师不仅要说出自己备课的指导思想,说出所备课的具体数学内容的教学设计构想,如课题导入的方法,数学学习情境的创设等,而且还要说出为什么这样设计以及这样设计的客观依据和主观认识;而备课的特点就在于使用,强调数学教学活动的安排,只需要写出做什么、怎么做就行了。目的不同。数学说课的目的在于帮助数学教师认识备课规律,提高备课能力,实现数学教学资源在数学教师间的共享;而数学备课的目的则是面向学生的数学学习,促使教师搞好数学教学设计,优化数学教学过程,提高数学课堂教学的效益。活动形式不同。数学说课是由众多数学教师、同行集体参与的动态的教学备课活动,是一种群体性数学教研活动;而数学备课则主要是教师个体所进行的静态的数学教学活动。

3. 数学说课与上课的关系

说课与上课紧密相连,都是针对同样的数学内容,利用相同的教学资源,更好地完成教学任务,目标和任务是一致的。但它们又有各自的特点。

第一,说课与上课的要求不同。上课主要是具体地解决呈现什么数学内容,如何呈现这些内容,怎样引导学生主动参与数学活动,掌握哪些数学知识、发展哪方面的能力等等问题;而说课则不仅要解决上述问题,而且还要说出为什么这样教,为什么要选取这些材料等问题。

第二,说课与上课的对象不同。上课的对象是学生,说课的对象则是具有一定数学教学研究水平的同行或专家。相对而言,说课比上课更具有灵活性,既不受时空的限制和教学进度的影响,也不会干扰正常的教学;同时,说课不受教材、年级的限制,也不受人员多少的限制,大可到学校教研活动,小可到年级数学教研组。

第三,说课与上课的一些要素存在差异。说课与上课在目的、形式、手段、评价方式等要素上也都存在一些明显的差异。譬如,说课时,教师既要运用数学教材和其他信息材料,还要运用相关的教育科学理论、心理学理论进行解释与说明;而上课时,教师则主要是运用数学教材和相关教学工具开展数学教学活动。表 13.3.1 列出了几个要素之间的主要差异。

表 13.3.1

差异项目	说　　课	上　　课
目　的	提高数学教师的教学智能	学生掌握知识和发展能力
形　式	面对教研者的交流活动	面对学生的双边互动活动
内　容	运用教材及相关教育理论	运用教材及相关教学工具
评　价	以数学教师整体素质为标准	以学生的学习效果为标准

从数学课说课的特点及说课与备课、上课的关系中不难看出,数学课的说课是介于备课与上课之间的一种数学教研活动,是对备课的一种深化和检查,能增强备课的可实施性,使备课更趋理性、科学、全面,对于上课则是更为缜密的准备。

13.3.2 数学课说课的内容

数学课的说课主要涉及到说教材、说学生、说教法、说程序等几个方面的内容。

1. 说教材——阐述对数学教学内容的理解

第一,数学教学内容分析。教师应根据教学大纲或课程标准的要求,在认真阅读、钻研教材及备课的基础上,说出教学课题所涉及的数学知识的特点、地位及其作用,并注意剖析教学内容对学生的逻辑推理能力、空间想像能力、运算能力等方面的要求和体现点。例如,对于"等比数列前 n 项求和公式",说课时就要指出该公式不仅是数列知识部分最重要的内容之一,而且在整个高中数学的学习阶段也占有重要的地位;特别是,在推导公式的过程中用到的"错位相减法"不仅是今后解题的重要思想方法,而且更有助于发展学生的思维能力,开阔学生的视野。

第二,明确提出本课时的具体教学目标。教学目标是教学总体设计的出发点和归宿,大致涉及以下几个方面的指标:数学基本知识内容掌握的层次,如了解、识记、理解、熟练掌握、应用等;数学基本技能的训练要求,如一般练习层次、熟练操作层次、灵活应用层次等;数学能力发展的要求,如逻辑推理能力、空间想像能力、计算能力、创新能力等;情感态度与价值观等个性品德方面的要求,如数学学习兴趣的激发、参与探究活动的程度、辩证唯物主义人生观的培养等。

教学目标越明确、具体,反映教者的备课思路越清晰,教法与学法的设计安排也越合理。因此,说课时要从数学基本知识、基本技能、能力发展、个性品德等要素在教学目标上的体现出发,对可以量化的考虑从了解、识记、理解、熟练掌握、应用等层次上分析,对不可量化的,根据实际情况进行客观的评定,避免出现千篇一律的套话。

第三,分析教学内容的结构特点以及重点、难点。突出重点、克服难点是所有数学课堂教学的关键任务,也是衡量一节课教学效果的一个重要考查指标。因此,说课时必须突出强调本课时要解决的重点、难点,并指出这些重点、难点提出的根据是什么、突破难点的关键是什么等。例如,在对"两角和与差的余弦公式"说课时,就要指明:本课的重点是公式 $\cos(\alpha+\beta) = \cos\alpha\cos\beta - \sin\alpha\sin\beta$ 的掌握,难点是公式的推导过程,突破难点的关键则是在单位圆上用角 α、β、$\alpha+\beta$ 的正、余弦函数表示出如图 13.3.1 所示的四个点 P_1、P_2、P_3、P_4 的坐标,并使用两点间的距离公式进而得到长度相等的方程。

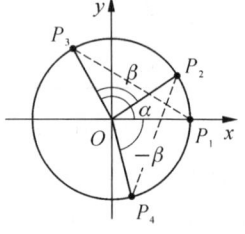

图 13.3.1

2. 说学生——分析教学对象,研究学法

学生是教学活动中学习的主体,学生的数学知识和能力的提高以及个性发展是数学课堂教学的根本目标。这就要求教师的说课必须说清楚学生的活动特点及其方式,就是要具体说清楚以下几个方面的情况:

第一,学生已有的知识经验基础和能力水平。由于学生的学习本质上是自主建构发展的过程,这就决定了学生已有的知识经验基础和能力水平具有重要的铺垫作用,教师应当对学生的基础情况作透彻分析,并据此设计教法指导方案。说课时,要力求指出学生已有的知识经验基础和能力水平对新内容学习会产生什么样的影响,可能使学生感到困难的或有利的分别是哪些方面,需要作哪些方面的引导或预习准备工作等等。

第二,具体的学法指导。教师应根据本节课内容的学习特点,设计学生的学法指导方案。说课时,就是要说出如何选择与数学教材密切相关的、学生感兴趣的问题,如何灵活采用小组学习、自主探究、辩论演讲等学习形式。同时,还应对如何培养学生思考的习惯、思维的方法、探究数学问题的主动性、质疑的精神等方面有所交待。

第三,学生的一般特点与学习风格差异。学生的年龄特征、身体和智力上的个别差异以及由此形成的不同认知风格等一般特点,也是影响一节数学课课堂教学效果的重要因素。说课时,应交待教学班级学生的实际情况,准备采取哪些措施有针对性地指导不同学习风格的学生学习。

3. 说教法——介绍选择哪些教学方法及手段

说教法,就是说明准备选用什么样的教学方法,采取什么样的教学手段,以及采用这些教学方法和手段的理论依据。具体来说,需要说清楚以下几个方面的情况:

第一,要选用的教学方法及其依据。针对本节课数学内容的特点以及具体的课型,说明所适合选用的一种或几种数学教学方法,以及该教学方法的具体操作特点。例如,"二次函数的图象和性质"的教学,考虑到二次函数的性质可由学生通过图象自主发现,教师就可设计成讲授法和引导发现法相结合的教学方法,说课时,就要重点指明哪些地方以讲授为主,哪些知识可由学生发现,做哪些相关的引导等。

第二,教学方法使用过程中的优化。选定的教学方法在具体使用过程中存在着优化组合的问题,说课时,要说出如何通过教学方法的综合使用,突出重点、克服难点、把握关键的具体措施,突出如何遵循以学生为主体,以教师为主导,以思维训练为主线的"三主"教学原则。

第三,现代化教学手段的使用。随着 Matlab、"Z+Z"智能平台、几何画板等各种数学软件的丰富和发展,现代化教学手段在数学教学中扮演着越来越重要的角色,它是丰富和优化数学教学方法必不可少的辅助技术手段。说课时,有必要说出如何适时恰当地使用现代化的教学手段及媒体,并指出这样做的理由和需要注意的地方。

4. 说程序——呈现教学过程的设计特点

教学程序就是指教学过程的系统展开,它表现为教学活动怎样引发、如何开展、又如何结束的时间序列。

说数学教学过程是说数学课的重点部分,因为只有通过这一过程的展示,才能全面反映出施教者独具匠心的教学安排,才能反映出教师的数学观、数学教学观以及教学的个性和风格;也只有通过对数学教学过程设计的阐述,才能看出教学安排的合理性、科学性和艺术性。在说教学程序时,应重点说清楚以下几个方面的问题:

第一,教学思路和教学环节安排。说课教师在说教学思路和教学环节安排时,要把自己对数学教学内容的理解和处理,结合学生的实际情况,采取哪些教学措施来组织教学的基本想法说清楚,并不是要将备课教案像给学生上课一样诵讲一遍,一些具体内容只需概括介绍,使听评者能听明白教的是什么、怎样教的、学生要参与哪些主要的数学活动等内容就可以了。当然,必要时还要介绍这样安排的理论依据(包括课程标准依据、教学法依据、教育心理学依据等)。

第二,教与学的双边活动安排。教与学双边活动的安排质量和特色能够反映出说课者的数学教学理念、对学生的了解深度和对教学活动的组织能力。说课时,要具体说出怎样运用现代教学思想指导教学活动,怎样体现教师主导作用和学生主体作用的和谐统一,怎样做到教师的讲授引导活动与学生的参与探究活动的和谐统一,智能开发与情感教育、个性品德教育的和谐统一等等。

第三,教学过程中一些具体细节的处理。说教学程序还应关注一些具体细节的处理,诸如问题情境活动的创设,反馈调控的策略,师生问答及学生讨论的安排,数学实验操作或演示活动的设计,使用多媒体的时机、方式和注意点,甚至板书的内容和版式设计等。

13.3.3 数学课说课的方法

了解了数学课说课的内容,并不等于就能说好一节数学课,怎样说课是一个艺术性的问题,需要掌握一些说课的方法和技巧。

1. 掌握说课程序

教师说数学课从准备到说课、再到评析,可分为以下几个步骤:确定说课课题、选择说课内容→钻研教学材料、分析教学对象→确定教学目标、选择教学方法→设计教学过程、寻找理论依据→列出说课提纲、演练充实说稿→登台实施解说、评议整理反馈。

很明显,说课的准备过程是决定说课质量的关键一环,特别是教学过程的设计是否合理、活动情境的创设是否新颖而有价值,一定程度上反映了教师的教学思想和教学智能。因此,必须在充分把握和研究教材、学生的基础上,创造性地设计教学的展开过程。

2. 说课过程的展开

在掌握了说课程序,并对说课稿熟悉之后,就要正式走向说课讲台,展开说课过程。首先,应点出自己说课的课题,本课时教学的课型,必要时介绍该课题所涉及的数学知识的背景;其次,说出自己对该教学内容的理解和看法,包括教学重点、难点和关键,以及学生对相关知识的准备情况与可能遇到的障碍等;接下来就要重点陈述自己对教学过程的设计构想及其理论依据,包括教学结构的设计、教学方法的选择、教学手段的使用、甚至板书设计,特别要强调自己为了突出重点、克服难点的一些独到的处理策略,比如,学生参与探究活动的设计,数学问题情境的创设等;最后,对可能出现的问题或自己处理上把握不准的地方,也可以提出来与听评者商讨,或者呈现自己的多种处理思路和策略向听评者讨教。

同上课一样,在整个说课过程中也要防止出现平铺直叙、面面俱到的读稿式现象,而要注意轻重缓急,突出重点,抓住关键,力求做到针对性、典型性、艺术性。

3. 说课中的注意点

说课与上课之间的密切联系,很容易使教师在说课过程中不自觉地滑向上课的程式,但说课作为一种新型的教学研究活动,毕竟不同于教师的上课。应当通过多次的说课活动,反复演练、体会,循序渐进地发展自己的说课能力。以下一些问题需要引起注意:

第一,说课不是备课。不能照案宣科,将说课演绎成背教案或读教案。要重点突出一个"说"字。

第二,说课不是上课。上课面对的是学生,说课面对的是同行,应注意言辞语句不能像给学生上课一样使用,如出现"对不对"、"懂不懂"、"好不好"等询问的字眼就明显不合时宜,要尽力营造研究课的氛围。

第三,说课的时间和节奏要控制得当。说课的时间不宜太长或太短,一般以上一节课时间的 1/4～1/3 为宜;说课的节奏要控制得当,既不要重复、啰唆,面面俱到;也不要三言两语,草草收场,致使听评者难以领会说课者的真正意图。

第四,说课应体现出一定的理论水平。数学说课应立足于现代教育教学理论和数学观来分析、研究数学教学的目标、内容、对象和思想方法,要防止就事论事,孤立地而不是联系地阐述自己的数学教学设计、数学问题的解决思想,使说课处于一种低层次水平状态。

第五,说课要注重创新。说课者要注意突出自己的教学个性和创新精神,防止生搬硬套,克隆别人的说课方法与内容。当然,也不能一味强调创新,全盘否定一些已被实践证明的颇具生命活力的思想方法。要在借鉴已有优秀成果的基础上,结合教学内容、学生、教学环境等要素的实际情况,开拓创新,才能有特色、高质量地完成说课。

下面来看一份详细的说课稿①,以此进一步理解说课的要求。

课题:不等式的证明——比较法

一、教材分析

1. 本节教材的地位和作用

比较法证明不等式的理论依据是:如果 $a-b$ 是正数,那么 $a>b$;如果 $a-b$ 是负数,那么 $a<b$;如果 $a-b$ 等于零,那么 $a=b$。反之也成立。这一性质对高二学生并不陌生,在过去的学习中已多次接触,例如,初中学习数(式)的大小比较;高中学习利用定义证明函数的单调性;证明不等式的性质等。

教材在分析不等式的证明方法中首先讲解比较法,从学生学习的角度看,解题的方向明确,学生容易理解;从教材安排的角度看,它使得利用比较法来比较数或式的大小和证明不等式相互衔接,并为其他证明不等式的方法——综合法、分析法等奠定了基础,在教材中起着承上启下的作用。

2. 教学内容分析

本节课的教学内容是实现两步转化:化多为少,将变量与变量之间的大小比较,通过"作差"(或"作商")转化为变量与常量(这个常量为 0 或 1,有特殊性)之间的比较,这样将多点变化转化为单点变化。这种思想在学生以往的学习中已有所渗透,如:$y=\dfrac{2x+3}{x+1}=2+\dfrac{1}{x+1}$;化整为零,将差式转化为几个代数式的乘积(这几个代数式的正负易于判断)或转化为几个代数式的和(这几个代数式全为正数或非负数),这样将一个大问题转化为几个小问题,将一个复杂的代数式的符号判断问题转化为几个简单代数式的符号判断问题(遵循符号运算法则)。

3. 教学重点和难点

知识和具体方法是重要的,而在其教学过程中渗透数学思想,发展能力,特别是培养学生的创新意识和探究问题的能力更重要。因此,确定本节课的教学

---

① 该说课稿是南京师范大学附属中学孙旭东老师参加全国青年教师说课比赛并获得一等奖的样稿。

重点和难点如下：

重点：比较法证明不等式的一般步骤；渗透化归思想。

难点：如何使学生通过实践自行归纳出确定符号的两个基本途径以及如何选择有效途径对差式进行变形。

二、目标分析

根据教学大纲的要求并结合本节教材内容的地位、作用、特点以及高二学生已具备的知识和能力，确定本节课的教学目标为：

知识目标：理解用比较法证明不等式的理论依据，掌握利用比较法证明不等式的一般步骤。

能力目标：通过比较法证明不等式的教学，使学生逐步领悟数学的化归思想，提高数学运算和探究问题的能力。

情感目标：通过不断设置问题，激发学生的学习兴趣；通过对问题的拓展，培养学生的创新意识。

三、教学方法分析

建构主义学习理论认为：数学学习不是一种"授予—吸收"的过程，而是学习者主动建构新知识意义的过程，教师不应仅扮演"知识的传授者"的角色，而应成为学生学习活动的促进者和指导者。

考虑到学生已经具备了对不等式作出的第一步和第二步转化的必备知识，如因式分解、配方等，因此本节课以设置问题、创设情境为主线，通过师生之间互相交流和协商的方式展开教学，而在拓展延伸部分以学生的主动探究活动为主。

四、教学步骤设计

根据教学内容的特点，将整节课分成四个环节进行：

1. 明确作差的必要性

使学生明确作差比较数（式）的大小和比较法证明不等式是相互衔接的，为此，设计了一道作差后能直接与 0 比较大小的题目（例 1）。通过教学渗透将多点变化转化为单点变化的数学思想方法。

2. 掌握变形的两种重要途径

当作差后不能直接与 0 比大小，怎么办？为此，设计了例 2、例 3 和一些练习，提出问题。这部分是本节课的重点内容，通过教学培养学生归纳和运算能力，渗透将整体问题分解为几个局部问题分别加以解决的思想方法。

3. 加深对代数论证的认识

通过对问题的引申，培养学生的创新意识和探究问题的能力。

4. 小结并布置作业

（略）

五、教学过程

本节课的引入采取的方法是紧扣主题,直接提出本节课的问题,即例1,供学生分析和讨论。

例1 证明不等式:$(x-3)^2 > (x-2)(x-4)$。

例1由学生独立完成,通过例1,帮助学生回忆如何进行式的大小比较,使学生明确比较法证明不等式的第一步转化,为后面的学习奠定基础。

例2 证明不等式:$x^2+3 > 3x$。

通过例1的分析,学生尝到了成功的喜悦,看到例2,很容易想到第一步转化,但立即遇到问题:如何判断 x^2-3x+3 与0的大小?这样本节课研究的中心问题就被提出,而且学生解决它的愿望也比较强烈。学生通过努力,可能会分析出:$x^2-3x+3 = \left(x-\dfrac{3}{2}\right)^2 + \dfrac{3}{4}$;利用二次方程的判别式小于0加以说明。

引导学生归纳第二步转化的途径一,即将一个复杂的式子转化为几个较简单的、易于判断其为正数或非负数的式子的和。(配方是常用的手段)

练习1 证明不等式:$a^2+b^2 \geqslant 2(a-b-1)$(直接应用上述途径)。

例3 证明不等式:$1+\sin x\cos x \geqslant \sin x + \cos x$(如果生源一般,将本例题改为:若 $a \leqslant 1, b \leqslant 1$,求证:$1+ab \geqslant a+b$)。

通过上述分析,学生很容易想到第一步转化,但在比较 $1+\sin x\cos x - \sin x - \cos x$ 与0的大小过程中又产生了新的问题。设计这道例题突出了这节课的重点内容,在教学过程中采用教师启发、学生讨论的方法加以研究。

教师启发:能否将 $1+\sin x\cos x - \sin x - \cos x$ 转化为几个式子的和再加以判断?估计学生可能有以下几种思考:沿用例2的思维定势,对差式进行判断;考虑三角函数的有界性;能将 $1+\sin x\cos x - \sin x - \cos x$ 分解成 $(1-\sin x)(1-\cos x)$;观察出 $\sin x + \cos x$ 和 $\sin x\cos x$ 之间的关系。

通过引导,学生可能会分析出:将 $1+\sin x\cos x - \sin x - \cos x$ 分解成两个式子的乘积,即:$(1-\sin x)(1-\cos x)$,可判断 $1-\sin x$ 和 $1-\cos x$ 均为非负数,所以 $1+\sin x\cos x - \sin x - \cos x \geqslant 0$。也可能有学生会分析出:令 $t = \sin x + \cos x$,则 $\sin x\cos x = \dfrac{t^2-1}{2}$,从而原不等式变为 $t^2+1 \geqslant 2t$,即 $(t-1)^2 \geqslant 0$。(强调等价性,即 t 的范围)

通过这样的师生活动,学生对这种方法有了较深的理解,在此基础上引导学生归纳第二步转化的途径二,即将一个复杂的式子转化为几个较简单的、易于判断其正负号的式子的积。(因式分解是常用手段)

练习2 已知:$a_1 \geqslant a_2, b_1 \geqslant b_2$,证明不等式:$a_1a_2+b_1b_2 \geqslant a_1b_2+a_2b_1$(直接应用上述途径)。

练习 3　已知：a、$b \in \mathbf{R}^+$，并且 $a \neq b$，求证：$a^4 + b^4 > a^3 b + ab^3$。

学生可能有两种分析：$a^4 + b^4 - a^3 b - ab^3 = (a-b)(a^3 - b^3)$ 或 $a^4 + b^4 - a^3 b - ab^3 = (a-b)^2 (a^2 + ab + b^2)$，都要加以肯定，对前一种可进一步启发学生进行分类讨论，为下面引申的证明奠定基础。

不等式可引申为：$a^3 + b^3 > a^2 b + ab^2$，$a^5 + b^5 > a^3 b^2 + a^2 b^3$，…。

通过上述两个练习题的分析，加深了学生对第二步转化途径二的理解。通过以上三道例题和练习的分析，及时掌握学情，根据学生反馈的情况，及时加以矫正。如果反馈效果良好，则进一步思考一个综合性的问题。从练习 3 出发，引导学生分析：如果弱化或加强条件，结论是否还成立？若成立，在解法上与练习 3 有何差异？显然，这就成了开放性问题，可能会出现多种思路。

变式题：已知 $a \neq b$，求证：$a^4 + b^4 > a^3 b + ab^3$。

该题还能像练习 3 那样引申吗？引申后该如何证明呢？这样提高了学生的思维层次，培养了学生探究问题的能力和综合运用方法的能力。

在比较 $a^2 + ab + b^2$ 与 0 的大小时，学生可能有下列几种方法：

$$a^2 + ab + b^2 = \left(a + \frac{b}{2}\right)^2 + \frac{3}{4} b^2;$$ 利用一元二次方程的判别式法；讨论 ab 的符号，当 $ab > 0$ 时，$a^2 + ab + b^2 > 0$ 成立；当 $ab < 0$ 时，$a^2 + ab + b^2 > 0$ 成立。

6. 小结

由学生归纳比较法证明不等式的两步转化，并进一步明确第二步转化的两种途径及其理论依据。

7. 作业布置

基本练习题和思考题（进一步研究练习 3 的其他引申问题及其证明方法）。

意图：通过作业使学生进一步巩固本节课所学知识；同时加深学生对所学知识的理解，提高学生的思维、探究能力。

六、评价分析

在教学过程中，学生之间、师生之间时刻都在进行着信息交流，教师应根据学生的反馈信息及时加以矫正。课堂教学中主要采取三种方式获取反馈信息：知识点反馈、重点内容反馈、小结反馈。

思 考 题

1. 结合课题："不等式的证明——比较法"，说明通过备课要解决哪些方面的问题。

2. 举例说明备好习题需要做哪些方面的工作。

3. 自选初、高中数学各一课时的内容，贯穿教案编写的原则，分别编写一份实习教案。

4. 体味并说明数学说课与备课、上课的异同。

5. 就课题:"两角和与差的余弦公式",分析数学说课包括的基本内容和基本方法。

6. 就课题:"等比数列的前 n 项和公式",编写一份完整的数学说课稿。

第14章 中学数学建模及其教学

目前我国正在开展教育改革,其中,中小学教育改革以课程改革为核心,涵盖了教学内容、学习方式、教学方法和教育技术等等各个方面。随着社会的发展,对数学的地位和作用的正确评价也在逐渐形成,并为人们所普遍接受,即数学将深入人们工作、生活的各个领域,将发挥巨大的潜能。这无疑对中学数学教学提出更新更高的要求,在中学课程中加入和渗透"数学建模"就是在这种要求下应运而生,并在教学实践中获得了普遍认可。

§14.1 中学数学建模

经过近十多年来我国广大数学教育工作者的不断努力,如今与数学应用密切相关的"问题解决"、"大众数学"已深入人心。"数学建模"作为实施"问题解决"的一种重要方式逐渐受到了人们的普遍关注。

14.1.1 中学数学建模的含义

那么到底何谓数学建模呢? 1991 年由美国数学教师联合会出版的《中学课程中的数学建模——课堂练习资料导引》一书中,对什么是数学建模进行了非常形象清楚的介绍,我们在这里摘录给读者,以供参考。

多数人直觉地把数学模型理解成物理意义下的模型,通常这是一种物体的尺寸缩小了的复制品,分享原物体的许多性质,如相同的外貌、同样的颜色,甚至和所表示的物体有类似的功能,如模型帆船能飘浮并能靠风力推进。因为这种模型并不具有"母本"物体的所有性质,所以操作方便或易于控制。像大小、重量等特征会妨碍我们对事物进行研究,而实物的模型则易于掌握。可以通过操纵和研究模型,从中获得关于"母本"物体的信息。在许多技术领域和工业研究中,物理模型是一种很有价值的工具。此外,还可以构造理论模型。一个物体和一种现象的理论模型是观察者心目中能确切表示该物体和现象的一组规则和定律。当这种规则和定律用数学表示时,一个数学模型就研制出来了。因此,数学模型是近似表达现象特征的一种数学结构。设计数学模型的过程称为数学建模。

数学建模是一个系统性的过程,它要用到许多技巧包括翻译、解释、分析和综合、计算等高水平的认知活动。建模过程包括 4 个主要阶段:理解问题,通过观察,了解问题的情况,并找出影响该问题的重要因素;简化、假设,排除次要因素,猜测重要因素之间的关系并用数学语言阐明它们,去得到问题的一个数学模型;求解模型,利用数学工具处理这个模型,得到初步结果;检验模型(必要时修改模型),对得到的初步结果进行翻译、解释,得到问题的正确解决。

14.1.2　中学数学建模一例

例 1　《中华人民共和国个人所得税法》第六条中有表 14.1.1 内容:

表 14.1.1　个人所得税税率表(工资、薪金所得适用)

级　　别	全月应纳税所得额	税率(%)
1	不超过 500 元部分	5
2	500 元至 2 000 元部分	10
3	2 000 元至 5 000 元部分	15
4	5 000 元至 20 000 元部分	20
5	20 000 元至 40 000 元部分	25
6	40 000 元至 60 000 元部分	30
7	60 000 元至 80 000 元部分	35
8	80 000 元至 100 000 元部分	40
9	超过 100 000 元部分	45

目前,上表中"全月应纳税所得额"是从月工资、薪金收入中减去 1 600 元之后的余额。例如某人月工资、薪金收入 2 020 元,减除 1 600 元,应纳税所得额就是 420 元,应缴纳个人所得税 21 元。

请写出个人工资、薪金的个人所得税 y 关于收入额 $x(0 \leqslant x \leqslant 8\,000)$ 的函数表达式,并画出函数示意图;求解当个人收入额分别为 400、2 000、5 000 时,其应纳税额分别是多少?(第三届北京高中数学知识应用竞赛题,一些数据根据税法的变化略加改动)

理解问题:利用分段函数的特点,可以非常便利地写出下列函数表达式,需要大家注意的是:月收入(x)－1 600 ＝ 全月应纳税所得额,两者不要混淆。

简化建模:将实际问题转化为纯数学问题,就此题而言,我们的方法就是将个人工资、薪金的个人所得税和个人收入额之间建立一个函数关系:

$$y = f(x) = \begin{cases} A & 0 < x - 1\,600 \leqslant 500, \\ B & 500 < x - 1\,600 \leqslant 2\,000, \\ C & 2\,000 < x - 1\,600 \leqslant 5\,000, \\ D & 5\,000 < x - 1\,600 \leqslant 7\,200, \end{cases}$$

其中，$A = 0.05(x - 1\,600)$；$B = 0.05 \times 500 + 0.1(x - 1\,600 - 500)$；$C = 0.05 \times 500 + 0.1 \times 1\,500 + 0.15(x - 1\,600 - 2\,000)$；$D = 0.05 \times 500 + 0.1 \times 1\,500 + 0.15 \times 3\,000 + 0.2(x - 1\,600 - 5\,000)$。

求解模型：由于此题属于中学范畴，出题人意在考查考生对题目的理解和处理能力，为便于考生的求解，仅将个人收入额的范围限制在 8\,000 元以内，考生通过笔算即可得到最终结果。

检验模型：检验这个模型，可以通过登陆中国人民银行网站，调用个人月收入所得税核算器来检验模型所设函数是否准确。网络是数学建模应用最为便利的信息获取手段，由于数学建模所涉及到的知识相当广泛，因此拥有一个强大的信息源对于建模工作者尤为重要。

14.1.3　中学数学建模的功能

现代数学教育学认为，数学教学的任务是形成和发展那些具有数学思维特点的智力活动结构，并且促进数学发现，同时又把数学教学看作是数学活动的教学。因此，数学建模必然要在中学数学教学中得到反映，并受到广泛的重视。那么，具体讲来，数学建模对中学生能力的培养到底有哪些功能呢？我们认为大致体现在以下几个方面。

1. 培养学生"双向"翻译的能力

因为数学建模首先要用数学的语言把实际问题翻译、表达成确切的数学问题。通过数学处理，然后又要能把数学问题的解用一般人所能理解的非数学语言表述出来，只有这样才能"从理论分析转回现实语言并使之适于使用"。这"双向"翻译的能力恰是应用数学的基本能力。

2. 培养学生的想像力、联想力、洞察力和创造能力

因为学生面对的建模是一个没有现成答案、没有现成模式的问题，要充分发挥自己的创造性去解决。这就需要从大量的文献资料中去摄取对问题有用的思想和方法，要从貌似不同的问题中窥视出其本质的东西，即需要有丰富的想像能力和联想能力，同时应具有把握问题内在本质的能力，即洞察力。而数学建模的这个过程就是这些能力的综合体现。

3. 培养学生的自学能力和使用文献资料的能力

由于建模所需要的很多知识是学生原来没有学过的，而且也不可能有过多的时间由老师来补课,只能通过学生自学和讨论来进一步掌握,这恰是对学生自学能力的培养。而在解决问题过程中,又需要在有限的时间内从浩如烟海的资料中迅速找到和吸取自己所需要的东西,这就大大锻炼和提高了学生使用资料的能力。这两种能力恰是学生毕业后在工作和科研中所永远需要的。

4. 培养学生的计算机应用能力

使用计算机来解决问题,在数学建模中是一个必不可少的重要环节,因为对复杂的实际问题,在建模之前往往需要先计算一些东西或直观地考察一些图象,以便据此作出判断或想像来确定模型。更重要的是在形成数学模型后,求解中大量的数学推理运算、计算、画图都需要靠相应的数学软件的帮助才能完成,直至最后论文的编辑排版、打印都离不开计算机,因此通过数学建模,对使用计算机及其软件能力的提高是不言而喻的。

5. 培养学生论文写作与表述的能力

数学建模事实上就是一项小型的且完整的科研过程,其最终成果体现为一篇完整的论文,论文要写得清晰、明白、重点突出、引人入胜。在教学的过程中又会要求学生报告自己的论文,阐述和辩解自己的思想、观点。这些要求和锻炼,无疑对培养学生的写作能力、表述能力,将起到积极的作用。

6. 培养学生相互协作的品质和能力

由于数学建模活动往往是以小组为单位进行,其成功与否,取决于大家的密切合作,集思广益,取长补短。因为只有善于倾听别人的意见,才能从不同观点的争论中综合出最优的方案来。这种相互协作的精神,是学生在未来的工作和社会生活中极为需要的。

§14.2 如何在教学中开展数学建模活动

中学数学教学是基础教育,学生的知识、能力、数学素养都很有限,处在一个由低向高、由少到多、由片面到全面的发育过程中。而很多实际问题,其模型的建立及解决,需要较全面、较综合、较高的数学知识和能力,那么,应当用何种方式与方法在中学数学教学中开展数学建模活动呢?

14.2.1 在课堂教学中适时引入

事实上,在我国中学数学课本中,有许多概念和问题解决的方法都是通过实际问题或从实物模型中引入的。如,"指数函数"的概念从一个细胞分裂的模型导入;"对数"概念则是从复利问题模型中引入的;在"排列组合"中,两个基本原理本身就是从实际问题的求解中抽象建立起来的一个数学模型。作为教学第一线的教师,可以从教材中的这些应用因素入手,有意识地挖掘它们,提出或构造一些哪怕很浅的数学建模问题,把他们安排到自己的课堂教学中去。表14.2.1所列举的就是某中学的一位数学老师结合自己的教学安排所添加的应用及建模内容。

表 14.2.1　建 模 内 容

现有教材内容	可添加的应用、建模内容
幂、指数、对数函数	人口或其他生物增减变化的规律,旋钮或电位器随旋转角的变化规律等
等差、等比数列	银行的存款、借贷与投资收益问题等
直线方程	线性拟合与线性规划的问题等
二次曲线	桥拱曲线设计、油罐车、冷却塔、声差定位等
参数方程、极坐标	凸轮设计、定速比、非同向追击问题等
……	……

14.2.2　在课余作业中继续完成

由于课时的限制,某些复杂的建模问题在课堂上完成也许会有困难,对此,教师可在课堂上提出问题、建立模型,而把问题的求解过程留给学生在课余作业中继续完成。例如,这位教师就曾给学生留过这样的寒假作业:让学生采集应用数学问题,对采集的问题进行分析求解,并把结果写成小论文。开学后,老师得到了如下一些结果。

应用数学问题的采集:骗人的足球彩票有奖销售;大、小包装的同种商品的定价;电缆求长;电视塔高和信号覆盖范围的计算;邮政有奖明信片值得买吗?两栖车辆登陆地点的选择;搬家时大衣柜能过拐角吗?"六合彩"的中奖可能;"碧浪"洗衣粉哪一种包装赚钱多? 社会福利奖券的兑奖率和返还率? 旧电视机40元卖给小贩合算吗?

应用数学的小论文:《澳洲网球公开赛单打比赛奖金分配额浅析》;《利用神经网络辨别信封上的邮政编码》;《从电视塔想到的》;《电缆求长及其他》;《还本销售是赚还是赔?》;《怎样开挖最短的饮水渠?》

在这样的作业中,学生不仅要独自去发现问题、解决问题,还锻炼了数学协作(数学交流)能力,可谓"一举数得"。这种有效培养学生能力的教学方法,值得广大教师们借鉴。

14.2.3 在数学活动课中灵活开展

数学活动课不受教材、教学进度等的限制,可以大胆开展一些需学生动手做实验、搞社会调查、实地测量等灵活多样的建模活动。例如,某校学生到一超级市场调查了解到,商店在将进货单价为 40 元的"首乌"洗发露按 50 元一瓶售出时,能卖出 500 瓶。根据市场分析预测,单价每提高 1 元,其销售量将递减 20 瓶。应怎样制定洗发露的售出价,才能获得最大利润? 学生们经过分析,建立了这样的数学模型:

设提高 x 元销售时,销售收入为 $(50+x)(500-20x)$ 元,则利润

$$y = (50+x)(500-20x) - 40(500-20x) = 20(10+x)(25-x)$$

这就将实际问题转化为数学问题,来求二次函数 y 的最大值。利用均值不等式,可得:当 $10+x=25-x$,即 $x=7.5$ 时,$y_{max} = 6\,125$ 元。并对实际售价进行检验:$50+7.5 = 57.5$ 元,符合实际要求,故问题得到了圆满解决。

将数学建模融入数学教学中的途径是多种多样的,专门讲数学建模的课程不一定是必要的,也不是条件(时间、人力等)所允许的。问题解决中的建模方法和建模理论应该适当地有节制地逐步进入现有的课程中去,并尽可能地充分利用已有的教材。许多建模问题的类型在我们的教材中早就具备了,只需要把它们作为稍有不同的求解导向就可以变成一个数学建模问题了。

不过数学建模的许多问题都要求能综合应用所学的知识,分析求解过程有时费时较多。因此一些教师认为,让它进入课堂会干扰正常的教学计划和进度,即使有心尝试,也有一些顾虑。其实,从前面的例子可以看到,从教材发展的趋势看,数学建模的一部分内容会逐渐成为中学数学课程体系的一部分。国外在这方面发展得比较快,相应的教材业已出版。从为 21 世纪培养人才的目标看,数学素养已成为公民文化素养的重要内容,有文化的公民的标志之一是能借助数学去思考、评价、判断生活中的现实问题。

思 考 题

1. 何谓数学建模?

2. 数学建模过程可分为哪几个阶段?

3. 数学建模对中学生能力的培养有哪些功能?

4. 你认为可以用哪些方式与方法在中学数学教学中开展数学建模活动?

5. 你认为数学建模活动对教师提出了哪些新的要求?

第15章　数学教育科研与写作

在实施素质教育的今天,传统的教书匠已无法胜任现代教学工作,取而代之的是科研型教师、复合型教师。第一线的教师搞教育科研绝非可有可无,也非个人私事,这实在是素质教育的需要,是数学教育改革能够深入、持久发展的重要保障。

§15.1　数学教育研究的主要内容

一切与数学教育有关的问题,包括班主任工作、第二课堂、家教等等,都是数学教育研究的对象。但是,对大多数数学教师来说,最基本、最主要的应该是数学教学研究。当然,它的展现必然是多侧面、多层次的。

15.1.1　数学教育研究的主要方向

数学教育是数学、教育学、心理学乃至哲学、思维科学、艺术的交叉学科。反映到数学教学上,尽管已经有了大纲、教材、教学参考书,也无法一一穷尽教学中生动活泼、千变万化的问题。收集、剖析、探索、回答这些来自教学第一线的问题,是数学教学研究的基本任务之一。

1. 数学教育观念的更新

数学教育观是一个教师数学观(什么是数学)、学生观(什么样的学生才是"好学生")、人才观(社会需要学校培养什么样的人才)的综合反映。许多数学教育教学上的想法、做法,都可以从这里找到根源。

应该说我们的教育方针、教学原则、教学大纲等都是非常好的。例如,全面发展;理论联系实际;培养学生分析问题与解决问题的能力;教师为主导,学生为主体……但是具体执行(实施)得怎么样,每个数学教师都可以结合自己的教学认真地进行分析。比如,对待新大纲、新教材,如果总以传统教材为参照系去审视它们,那常常首先看到的是它一"浅"、二"乱"、三"不成体系"。于是会情不自禁地、辛辛苦苦地去找补充材料,增加例题、习题,以一颗"好心"办出种种傻事。又如,教师自身的应用意识,在很大程度上左右着教学中"数学应用"的实施。在有些地方、有些学校,旨在启发学生创造性思维的数学竞赛已被搞成了解题模式训练。形式主义的生搬硬套,在数学教育中也同样存在。这些都是值得我们思考的。

2. 数学教育理论研究

那些在数学教学研究中具有典型意义的、可以上升到一般理论并又回过头来指导教学的研究,我们可称之为"数学教育理论研究"。这对大多数数学教师来说可能"遥远"了一些,但是如果你有机会参加某调查或实验的课题组的工作,有幸读研或进入硕士课程进修班学习,那么不妨对自己提出这方面的要求,来个"自我加压"。

然而,对于教师如何提高自身素质这个理论性与实践性都十分强的问题,每个教师都是无法回避也不可能回避的。比如,关于教育能力,南京师范大学朱小蔓教授就指出:"很长时间以来这个概念被理解得比较狭窄。事实上,这里应包含教养能力和教学能力两个方面。"通常说"学高为师",看来这个"学"不仅包括知识水平、智力水平,还需要有非智力素质的支撑,需要懂得按健康心理发展的规律去辅导、帮助、培养学生。

3. 数学教育功能的探讨

近年来,对数学教育的技术功能、文化功能、人品功能(或知识、素养、德育功能)的探讨已经有许多研究成果,但是要真正理解、承认、落实这些功能还有许多问题需要研究。这既包括理论上的探讨,更需要通过实践予以深化。

4. 教法改革

教法是一招一式的"小事",但对每个数学教师而言又是切切实实的实事。"教无定法"为每个教师提供了广阔的驰骋天地,而众多教改的积累又必然使教师的教学工作面貌发生根本的变化。

目前可供参考与指导的书籍、文章、思想已然不少了。比如"MM 教育方式"(可参看《MM 教育方式理论与实践》,香港新闻出版社,2002 年出版);西南师范大学的(GX)实验及"32 字诀"(积极前进,循环上升;淡化形式,注重实质;开门见山,适当集中;先做后说,师生共作);欧阳绛先生的《数学的艺术》(农村读物出版社,1997 年出版);波利亚的三本书:《怎样解题》、《数学的发现》、《数学与猜想》等等。如果你能师从一家、广纳百家、融入自家,那一定会有所发现、有所创造、不断前进的。

5. 测量与评价

素质教育并不笼统地反对考试,相反地,应该充分发挥考试在评价中的积极作用。为此,还需要同时加强对数学教育测量与评价中新思想、新方法的研究。

任何教育上的改革如果评价手段跟不上,其功效必会打折扣。

项目反应理论是当前国际上颇为流行的新型测量理论,应该和各种有效的智商、情商心理量表一起,探讨如何在我国的国情基础上有效地为数学教育服务。数学教育评价的难点之一是构建数量化的指标体系。这需要广大教师、数学教育工作者的共同努力。

随着计算机技术的飞速发展,各种先进的统计软件(如 SPSS)的出现,使得统计过程变得更加容易,更加便捷。更多更好地运用统计手段,是教育科学研究的必然趋势。对此,学数学的人更有天时地利之优势。

6. 解题研究

解题研究是数学教师的必修课,如果哪个数学教师不去研究数学题,肯定是件怪事。各类中学数学杂志无不是以解题研究为核心,书店里到处都是"题库"、"金牌"。但是,作为教师,不应只掌握解题技巧,应弄清解题研究的目的,防止题海战术,实现高效益的数学课堂教与学。解题研究大致可分为如下几类:解题方法研究、解题思想研究、升学考试题与数学竞赛题的研究、数学应用题(情景题、开放题和数学建模题)研究。

7. 调查与实验

数学教育调查与实验,属于"实证性研究"。调查与实验不仅是对思辨性研究的补充与佐证,而且它本身就是一种有效的教育研究手段。当我们在数学教育教学上形成了某种认识后,最好通过调查研究,做一番实事求是的分析,以加强或修正这种认识。当我们要考查某种新的教育原则、教育手段、教学方法时,最好能通过几轮实验的反复验证,然后再进行推广。

当然以上阐述的这些方向并非数学教育研究的全部内容,数学教育研究还包括数学史与数学教育研究、展望与争鸣研究、教学小品、书刊评介、信息与动态等等。

§15.2　数学教育的行动研究

中小学教师承担着繁重的教育教学任务,有效地提高教育教学质量,是他们的迫切要求。鲜明的针对性和较强的实效性是学校教育科研的明显特征。那种离开实际需要空谈理论的科研是老师们所不感兴趣的。只有那种从实际需要出发,以解决实际问题为目的的教育科研,才能为广大教师所接受。国内外大量的实践表明,教育行动研究,就是这样一种有效的教育科研方式。因此,有必要对教育行动研究作一介绍。

15.2.1 什么是教育行动研究

拓扑心理学的创始人勒温(Kurt Lewin)在 1944 年首创行动研究的方法,到 20 世纪 50 年代,美国教育领域开始运用该方法[1]。1977 年,日本教育心理学家大桥正夫甚至预言:行动研究将成为教育心理学研究方法的主流。1992 年,中国国家教委将上海青浦县的数学教育实验,定为基础教育改革的重大成果,并向全国推广。青浦教育实验的方法体系中的重要一环,就是重视行动研究。在我国教育研究中,存在理论(研究)与实践(行动)相互分离、研究者与实验者分离的问题。尽管研究者也常常进入实践领域,从中寻求理论的源流,但是他们的进入更多的是一种"俯瞰",是自上而下的、游离于实践之外的。而实践者却极少进入研究领域,他们将那里视为高不可攀的、超越于他们之外的"圣地"。"行动研究就是教师在教学实践中进行的一种教育研究,它把单纯的教学过程引向了探究过程。教师在探究中提出问题,设计解决问题的方法,收集解决问题的资料,用不同的方法分析资料,从而找到问题的解决方法。'行动'一词体现了教师将把研究过程付诸行动,把研究方法、结果用于自己的教学实践中。"[2]行动研究的起点是对自身实践的不满和反思,研究的对象是现实中出现的具体问题,研究的目的是为了解决现实问题,研究的过程是为了改善现实的实践,研究的结果则是为了改变现状。行动研究不是理论工作者对教育实践的指导,而是理论工作者与教育实践人员的合作。"行动研究是教育民主化的过程,也是教育实践的过程。它是对专业实践的民主取向,是了解和提高自身及其实践的方法。它是一个系统、持久的探究过程,并应具有公开性。它是一个自我定向的旅程,方向是建立一个民主的学习共同体;并且它指引我们到达更伟大的专业主义。"[3]行动研究是教师有意识地将教育实践过程当作研究过程,教师通过反思自己的教育实践,发现问题,通过倾听他人的意见,在研究的行动中监控与改善实践。行动研究将教育实践者作为研究者,有助于提高教育实践者的专业品位,提高教育研究的密度,但教育研究既包括改善教育实践,还包括引领教育实践,而后者是行动研究很难达到的,况且行动研究是对教育实践研究主体的扩充,是对教师的更高要求,它不是一个独立的研究方法。这种行动对于传统的教育研究提出了新的挑战,并且有助于消除一些教师对教育研究的一些错误认识:教育研究是高等学校和有关研究部门学者们的事情;教育研究不能回答和解决数学教学实践问题;中

---

① [德]库尔特·勒温著,竺培梁译:《拓扑心理学原理》,浙江教育出版社,1997

② [美]安淑华:《数学教育中的行动研究》,数学教育学报,2002

③ [美]J·M·阿哈等著,黄宇、陈晓霞、阎宝华等译:《教师行动研究——教师发现之旅》,中国轻工业出版社,2002

小学数学教师开展教育研究只能偶尔为之。

15.2.2　教育行动研究的一般程序与操作要领①

国内外的教育研究专家,对教育行动研究的程序,曾进行过种种设计。在借鉴国内外教育行动研究的理论探讨和实践经验的基础上,从方便教师操作的要求着眼,教育行动研究的过程可设计为如下的五个步骤,即诊断、学习、计划、实施、反思。

1. 诊断

诊断就是研究分析当前教育教学的现状。分清哪些是成功的经验,可以继续发扬,存在哪些需要解决的问题,其中关键问题是什么,它产生的客观原因是什么。这一过程可以是教师个人的自我诊断,也可以是教师群体的共同诊断。有的学校采用所谓"侃大山"式的诊断方法,就是集体诊断的典型例子。"侃大山"的意思是,在一个较宽松的环境下,学校教师科研人员以及学校行政领导在一起,毫无拘束地进行问题诊断。

2. 学习

学习应当贯穿在教育行动研究的全过程,但在问题诊断之后,集中一段时间进行学习是完全必要的。学习的内容主要是国家有关教育改革与发展的方针路线,素质教育的理念和各地的先进经验,与自己问题有关的理论材料,学校制定的发展目标和要求等。通过学习,提高认识,认清新的教育思想与现状之间的差距,可以更准确地把握存在的问题;通过学习,明确方向,对于解决问题的途径也会有所启迪,可以为制定行动研究的计划打下良好的基础。

3. 计划

计划即设计行动方案,表现形式是写出开题报告。它的内容包括:第一,课题研究的背景,含教改形势和教学观念的要求,本校或本班当前的实际情况,课题研究的意义等;第二,研究内容,即本课题要解决的主要问题及采取的措施。要从应当达到的要求和现实状况的差距中找出改进措施。其中包括实际工作者教育理念和教育行为的改进,教育环境(领导行为、校园文化、家长教育行为、社区环境等)的改进等;第三,行动的步骤及时间安排,含前期准备工作及研究进程;第四,预期成果及其表现形式,包括书面总结或论文、调研报告、教育教学行为观摩、学生成绩等。

需要指出的是,教育行动研究的计划不是一成不变的,它允许在行动过程中不断地修正计划,把本来未考虑到却在行动中显现出的各种新情况、新因素纳入计划。

---

① 梁靖云:《教育行动研究——中小学教育科研的主要方式》,教育理论与实践,2002

4. 实施

行动研究的实施过程是一个动态发展和改进的过程,也是一个"计划—行动—反馈—调整—再行动"的过程,即在按计划实施的过程中,注意观察效果,总结经验,发现问题,进行中期论证(反馈),然后调整研究计划,再实施新的修正后的研究计划。

5. 反思

反思实际上是一个阶段总结的过程。其内容包括:第一,整理和描述,即对制定计划、学习理论、实施计划、阶段检查的全过程加以归纳整理,勾画出多侧面的生动的行动过程;第二,评价与解释,即对行动的过程和结果作出判断,对有关现象和原因作出分析解释,找出计划和结果的不一致性,从而提出设想与计划的修正意见;第三,研究报告,即在前述各步骤完成的基础上,写出较成熟的研究报告。

15.2.3　行动研究对我国教育研究的启示①

行动研究的引入体现了教育研究的新视野和新思路。它给我们的教育研究带来了如下启示。

1. 教师应成为"研究型"、"学者型"的教育实践者

行动研究要求教师具有较强的反思意识和科研能力。这是教师参与教育改革、从事教育研究所必需的。教师由知识传递型向学者型的转变,是对主体性教育思想的印证。主体性教育是一种反对以知识传授为中心,主张以促进人的充分、自由发展为目的的教育活动。要培养具有高度主体性的学生,首先必须提高教师的主体性。从这个意义上说,发挥教师的主体性,培养研究型、学者型教师的根本在于转变教师的"专业生活方式"。它具体表现为:教师应对课堂教育行为具有反思意识,能以正确的教育理念为指导,不断改进自己的教育行为,并形成理性的认识。教师应具备一定的科研能力,它意味着教师不再是一个旁观者,等待专家去研究、制定一套改革的方案,而是自己在教育实践中进行研究,通过对自己的教育行为及其结果进行审视和分析,使其更具有合理性。

2. 教师培养模式需要转变

以往的教师培养模式以传统课堂教学策略和管理行为的知识为主来造就能胜任教育工作的教师。这种教师只需要知道"教什么"和"怎样做",并能够把别人预先设计好的课程目标和课程计划落实到课堂教学中,使之转化为学生的学习内容和发展目标。但是,他们对于"为什么教"以及"为什么选用这种教学策略"、"这样教对学生成长有何作用"等问题,从未提出质疑。从一定意义上讲,这

---

① 张晓艳、庞学慧:《论行动研究》,中北大学学报(社科版),2005

种培养模式塑造了一批"教书匠"。转变教师的培养模式是教育改革取得成功的重要条件。卡尔德希德(Calderhead)和盖茨(Gates)认为,新的教师培养模式应追求以下目标:使教师能够分析、讨论、评估和改变他们自己的实践,对教学持分析态度;促进教师重视其工作的社会与政治环境,帮助他们认识到教学是一种社会性事业,教师的任务涉及对这些环境的重视与分析;使教师能评价课堂实践中内含的道德与伦理问题,包括对他们自己关于出色教学的信念的批判性考察;鼓励教师对自己的专业成长承担起更大责任,鼓励其获得一定程度的专业自主权;促进教师发展他们自己关于教育实践的理论,理解并发展他们自己课堂教学工作的原理性基础;授权于教师,以便他们能够更好地影响教育的未来方向和在教育决策中发挥更积极主动的作用。这种新的教师培养模式注重发展教师在实际教育活动情境中分析、反思、决策的能力,关注教师形成自己的教育理念,力图使教师成为研究者,这是一种适应时代发展要求的教师培养模式。

3. 教育研究模式需要变革

以往的教育研究是在"研究—发展—传播"的模式中开展运作的,由教育研究产生理论,理论被应用于解决教育实际问题,其方法是编制出一套供特定年龄阶段的学习者学习的"产品",如一套课程、教材及教学方法,这些"产品"通过培训传授给广大教师,使他们接受并使用这一套"产品",严格遵循大纲、教材开展教学。这样的教育研究模式造就了教育研究中的制度分层,即理论工作者与决策者的地位最高,教师的地位较低,他们处于理论知识的低层,被动地执行前者的研究成果和制定的政策。行动研究则是以"参与—合作—行动"为基本模式,倡导教师参与到教育研究过程中,通过与教育理论工作者和其他教师的合作,来提高其反思意识,改进其教育行为。在行动研究中,只有教育理论工作者与广大教师相互合作、共同探索,才能取得良好的研究成效。行动研究为教育研究模式的变革提供了方法论上的准备,它使人们认识到教育活动、教育情境的丰富性,意识到实证主义普遍化理论指导教育实践活动的局限性,从而开启了教育研究方法论上的变革,即不再盲目信奉以追求客观、精确为目标的实证研究方法,从追求原因和结果的惟一正确解释,转向从整体上研究教育现象和教育问题,更加关注其中的偶然性联系,追求开放的多种解释。21 世纪,教育研究将进入多元化时代,在人文传统复归的大气候下,教育研究重返人文传统,教育行动研究作为一种具体的研究方法和策略,具有积极的意义。教育行动研究打破了以往教育研究的理性分析模式,它关注的不是教育活动中的一般知识和普遍规律,而是教育实践活动中亟待解决的问题,它是诊治具体教育情境问题的重要手段。行动研究强调提高教师的反思意识和分析问题与解决问题的能力,为教师职业训练开辟了新的途径,孕育了新的教师教育模式,增进了教育理论与实践的沟通,使教育研究对实践具有更强的解释力度。

§15.3 数学教育研究方法选介

长期以来,我国数学教育研究成果主要是靠对经验的总结和理论分析的思辨等方法获得的。这类研究方法虽然必不可少,但缺少实证分析,往往伴随着研究者的主观性和随意性,因此难以形成具有一般意义和广泛实用价值的学说,以致有人疾呼:中国的数学教育现状不容再"坐而论道"了。为此,这里只打算对教育科学研究中的一些实证性的且数学教师开展科研易入门、更有用的三个侧面进行重点介绍。

15.3.1 关于"微型调查"与"微型实验"

严格意义下的教育科学调查与实验,有许多规范性的要求,并涉及较多的人力、物力,这些往往是个别教师力所难及的。而"微型调查"与"微型实验"(以下简称"双微")则可弥补一些不足。

既然称之为"微",课题就可以小一点,样本也可以少一点。当然,调查或实验的目的仍然应该很明确,进行方式也应周密考虑,过程与结果同样需要详细记录。但在撰写论文时则可有选择地突出重点、突出特色,以使文章的篇幅更短一些。这样就可以使每个数学教师都能在相对宽松的条件下从事初级科研了。

案例1 升学考试能做到既考查知识又考查能力吗?

调查的起端:1996 年浙江数学中考的"考试目标"规定的知识条目多达 199 条,在 90 分钟的书面考试中能做到既考查知识又考查能力吗?

调查安排与得到的主要结论:调查者于 1996 年 10 月在台州地区某中学对刚入学的 99 名高一学生,用三道只涉及初中数学知识但需要发挥考生思维能力的试题进行了一次测试。结果发现,中考成绩与能力测试的相关系数仅为 0.24。特别是中考成绩较高者,能力测试成绩并不高;而中考成绩较低的学生中,不乏能力测试取得好成绩者。

调查前后的思考:考试目标的知识条目多,又要求覆盖率高,难以给与知识点"无关"的能力题留下空间。要改变这种状况可作两种取舍:改变命题原则;采用多种评定方式。

点评 今天,谁也不会对"通过知识教学发展能力"持什么异议了。但如何实施,实施中要解决哪些问题,还是众说纷纭。这个微型调查立意清晰,所得数据也颇具说服力。当然,我们不应该指望通过一次调查就能解决全部问题。每个教师都可以就此进行探索,使问题更清楚,解决的办法更切实可行。

案例 2　让学生批改数学作业的利与弊。

缘起:让学生批改数学作业并非新鲜事,但这种做法有多大的可行性,有哪些积极与消极作用,应该注意哪些问题,却没有认真研究过。

调查:调查者拟定了 11 个调查题目(涉及教师批、学生自批、学生互批等),在某校高二年级 100 名学生中进行了一次表态性的问卷调查(完全赞同、部分赞同、完全否定)。

讨论与思考:学生自批、互批作业有利于相互学习、增进友谊、培养自学能力、完善自我评价能力;从心理学的角度来看,高中生具有较强而敏感的自尊心,互批作业也有助于健康心理的发展;自批、互批一要适度,二要配合教师启发性的批语,三要取得家长的理解与支持。

点评　这个调查问卷的设计比较全面,比较合理,从而有较高的可信度。"双微"大多可以在教师自己任课的 1～2 个班级内进行,充分发挥灵活、快捷的优势。

案例 3　提高批判性思维能力的个案实验。

实验安排:以一个中等程度的高二女同学为对象,在不告知实验目的的情况下,教给她基本编题方法,每月一次,每次 1 小时,分五个小专题进行。但要求被试者在学习过程中自我编题并解自己编的题。半年后在一次单元测验中有意设置一道有错误的试题,以观察包括被试者在内的全班同学的反映。

实验结果:测验时,包括被试者在内共有三位同学对错题提出异议。但教师故作姿态,宣布试题无误。结果其他两位同学放弃未做,而仅被试者一人指出了此题为错题的两点理由。此后被试者又在高中代数课本的习题中发现了一处不足。

作者思考:通过编题训练,有助于提高学生自主学习、自觉探索的能力,从而对培养批判性思维能力、发展个性都有一定效果。

点评　思维训练如何进行,训练的效果怎样检验,并无统一的方式与标准。这正需要每位数学教师结合本地区、本学校、本班级学生的具体情况去努力探索。本例虽属个案实验,但并未脱离被试者所在的班级。特殊性中蕴含着必然性。

案例 4　认知方式及内、外向性格对学生学习数学的影响的实验研究。

问题的产生:国际上对认知方式与内、外向性格关系有 3 种不同的观点,而且都有实验研究作为基础。究竟哪一种观点更符合实际,尤其是更符合中国学生数学学习的实际呢?

实验安排:研究者在上海一所市级重点中学,用 7 年时间,分别在 4 届学生中选择典型的场独立性学生 64 人进行观察、记录、测试、交谈、跟踪等,从前 3 届 20 人中引出结论,并以第 4 届 44 人进行检验、复核。

主要结论:认知方式与内、外向性格之间不存在显著相关关系;场独立者都能学好数学,并且场独立的增长与数学能力有显著的正相关;数学学习尖子一定是场独立的内向性格者;改变场独立者的内、外向性格是困难的,但教师要帮助他们纠正认知特点中的缺点。

点评 这是一个在理论指导下深入研究数学学习心理学的范例,虽是个案实验研究,但连续 4 届在不同学生身上反映出来的共性东西,已突破了个案研究,从而所得结论具有一定的普遍意义。研究者所作的大量记录不仅极有参考价值,也表现出一个数学教育工作者应有的顽强毅力。

15.3.2 关于数学手段的运用

数学教师在进行教育科研时,应该充分利用自己的专业优势,即用足、用好数学手段。对此,可参读《数学教育学报》1998 年第 2 期上喻平先生的文章《试论数学方法在数学教育研究中的应用》。这里,我们仅以举例的方式介绍一些使用统计知识的可行性。

例 1 某年级,期终时同时用本校试卷与重点校试卷对情况大致相当的两个班级进行测试。若已检验两场考试的分数均服从正态分布,试用所得数据分析两份试卷的差异。

分析 这是典型的统计检验。通过分析或加强自信心,或找出差距所在。

例 2 某教师对任课班级数 10 名学生的数学成绩、物理成绩、语文成绩进行分析,以研究这三门学科成绩的相关性。

分析 此类问题可以用建立回归方程的办法进行回归分析。类似地,还可以搞一些预测,比如从高考成绩预测大学一年级学习成绩等。

例 3 某校对某项数学教改实验,从五个方面(教学目的、教学内容、教法、学法、教学效果)请 10 位专家按四个等级(好、较好、一般、较差)给出评判,试计算出综合得分。

分析 只要对评语等级予以量化,就可以用模糊综合评价法算出精确得分。

例 4 某教师针对数学思维的八个品质(广阔性、深刻性、独创性、批判性、逻辑性、论证性、灵活性、敏捷性),拟定组合了八套试题,对学校初二年级 30 名学生进行了八次测验,试以这些数据为基础对数学思维品质归类简化,以便在数学中更好地贯彻实施。

分析 这类问题可用聚类分析法来处理。

例 5 某研究人员选择了初中八门课程(代数、几何、物理、化学、语文、英语、历史、地理),并随机抽取 30 名学生,将他们八门课的成绩列表排出,以探求各门课程对培养不同能力(逻辑推理、书面表达、记忆、动手……)所起的作用。

分析 常常采用因素分析法,有些大学老师还对高等师范院校数学系的全部课程进行分析,其结果对课程改革很有参考价值。

例 6　某研究人员在北京市 16 个区县 154 名中学数学教师中,就 7 项智力因素、13 项非智力因素对学生数学学习影响的大小进行了调查,以探求如何提高学生的整体素质。

分析　运用层次分析法可得出较正确的排序,这对通过开发学生的非智力因素去促进其智力因素的发展提供了科学依据。

15.3.3　参与热点问题的争鸣

钻到文献堆里进行纯思辨性的理论研究,对于绝大多数数学教师是不可行的。但是积极的思考却是数学教育研究必不可少的。

学习中的思考,有利于思想火花的迸发;调查与实验前后的思考,可使计划更缜密,成果更具特色;对自己或别人教学经验的再思考,则有可能达到理论上的升华……而参与热点问题的争鸣,则是促进自己不断思考的润滑剂。

比如,要参与数学与素质教育关系的讨论,你首先得弄清楚:什么是素质,什么是素养;数学的基本特点,数学素养的组成;"应试教育"指的是什么,它和考试有哪些关系;数学教育的功能,现行数学教育的主要问题……然后,你同意什么,反对什么,有异议的是什么……在这一过程中形成的见解与观点,大多是有新意、有特色的,以此为基础撰写的争鸣文章也必然会引起重视,收到好的效果。

报刊上的热点争鸣很多,诸如"熟能生巧"、"多层次教学"、"数学实验室"、"数学应用意识"、"数学课程改革"等等,这里就不一一列举了。

把参加展望与争鸣当成"免费的进修"、"进入科研之门的捷径",应该说是很值得的。

§15.4　数学教育研究论文写作方法指导

要想提高自己的写作水平绝非一朝一夕之功,它需要平时多动脑思考、多阅读学习、多动手练习。在这里我们只简略地讲三个在数学教育研究论文写作中较为关键的问题。

15.4.1　选题

俗话说"题好文一半",这是很有道理的。但是这个"题"绝不只指文章的题目或标题。它应该包括论点、论据的宏观综合。为此,在选择与确定一个题目时,应该首先问问自己:我为什么要选这个题目? 这篇文章估计能给读者哪些启示？

根据"有为而写"、"有思而写"、"有的而写"的原则，我们认为选题时应优先考虑的原则是科学性、创新性、导向性、可行性。

科学性主要指论点要符合教育学、心理学的一般规律；论述要实事求是；论据要真实可信。不要玩弄名词术语，故弄玄虚，有意无意地吹捧自己等等。导向性主要指文章要有的放矢，使读者读后确有所获。可行性主要指选题要自我量力，并使读者有借鉴、模仿、操作的可能。这三点都比较明确不再赘述。

选题中最难处理的当属创新性了。人们要问：哪来这么多"新"啊？这确实是一个不易回答的问题。但"新"是论文的生命力所在，我们应该努力去追求它。从思维的角度看，发散、求异、多向、动态等非常规思维往往孕育着"新"的因素，在数学教育研究与写作上则可具体表现为以下几点。

1. 观点新

观点新是创新的根本，当然新观点或新见解不是想有就有的，它需要长期的积累与思考。但是新观点、新见解的出现又常常是突发的。为此，我们要及时捕捉思维的火花，随身带个小本子趁热记下几句话、甚至几个字，或者在做读书笔记时同时记下时间及自己的点滴看法。

2. 视角新

这需要通过思维转换来发现问题。比如素质教育是当前的一个热门话题，但是你如果把题目定为"试论数学教学与素质教育"或"从素质教育看数学教学"，那么这篇文章肯定不太好写。因为按这个题目，你就不得不先去谈谈什么是素质，什么是素质教育，数学教育有哪些功能，数学教学怎样为素质教育服务……且不说宝贵的篇幅被大量占用，就是谈，你也脱不开已有的一些共识，这种文章十有八九是难以脱颖而出的。但是素质教育既然是全国、全民关注的世纪工程，它就必然涉及到方方面面，你完全可以从不同的侧面去探讨它：建模与素质教育、从识图看素质教育、渗透数学思想、提高学生素质……当然，随便抓一个问题并不一定能代表视角新。比如有这么一篇文章，名叫《职业学校数学教学培养学生逻辑思维能力的必要性》，不论作者怎样去展开论述，这个视角肯定选错了。你看错在哪里，可以怎样改动？

3. 例证新

在教学中许多例证是可以反复使用的，比如用纸的对折引入指数，用哥尼斯堡七桥问题讲一笔画或 RMI 原则（关系、映射、反演原则）……这是因为学生总是一届一届地升学，这些知识对某一年级的每届学生基本上总是新的。但是撰写文章时，就不得不慎重考虑，老例子若不能说明新问题，那宁可不用，必须更新！诚然，挖掘新例证需要付出更多的劳动，但是得到的新收获能为大家分享，不正是开拓者追求的吗？

4. 结构新

这主要是从撰写的角度来考虑。虽然这种"新"不能与前三种"新"列为同一档次,但如果由此而引起读者的兴趣,达到让更多的人了解数学教育的目的,那还是值得一试的。比如,有篇文章一开头就这样写道:"案头放着一摞试卷,这是我特意向我省某重点中学的一位 96 届高三理科毕业生要来的,目的是想了解一下高三学生的课业负担。我把它放在磅秤上称了一下,整整 2 千克重,拆开来数一数,共 262 张试卷,4 392 道题。完成这些试卷,平均每天要花去 90 分钟左右的时间,这还不是这位考生的全部数学作业……难怪学生们 5 点起床,深夜就寝了。"你看了这个开头想不想往下读? 其实,文章要讲的是"精心选题,科学训练,避免题海战术提高复习质量"。

此外,在选题时还要尽量避免与别人"撞车"。虽然同一个题目,你可以写我也可以写,但若共性太多,就会减少录用的可能性。因此,选题时了解一下"行情"也是十分必要的。

15.4.2　撰写

怎样将一篇文章的结构安排好,怎样逐层地展开,这基本上属于语文与写作方法方面的训练,这里就不再多说了。但是,对于怎样防止数学教育写作中的常见弊病、努力提高论文的质量以及如何有的放矢地投稿,我们倒有一些建议可供参考。

1. 从构成要素看

数学教育科研论文至少要满足以下要求:要有数学内容,要讲教育问题,要具备论文形态。

如果把一篇数学教育论文中的"数学"二字换成"物理"、"化学"或别的什么学科,其所言所论居然也能适用的话,那肯定是一篇"大教育"的文章,不应该称之为数学教育论文。当然,"数学内容"不仅仅局限于在文章中有数学例题、定义、定理、公式、计算、证明、符号等等。能将数学思想、数学方法、数学史料等自然地渗透到文章中,才是好的文章。

"讲教育问题"要注意避免简单地给教育学(心理学)原理套上数学例子。张奠宙先生把这种"几个大帽子,加上小例子"的写作比做数学教育论文的"新八股",这实在是很贴切的。我们需要的是从数学学科自身的特点去发掘教育原理、心理规律,这就需要搞调查、做实验,并注意在教育、心理原理指导下进行理论升华。

初写数学教研论文,常常会自觉不自觉地写成经验小结甚至工作汇报,这可能是一种思维定势,但却是必须注意改变的。既然称之为数学教育科研论文,在文章中就应该明确地指出,你研究的是一个什么问题,别人已经做了哪些工作

（讲要点即可），你的观点与工作是什么（这是文章的重点），还有哪些问题应当研究与探索……此外，还应注意，引用别人的东西，一定要加引号、作注释（或列入参考文献），这是一个基本的科学态度。

2. 从文字看

应努力贯彻少而精的基本原则，并尽可能地增加文章的语言色彩。东拼西凑，空谈泛论，以为文章越长越显得有水平，这是当前数学教育科研写作中的又一弊病。造成这种状况的原因，既有社会上的一些误导（如评奖晋职时要问文章是几千字），也有我们自身的思维缺陷。写总结、作汇报一般总是希望写得全面些，于是无形中养成了事事都要画"全身像"的习惯。这样写出来的文章，大量的篇幅是把众所周知的论点复述一番，即使句句说得都对，读起来却不免令人乏味。坚持"少而精"、"一事一议"，把篇幅留给自己独到的见解，才能写出特色来。从这个意义上看，"面面到不如一点到"、"伤十指不如断一指"。生活中的贬义词"小题大做"倒可以成为写作的一个秘诀。

数学教育科研论文与数学科学论文不同，它更偏重于文字，应该尽可能地增加文章的语言色彩，这样才能更好地抓住读者，发挥出它的社会效益。仅以文章的标题为例，当前充斥各刊物的"从一项实验（调查）看……"、"浅论……的教学"、"关于……的思考"、"一道……题的推广"、"例说……"给人的感觉似乎数学教育研究都是硬邦邦的、干巴巴的、冷冰冰的、千篇一律的严肃面孔。反之，诸如"30°角思维体操"、"值得读一读的'读一读'——学习新教材的点滴体会"、"数学史上的'紫罗兰现象'"、"联想·构造·转化与解题"等等，不是更能给人以亲切感吗？

3. 从思维与行动看

要有冷有热，冷热结合。"热"是指思维要积极，对数学教育研究与写作要充满激情，相信并要求自己搞出有特色的东西来。"冷"是指要有冷静的头脑。一般说，撰写时宜趁热打铁，早完成初稿。但初稿写成后最好放在一边冷一冷，听听别人的意见或过几周后再回过头来以旁观者的眼光审视这篇稿子，来个"横挑鼻子竖挑眼"。

4. 投稿要做到有的放矢

在投稿的过程中很多作者在没有看过相关杂志的情况下就投出去，这种误打误撞式的投稿方法着实不可取。要想成为作者，首先应成为读者。如果你连所投杂志的内容都没有看过，那么投稿成功的概率也就会相应降低。原因有以下几点。

第一，不能只根据杂志的名称来判断其文章内容的归属，必须通过阅读其文章来了解杂志的属性。比如，《数学教育学报》是基本上不刊登解题类文章和纯数学类文章的，如果你将上述类型的文章投来，那么肯定是不适合的。

第二,要仔细研究杂志当年的选题计划。选题计划是杂志全年工作的重点。对于符合选题计划的文章,其当年录用的可能性就会相应增加。

第三,根据所投杂志的格式要求修改文章格式。不同杂志的文章格式不尽相同,当然,共性多于个性,作者在文章内容定稿的情况下,最好根据要投杂志的文章格式对自己的论文进行排版。其好处是:格式上符合该杂志的要求,有利于编辑在最短时间内审视文章在字数、格式方面是否符合要求,是否有缺项等。一篇在格式上符合要求的稿件首先会给杂志编辑留下好印象,同时也是作者对该杂志及其编辑人员的尊重。文章发表的概率自然就会升高。

第四,注意阅读所投杂志中与自己所写文章内容相关的文章,了解其研究方法,引用部分一定要以对应注形式予以标明。

如果作者能够做到这几点,那么投稿就会有的放矢,事半功倍。

15.4.3　修回

"不改不成文"可以作为写作的又一个诀窍。其实伟人、名人都要不断修改自己的论著、诗词,何况我们这些凡夫俗子呢? 有人曾向郭沫若求教写作技巧,郭老一连写了七个字:"改,改,改,改,改,改,改!"这真是意味深长。

但是确有一些人不愿意修改自己的文章。忙不过来是推托之辞,而那种以为修改便是次等稿的错误认识,实在是影响自己写作水平提高的重大障碍。

1. 要努力过好"退稿关"

既然数学教育科研确实有实习期、移植期、创新期之分,那么相应的数学教育科研写作也必然有一个从陌生逐步走向成熟的过程。特别对于学数学出身、语文功底较差的数学教师来说,谁能正视自己的不足,不被一次又一次的退稿吓退,而是从退稿中汲取经验与教训,他的成长就必然是迅速的、健康的。只说"失败是成功之母"还不够,应该加上"铁杵磨成针,功到自然成"。

与许多"文学青年"在上百篇的稿件被"枪毙"之后,才在报刊上初见其名相比,大多数数学教师还是很幸运的。

2. 相信好稿是改出来的

修改稿子像治病一样,需要先找出症状,然后再对症下药。下面的一些办法,或许可以帮助你搞好诊断与治疗。

认真研究编辑部的修改意见。这是最直接、最可靠的信息源,一定要珍视这个机会。可惜的是,现在许多编辑部使用的是一种统一印制的以打钩代替具体意见的"退稿信",它常常使作者不知所措。

为此,作者要学会"自己否定自己",以弥补"当局者迷"造成的不足。一般来说,可以用上面提到的"撰写注意"当镜子照一照。进而还可以用古人为我们开的方子,针对"纷、孤、板、直、俗、枯"几种病症用药。即对条理纷乱的,把它归整一番;对孤陋单薄的,使它充实;对过于死板的,让它活泼一些;对太直率的,让它委婉一点;对过于俗气的,使它雅致些;对枯燥乏味的,使它丰满起来……

如果问题出在文章太长,自己又实在舍不得"割爱"上,那么有一种"笨办法"倒还值得一试。请你用铅笔在文章中做出三种记号:我的见解;别人的观点但我移植后有发展;基本上是众所周知的共识。那么该删什么、留什么也就比较清楚了。当然,能有同事、亲戚、知心朋友作参谋,听听他们的意见,也是十分有益的。

最后,需要强调的是,努力提高自己的写作水平虽非一朝一夕之功,但平时多琢磨、多联想,天长日久是会见奇效的。

思 考 题

1. 数学教育研究的主要内容有哪些?

2. 什么是教育行动研究? 行动研究对我国教育研究有哪些启示?

3. 你认为教育行动研究的过程可设计为哪些步骤?

4. 设计行动方案的表现形式是什么? 它包括哪些内容?

5. "微型调查"和"微型实验"与调查和实验相比有哪些特点?

6. 你认为要增强数学教育研究与写作的创新性可从哪几方面入手?